高等职业教育“十三五”规划教材

全国 计算机基础（一级）及MS Office应用

蔡炳育 主 编
杜梓平 陆伟峰 副主编
刘 正 阚宝朋 郁春江 陈 强 何洪亮 编 委

中国轻工业出版社

图书在版编目（CIP）数据

全国计算机基础（一级）及MS Office应用 / 蔡炳育主编.
—北京：中国轻工业出版社，2019.6
高等职业教育“十三五”规划教材
ISBN 978-7-5184-2245-6

Ⅰ. ①全… Ⅱ. ①蔡… Ⅲ. ①办公自动化-应用软件-高等职业教育-教材 Ⅳ. ①TP317.1

中国版本图书馆 CIP 数据核字（2019）第 014065 号

责任编辑：张文佳　责任终审：劳国强　整体设计：锋尚设计
责任校对：晋　洁　责任监印：张　可

出版发行：中国轻工业出版社（北京东长安街6号，邮编：100740）
印　　刷：三河市国英印务有限公司
经　　销：各地新华书店
版　　次：2019年6月第1版第1次印刷
开　　本：787×1092　1/16　印张：15
字　　数：350千字
书　　号：ISBN 978-7-5184-2245-6　定价：45.00元
邮购电话：010-65241695
发行电话：010-85119835　传真：85113293
网　　址：http://www.chlip.com.cn
Email：club@chlip.com.cn
如发现图书残缺请与我社邮购联系调换
180422J2X101ZBW

目录
Contents

第三部分　全国计算机等级考试模拟试题及答案

第一部分

考　纲

根据《全国计算机等级考试一级MS Office考试大纲（2018年版）》，计算机一级MS Office主要考计算机基础知识、操作系统的功能和使用、文字处理软件的功能和使用、电子表格软件的功能和使用、PowerPoint的功能和使用、因特网（Internet）的初步知识和应用6大块内容。采用上机考试形式，考试时长90分钟，满分100分。

1.1 总体说明

1. 具有微型计算机的基础知识（包括计算机病毒的防治常识）。
2. 了解微型计算机系统的组成和各部分的功能。
3. 了解操作系统的基本功能和作用，掌握Windows的基本操作和应用。
4. 了解文字处理的基本知识，熟练掌握文字处理MS Word的基本操作和应用，熟练掌握一种汉字（键盘）输入方法。
5. 了解电子表格软件的基本知识，掌握电子表格软件Excel的基本操作和应用。
6. 了解多媒体演示软件的基本知识，掌握演示文稿制作软件PowerPoint的基本操作和应用。
7. 了解计算机网络的基本概念和因特网（Internet）的初步知识，掌握IE浏览器软件和Outlook Express软件的基本操作和使用。

1.2 考试内容

一、计算机基础知识

1. 计算机的发展、类型及其应用领域。
2. 计算机中数据的表示、存储与处理。
3. 多媒体技术的概念与应用。
4. 计算机病毒的概念、特征、分类与防治。
5. 计算机网络的概念、组成和分类；计算机与网络信息安全的概念和防控。
6. 因特网网络服务的概念、原理和应用。

二、操作系统的功能和使用

1. 计算机软、硬件系统的组成及主要技术指标。

2. 操作系统的基本概念、功能、组成及分类。

3. Windows操作系统的基本概念和常用术语，文件、文件夹、库等。

4. Windows操作系统的基本操作和应用：

（1）桌面外观的设置，基本的网络配置。

（2）熟练掌握资源管理器的操作与应用。

（3）掌握文件、磁盘、显示属性的查看、设置等操作。

（4）中文输入法的安装、删除和选用。

（5）掌握检索文件、查询程序的方法。

（6）了解软、硬件的基本系统工具。

三、文字处理软件的功能和使用

1. Word的基本概念，Word的基本功能和运行环境，Word的启动和退出。

2. 文档的创建、打开、输入、保存等基本操作。

3. 文本的选定、插入与删除、复制与移动、查找与替换等基本编辑技术；多窗口和多文档的编辑。

4. 字体格式设置、段落格式设置、文档页面设置、文档背景设置和文档分栏等基本排版技术。

5. 表格的创建、修改；表格的修饰；表格中数据的输入与编辑；数据的排序和计算。

6. 图形和图片的插入；图形的建立和编辑；文本框、艺术字的使用和编辑。

7. 文档的保护和打印。

四、电子表格软件的功能和使用

1. 电子表格的基本概念和基本功能，Excel的基本功能、运行环境、启动和退出。

2. 工作簿和工作表的基本概念和基本操作，工作簿和工作表的建立、保存和退出；数据输入和编辑；工作表和单元格的选定、插入、删除、复制、移动；工作表的重命名和工作表窗口的拆分和冻结。

3. 工作表的格式化，包括设置单元格格式、设置列宽和行高、设置条件格式、使用样式、自动套用模式和使用模板等。

4. 单元格绝对地址和相对地址的概念，工作表中公式的输入和复制，常用函数的使用。

5. 图表的建立、编辑和修改以及修饰。

6. 数据清单的概念，数据清单的建立，数据清单内容的排序、筛选、分类汇总，数据合并，数据透视表的建立。

7. 工作表的页面设置、打印预览和打印，工作表中链接的建立。

8. 保护和隐藏工作簿和工作表。

五、PowerPoint 的功能和使用

1. 中文PowerPoint的功能、运行环境、启动和退出。

2. 演示文稿的创建、打开、关闭和保存。

3. 演示文稿视图的使用，幻灯片基本操作（版式、插入、移动、复制和删除）。

4. 幻灯片基本制作（文本、图片、艺术字、形状、表格等插入及其格式化）。

5. 演示文稿主题选用与幻灯片背景设置。

6．演示文稿放映设计（动画设计、放映方式、切换效果）。

7．演示文稿的打包和打印。

六、因特网（Internet）的初步知识和应用

1．了解计算机网络的基本概念和因特网的基础知识，主要包括网络硬件和软件，TCP/IP协议的工作原理，以及网络应用中常见的概念，如域名、IP地址、DNS服务等。

2．能够熟练掌握浏览器、电子邮件的使用和操作。

1.3 考试方式

上机考试，考试时长90分钟，满分100分。

1．题型及分值

单项选择题（计算机基础知识和网络的基本知识） 20分

Windows操作系统的使用 10分

Word操作 25分

Excel操作 20分

PowerPoint操作 15分

浏览器（IE）的简单使用和电子邮件收发 10分

2．考试环境

操作系统：中文版Windows 7

考试环境：Microsoft Office 2010

第二部分

计算机基础知识

第一单元　计算机基础知识

1.1 计算机有关概念

1.1.1　计算机的概念

电子计算机（computer）是一种按程序控制自动而快速进行信息处理的电子设备，也称信息处理机，俗称电脑。

1.1.2　计算机的发展

1946年，世界上公认的第一台电子计算机诞生于美国的宾夕法尼亚大学。它使用的主要电子器件是电子管。它的诞生标志着现代电子计算机时代的来临。

（1）传统计算机的发展

现代计算机的基本结构称为冯·诺依曼结构，其主要特点是存储程序并自动控制。按照计算机采用的电子器件的不同分为4代：

第1代计算机（1946—1958年），其主要的电子器件是电子管。

第2代计算机（1959—1964年），其主要的电子器件是晶体管。

第3代计算机（1965—1970年），其主要的电子器件是中小规模集成电路。

第4代计算机（1971年至今），其主要的电子器件是大规模和超大规模集成电路。

（2）微机及网络的发展

第1代微型计算机是1981年推出的IBM-PC/XT及其兼容机，它是准16位机。

第2代微型计算机是1984年推出的IBM-PC/AT及其兼容机，它是16位机。

第3代微型计算机是1986年推出的386机，它是准32位或32位机。

第4代微型计算机是1989年推出的486机，它是32位机。

第5代微型计算机是1993年推出的Pentium（奔腾）机，它是32位或准64位机。

计算机之间的互联构成计算机网络。20世纪80年代以来，计算机网络飞速发展，从局域网、广域网到因特网（Internet），计算机网络的应用越来越广泛和深入。

1.1.3　计算机的特点

计算机作为一种信息处理工具，具有如下主要特点：

①运算速度快；

②运算精度高；

③具有记忆和逻辑判断能力；

④存储程序并自动控制。

1.1.4　计算机的分类

国际上按计算机的性能指标和面向的应用对象，把计算机分为巨型机、大型机、中型机、小型机、工作站和微型计算机（PC机）6类。

1.1.5　计算机的应用领域

目前，计算机的应用主要包括以下几个方面：

①科学计算（数值计算）；

②数据处理（信息管理）；

③过程控制（实时控制）；

④计算机辅助工程，主要包括计算机辅助设计（CAD）、计算机辅助制造（CAM）、计算机辅助教学（CAI）和计算机辅助测试（CAT）。

1.2 数制与编码

1.2.1　常用数制

（1）十进制数

在日常生活中，人们常用十进制计数，数字符号为0、1、…、9，基数为10，“逢十进一”。例如，十进制数123.45的位权表示为

$123.45=1\times10^2+2\times10^1+3\times10^0+4\times10^{-1}+5\times10^{-2}$

（2）二进制数

计算机中采用二进制计数，它用0表示断，1表示通，容易实现，其特点是“逢二进一”。例如，二进制数1101.11的位权表示为

$(1101.11)_2=1\times2^3+1\times2^2+0\times2^1+1\times2^0+1\times2^{-1}+1\times2^{-2}$

二进制数的位数较多，为了使用方便，常采用八进制或十六进制数来表示。

（3）八进制数

八进制数采用0～7共8个数字符号，按“逢八进一”规则进行计数。例如，

$(345.64)_8=3\times8^2+4\times8^1+5\times8^0+6\times8^{-1}+4\times8^{-2}$

（4）十六进制数

十六进制数采用0～9、A～F共16个符号表示，其中符号A、B、C、D、E、F分别代表十进制数值10、11、12、13、14、15，按“逢十六进一”的进位原则计数。例如：

$(2AB.6)_{16}=2\times16^2+10\times16^1+11\times16^0+6\times16^{-1}$

不同数制之间可以相互转换，应当正确掌握数制之间的转换方法。

1.2.2 数制间的转换

（1）十进制数转换成二进制数

十进制数转换成二进制数的方法是：整数部分采用除2取余法，即反复除以2直到商为0，取余数；小数部分采用乘2取整法，即反复乘以2取整数，直到小数为0或取到足够二进制位数。

例如，将十进制数23.375转换成二进制数，其过程如下：

①先转换整数部分。

```
2 |23    余数为1   ↑
2 |11    余数为1   |
 2 |5    余数为1   |
 2 |2    余数为0   |
 2 |1    余数为1   |
    0              |
```

转换结果为：$(23)_{10}=(10111)_2$

②再转换小数部分。

```
   0.375
 ×     2
 -------
   0.750      取整数部分0，小数部分为0.75
   0.75
 ×    2
 -------
   1.50       取整数部分1，小数部分为0.5
   0.5
 ×   2
 -------
   1.0        取整数部分1，小数部分为0结束
```

转换结果为：$(0.375)_{10}=(0.011)_2$

最后结果：$(23.375)_{10}=(10111.011)_2$

如果一个十进制小数不能完全准确地转换成二进制小数，可以根据精度要求转换到小数点后某一位停止。例如，0.85取四位二进制小数为0.1101。

（2）二进制数转换成十进制数

二进制数转换成十进制数的方法是：按权相加法，把每一位二进制数所在的权值相加，得到对应的十进制数。各位上的权值是基数2的若干次幂。例如：

$(1010.01)_2=1\times2^3+0\times2^2+1\times2^1+0\times2^0+0\times2^{-1}+1\times2^{-2}=(10.25)_{10}$

（3）二进制数与八进制数、十六进制数的相互转换

每1位八进制数对应3位二进制数，每1位十六进制数对应4位二进制数，这样大大缩短了二进制数的位数。

二进制数转换成八进制数的方法是：以小数点为基准，整数部分从右至左，每3位一组，最高位不足3位时，前面补0；小数部分从左至右，每3位一组，不足3位时，后面补0，每组对应一位八进制数。

例如，二进制数 $(10101.11)_2$转换成八进制数为

$$\underset{2}{\underline{010}}\ \underset{5}{\underline{101}}\ .\ \underset{6}{\underline{110}}$$

即 $(10101.11)_2=(25.6)_8$

八进制数转换成二进制数的方法是：把每位八进制数写成对应的3位二进制数。

例如，八进制数 $(36.5)_8$转换成二进制数为

```
3    6  .  5
↓    ↓     ↓
011  110   101
```

即 $(36.5)_{16}=(011110.101)_2$

同理，二进制数 $(10101.11)_2$转换成十六进制数为

$$\underset{1}{\underline{0001}}\ \underset{5}{\underline{0101}}\ .\ \underset{C}{\underline{1100}}$$

即 $(10101.11)_2=(15.C)_{16}$

十六进制数转换成二进制数的方法是：把每位十六进制数写成对应的4位二进制数。

例如，十六进制数 $(3E.5)_{16}$转换成二进制数为

```
3     E  .  5
↓     ↓     ↓
0011  1110  0101
```

即 $(3E.5)_{16}=(111110.0101)_2$

（4）八进制数、十六进制数与十进制数的相互转换

八进制数、十六进制数转换成十进制数，也是采用“按权相加”法。例如：

$(345.64)_8=3\times8^2+4\times8^1+5\times8^0+6\times8^{-1}+4\times8^{-2}=(229.8125)_{10}$

$(2AB.68)_{16}=2\times16^2+10\times16^1+11\times16^0+6\times16^{-1}+8\times16^{-2}=(683.40625)_{10}$

十进制整数转换成八进制、十六进制数，采用除8、16取余法。十进制数小数转换成八进制、十六进制小数采用乘8、16取整法。

1.2.3　数据单位

计算机中采用二进制数来存储数据信息，常用的数据单位有以下几种。

（1）位（bit）

位是指二进制数的一位0或1，也称比特（bit）。它是计算机存储数据的最小单位。

（2）字节（byte）

8位二进制数为一个字节，缩写为B。字节是存储数据的基本单位。通常，一个字节可以存放一个英文字母或数字，两个字节可存放一个汉字。

存储容量单位还有千字节（KB）、兆字节（MB）、吉字节（GB），它们之间的换算关系为（以2^{10}=1024为一级）

1B=8bit　　1KB=1024B　　1MB=1024KB　　1GB=1024MB

（3）字（word）

字由一个或多个字节组成。字与字长有关。字长是指CPU能同时处理二进制数据的位数，分8位、16位、32位、64位等，如486机字长为32位，字由4个字节组成。

1.2.4　字符编码（ASCII码）

字母、数字等各种字符都必须按约定的规则用二进制编码才能在计算机中表示。目前，国际上使用最为广泛的是美国标准信息交换码（American Standard Code for Information Interchange），简称ASCII码。

通用的ASCII码有128个元素，它包含0～9共10个数字、52个英文大小写字母、32个各种标点符号和运算符号、34个通用控制码。

计算机在存储使用时，一个ASCII码字符用一个字节表示，最高位为0，低7位用0或1的组合来表示不同的字符或控制码。例如，字母A和a的ASCII码为

A：01000001　　　a：01100001

其他字符和控制码的ASCII码如表1-1所示。

表 1-1　通用 ASCII 码表

高4位 / 低4位	0000	0001	0010	0011	0100	0101	0110	0111
0000	NUL	DLE	SP	0	@	P	`	p
0001	SOH	DC1	!	1	A	Q	a	q
0010	STX	DC2	“	2	B	R	b	r
0011	ETX	DC3	#	3	C	S	c	s
0100	EOT	DC4	$	4	D	T	d	t
0101	ENQ	NAK	%	5	E	U	e	u
0110	ACK	SYN	&	6	F	V	f	v
0111	BEL	ETB	‘	7	G	W	g	w
1000	BS	CAN	(	8	H	X	h	x
1001	HT	EM	)	9	I	Y	i	y
1010	LF	SUB	*	:	J	Z	j	z
1011	VT	ESC	+	;	K	[	k	{
1100	FF	FS	,	<	L	\	l	|
1101	CR	GS	−	=	M	]	m	}
1110	SO	RS	.	>	N	^	n	~
1111	SI	US	/	?	O	—	o	DEL

1.2.5　汉字编码

为了满足汉字处理与交换的需要，1981年我国制定了国家标准信息交换汉字编码，即GB 2312–1980国标码。在该标准编码字符集中共收录了汉字和图形符号7445个，其中一级汉字3755个，二级汉字3008个，图形符号682个。

国标码是一种机器内部编码，在计算机存储和使用时，它采用两个字节来表示一个汉字，每个字节的最高位都为1。这样，不同系统之间的汉字信息可以相互交换。

要说明的是，在Windows 95及以后的中文版操作系统中，采用了新的编码方法，并使用汉字扩充内码GBK大字符集，收录的汉字达2万个以上，并与国标码兼容，这样可以方便地处理更多的汉字。

1.3 计算机系统组成

1.3.1　计算机系统的组成

一个完整的计算机系统包括硬件系统和软件系统两大部分，如图1–1所示。

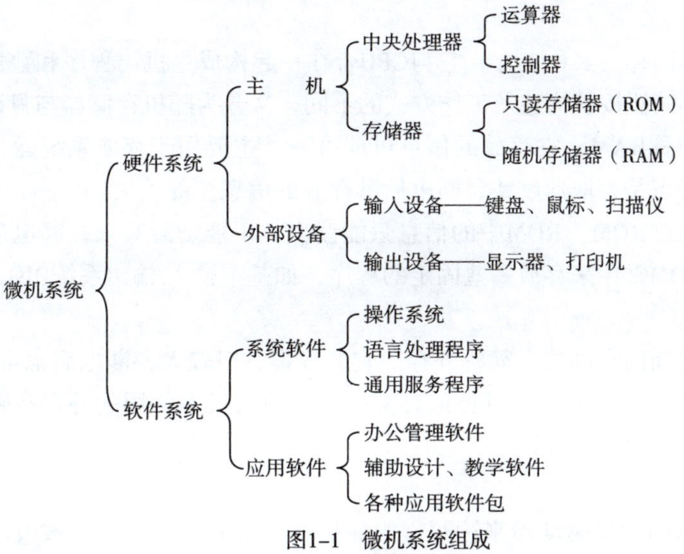

图1–1　微机系统组成

（1）硬件系统

硬件是组成一台计算机的各种物理装置。硬件系统包括运算器、控制器、存储器、输入设备、输出设备5大部分。通常，把运算器和控制器合在一起称为中央处理器，中央处理器和存储器合在一起称为主机，输入设备和输出设备合称为外部设备。

（2）软件系统

软件是计算机运行所需要的各种程序、数据以及相关文档的总称。软件系统由系统软件和应用软件组成。

（3）软硬件之间的关系

只有硬件的计算机称为硬件计算机或裸机。配置了相应的软件才能构成完整的计算机系统。软硬件之间的界限并不是固定不变的。硬件是软件的基础。软件是硬件功能的扩充与完善。硬件与软件相互渗透、相互促进。

1.3.2 微机的硬件系统

微型计算机简称微机，其硬件系统主要由中央处理器、存储器和输入/输出设备组成。

（1）中央处理器CPU

微机中的运算器和控制器集成在一块芯片上，称中央处理器（简称CPU）。微机的型号通常以CPU的型号来命名，如P4（奔4）机使用的CPU型号是Pentium 4。

运算器主要用来完成各种算术运算和逻辑运算。控制器是指挥控制中心，发出各种控制信号，读取并分析指令，协调各部件正常运行。

（2）存储器

存储器用于存放信息处理所需的程序和数据等信息。存储器的容量是指存储器能够存放信息的最大字节数，通常以KB、MB与GB为单位。其中，1KB=1024字节，1MB=1024KB，1GB=1024MB。

微型机的存储器分为内存储器和外存储器。

①内存储器。

内存储器简称内存，又称主存，它与CPU合在一起构成主机。程序和数据必须读入内存后才能运行。内存储器按其构造及工作方式的不同，又分为随机存储器与只读存储器。

- 随机存储器简称RAM，它存放的信息可读可写，主要用于存取系统运行时的程序和数据。RAM的特点是存取速度快，断电后其存放的信息全部丢失。
- 只读存储器简称ROM。ROM中的信息只能读出，不能随意写入，断电后其中的信息也不会丢失。ROM常用来存放一些固定的程序，如基本输入/输出系统BIOS等。

②外存储器。

外存储器又称辅助存储器，简称外存。它的容量一般较大，断电后也可长久保存信息，且可移动，便于不同计算机之间进行信息交流。目前微机上常用的外存有磁盘、光盘和优盘，其中磁盘又分软盘和硬盘。

- 软盘及其驱动器

软盘上的信息用软盘驱动器来读写。为保护软盘上的已存信息不被改写，需设置写保护。3.5英寸的软盘的写保护口在软盘的一角，移动滑块，露出小孔，即为设置写保护。

- 硬盘

硬盘的金属盘片和读写装置密封成一个整体，通常固定在主机箱内。与软盘相比，硬盘容量大，读写速度快。

- 光盘

目前，在微机系统中使用最广泛的是只读型光盘CD-ROM或DVD-ROM，其特点是光盘上的信息只能读取，不能写入。一张CD盘片的容量一般为680MB，由CD-ROM驱动器读取。

一张DVD-ROM的容量一般为4.7GB，由DVD驱动器读取。

▶优盘

优盘也称闪存盘，它是一种通过USB接口与主机相连的新型外存，采用Flash ROM存储器，可读可写。它具有存取速度快、容量大、体积小、重量轻等特点，其容量主要有64MB、128MB和256MB等。

（3）输入设备

输入设备是用户向计算机输入数据的装置。在微机系统中，常用的输入设备有键盘、鼠标和扫描仪。

键盘是标准的输入设备，通过按键向计算机输入各种文字、符号及控制信息。

（4）输出设备

输出设备是计算机向外输出信息的装置。微型机常用的输出设备包括显示器、打印机和音箱等。

显示器是标准输出设备，显示文字、图形和图像等信息。

打印机分击打式和非击打式两种方式。击打式主要有针式打印机，非击打式主要有喷墨打印机和激光打印机。

1.3.3 微机的软件系统

微机的软件系统由系统软件和应用软件两部分组成。

（1）系统软件

系统软件是指管理、监控和维护计算机软硬件资源的软件，主要包括操作系统、各种语言处理程序、数据库管理系统及各种工具软件等，它为计算机系统服务。

①操作系统。

操作系统用于控制和管理计算机软硬件资源，提供用户与计算机之间的操作界面，是最重要的系统软件。

操作系统的主要功能有处理机管理、存储器管理、设备管理和文件管理等。

②程序设计语言与语言处理程序。

指令是控制计算机操作的命令。程序是指具有一定功能的有序指令的集合。

程序设计语言提供用户编写计算机程序，可分为机器语言、汇编语言和高级语言。

语言处理程序包括汇编程序、编译程序和解释程序，用来处理相应语言编制的程序，生成二进制目标代码，使计算机能够识别并执行。

用机器语言编写二进制指令代码程序，计算机能直接执行。

用汇编语言编写符号指令代码源程序，必须由汇编程序编译成二进制目标代码程序后，计算机才能执行。机器语言和汇编语言都是计算机低级语言。

用高级语言编写人们易读易懂的源程序，必须由编译程序翻译成二进制目标代码，计算机才能运行。常用的高级语言有C、VB、VC、VFoxPro等。

③诊断和工具软件。

工具软件有时又称通用服务软件，它是开发和研制各种软件、诊断测试系统的工具。常见的工具软件有诊断程序、调试程序、测试程序等。

（2）应用软件

应用软件是指为解决各种具体问题而编制的各种应用程序及有关文档，主要有字表处理软件、财务软件、图形软件、辅助设计软件和辅助教学软件等。

1.4 计算机安全与病毒防治

1.4.1 计算机的使用环境

（1）环境温度

微机在室温15～35℃一般都能正常工作。在条件允许的情况下，最好将计算机放置在有空调的房间内。

（2）环境湿度

放置计算机的房间的相对湿度最好在50%左右，最高不能超过80%，最低不能低于20%，否则容易导致计算机发生故障。

（3）洁净要求

计算机的工作环境应减少灰尘，保持清洁。因此，在机房内一般应备有除尘设备。

（4）电源要求

微机对电源有两个基本要求：一是电压要稳定，二是在机器工作时供电不间断。为防止突然断电对计算机工作的影响，最好配备不间断电源（UPS）。

1.4.2 计算机日常使用与维护

（1）硬件维护

- 开关机操作要正确，即先开外部设备，后开主机，关机时顺序相反。
- 注意保护硬盘，使用时应固定好，不要随便拆卸，要轻拿轻放等。
- 保持软盘的清洁，插拔软盘片时要小心，读写操作时不能抽取盘片。
- 优盘读写指示灯闪烁时，不可拔插，以免损坏。
- 对于打印机，应定期清洗打印针头和更换色带、墨盒等。

在使用计算机的过程中，应避免频繁开关机，要经常使用，不要长期闲置不用。

（2）软件维护

- 对所使用的系统软件与其他重要软件应及时备份，并对软盘设置写保护。
- 及时整理磁盘文件，清除已无用的文件。
- 经常检测和清除病毒等。

1.4.3 计算机病毒及其防治

（1）计算机病毒的概念

计算机病毒（computer viruses）是一种人为编制的专门用来破坏计算机系统的小程序。它具有自我复制能力，通过入侵而隐藏在可执行程序或数据文件中，影响和破坏正常程序的执行和数据安全，具有相当大的破坏性。

（2）计算机病毒的特性

计算机病毒具有以下几个特性：

- 隐蔽性　病毒程序通常隐蔽在正常程序之中，潜伏起来，它不易被察觉和发现。
- 传染性　病毒程序具有很强的再生和扩散能力，它能传染给别的程序。
- 激发性　在满足特定条件时，病毒被激活，开始发作。
- 破坏性　计算机病毒激活发作时，破坏计算机系统，使其不能正常工作。

（3）计算机染上病毒的症状

计算机系统感染上病毒后，常有下列症状：

- 程序装入时间比平时长，运行异常。
- 磁盘的空间突然变小，或不识别磁盘设备。
- 显示器上经常出现一些莫名其妙的信息。
- 机器经常出现死机现象或不能正常启动。
- 发现可执行文件的大小发生变化或发现不知来源的隐藏文件。

（4）病毒的检测和清除

目前，常使用杀毒软件来检测并清除计算机病毒，还能实时监测及预防病毒。

（5）病毒的预防

病毒通常通过软盘、光盘和计算机网络等途径进行传染。计算机病毒的预防，一般应注意以下5点：

- 加强管理和宣传教育，了解计算机病毒的常识和危害。
- 使用正版软件，不随便使用来历不明的软件，必要时先检测后使用。
- 尽可能从硬盘启动系统，预防带毒软盘启动传染。
- 不接收来历不明的电子邮件，不要访问黑客或色情网站。
- 定期用最新杀毒软件对计算机进行检查并清除病毒，启用实时病毒监视。

1.5 多媒体技术与计算机网络

1.5.1　多媒体技术

（1）多媒体

媒体是指表示或传播信息的载体。多媒体即多种媒体，在计算机领域，主要包括：

- 表示媒体，指各种表示信息编码，如语言编码、文本编码、图像编码等。
- 表现媒体，指表现及输入/输出信息的装置，如键盘、光笔、显示器、打印机等。
- 存储媒体，存储信息的实体，用于存放表示媒体，如内存、软硬盘和光盘等。
- 传输媒体，指传输信息的载体，如双绞线、电缆、光纤、微波、通信卫星等。
- 感觉媒体，作用于人的感官，能使人产生某种感觉。例如，各种语言、音乐、图形、图像，计算机系统中的文件、数据和文字等。

（2）多媒体计算机

多媒体技术是基于计算机技术的综合技术，它包括数字信号处理技术、音频和视频技术、人工智能和模式识别技术、通信和图像处理技术等。多媒体技术具有集成性、交互性、数字化、实时性等特征。

多媒体计算机简称MPC，是指能综合处理多媒体信息并具有交互性的计算机系统。

（3）多媒体技术的应用

多媒体技术主要应用在信息管理、教育与培训、宣传广告、娱乐服务等方面。

1.5.2 计算机网络的概念

计算机网络是指把分布在不同区域的计算机用通信线路连接起来，以实现资源共享和数据通信的系统。它是现代计算机技术和通信技术相结合的产物。

（1）计算机网络的功能

- 共享资源，包括共享硬件资源、软件资源、数据资源等。
- 数据通信，包括传真、电子邮件、电子数据交换、电子公告板（BBS）等。
- 提高计算机可靠性和可用性。
- 分布式处理与均衡负荷。

（2）计算机网络的分类

- 按地理范围分为局域网（LAN）、城域网（CAN）、广域网（WAN）等。
- 按拓扑结构（物理连接形式）分为星形网、总线形网、环形网等。

（3）网络的传输介质

传输介质是网络中发送方与接收方之间的物理通路，它对网络数据通信的质量有很大的影响。常用的网络传输介质有以下4种：

- 双绞线，主要用于PPP拨号入网。
- 同轴电缆，主要用于局域网。
- 光缆，主要用于光纤通信网。
- 无线通信，主要用于广域网的通信，包括微波通信、卫星通信和无线接入等。

1.5.3 计算机网络的组成

计算机网络由网络硬件和网络软件两大部分组成。

（1）网络硬件

- 局域网：包括网络服务器、工作站、网卡、集线器（HUB）、通信介质等。
- 广域网：包括主机（Host）、节点（通信计算机Node）、通信介质、调制解调器等。

（2）网络软件

- 网络操作系统。
- 网络数据库管理系统。
- 网络应用软件。

1.5.4 计算机网络协议和体系结构

（1）网络协议

网络协议是指通信双方约定共同遵守的通信规则、标准和规定。如局域网采用IEEE 802.X协议，广域网采用X.25协议，Internet互联网采用TCP/IP协议。

注意：目前常用的以太总线型局域网（Ethernet）和令牌环网都属于IEEE 802.X协议。具体来说，以太网采用CSMA/CD协议，令牌环网采用Token Ring（令牌环）协议。

（2）网络体系结构

目前，网络体系结构采用“开放系统互联参考模型”的国际标准，即OSI。它将计算机网络体系结构的通信协议从逻辑上分为7层：物理层、数据链路层、网络层、传输层、会话层、表示层和应用层。最低层为物理层，最高层为应用层。

与OSI模型相对应的还有TCP/IP网络结构通信协议。TCP/IP协议是指传输控制协议和网络互联协议。

1.5.5 计算机网络的应用

（1）远程登录

远程登录是指网络用户与远处另一计算机上运行的应用程序进行交互对话。

（2）电子邮件

计算机网络可以作为通信媒介。用户可以在自己的计算机上把电子邮件（E-mail）发送到世界各地，这些邮件中可以包括文字、声音、图形、图像等信息。

（3）电子数据交换

电子数据交换（EDI）主要指在计算机网络上实现电子商务。

（4）联机会议

联机会议是指利用计算机网络，实现异地可视化交互式会议。

（5）电子公告牌

电子公告牌（BBS）是公众的信息发布处。网络用户常把一些信息发送到公告牌上，供大家分享。

1.5.6 因特网（Internet）

Internet音译为因特网，即国际互联网。它起源于美国，采用TCP/IP协议将世界上成千上万台计算机连接在一起，是当今世界上最大的多媒体信息网。我国于1994年实现了与Internet的连接。

（1）因特网的结构

因特网由主干网、骨干网及国际出口、用户接入层3个层次构成。例如，中国信息产业部的中国公用互联网（ChinaNET）就是因特网的骨干网。

（2）因特网的资源

Internet网有着丰富的资源，主要有信息资源、服务资源、系统资源。

（3）因特网的接入

连入Internet的方法主要有仿真终端方式、PPP拨号接入方式、局域网接入方式和广域网接入方式。

个人机用户主要采用ADSL或PPP拨号方式接入。具备以下条件即可上网：

- 一台486以上档次的计算机。
- 传输速率为56kbps的调制解调器（MODEM）或网卡。
- 一条程控直拨电话线路。
- 支持TCP/IP协议和PPP/SLIP协议兼容的浏览软件（如Internet Explorer、Netscape等）。

（4）因特网提供的服务

目前，Internet提供的服务主要有：

- 电子邮件（E-mail），用于收发电子邮件，地址格式为：用户名@主机域名。
- 文件传输（FTP），传送各种类型和大小的文件，如程序、声音、图像文件等。
- 远程登录（Telnet），登录使用远程另一计算机的资源。

世界环球网（WWW），也称万维网，它是超文本、超媒体交互式信息检索网。

第二单元　Windows操作系统

2.1 操作系统的基本概念

计算机拥有硬件和软件资源，要对这些资源进行统一管理、调度及分配，必须要有相应的管理程序，操作系统就是具有这一功能的管理程序。

操作系统是系统软件的核心，是扩充裸机的第一层系统软件，其他软件都在操作系统的支持下工作。若操作系统受到损坏，计算机就无法正常工作，甚至根本无法工作。操作系统又是用户和计算机的接口。用户通过操作系统让计算机工作，计算机又通过操作系统将信息反馈给用户。

2.1.1　操作系统概述

操作系统（operating system，OS）是最重要的系统软件，它控制和管理计算机系统软硬件资源，提供用户和计算机操作接口界面，并提供软件的开发和应用环境。计算机硬件必须在操作系统的管理下才能运行。

操作系统的功能主要包括：处理器管理、存储管理、设备管理、文件管理和作业管理。

2.1.2　操作系统的分类

操作系统有多种，按照服务的对象与功能可分为单用户操作系统（DOS、Windows等）、分时操作系统（UNIX、Linux等）和实时操作系统（IRAMX、VRTX等）、网络操作系统（Novell Netware、Windows NT等）。微机中常用的操作系统主要有DOS、Windows、Linux等。

2.1.3　操作系统的功能

操作系统负责管理计算机全部资源。按照资源的类型，操作系统分成5大功能模块。

（1）CPU 管理

CPU管理的主要任务是对CPU进行分配，并对其运行有效地控制和管理。

（2）存储管理

存储管理的主要任务是为程序运行提供良好的环境，方便用户使用存储器，提高存储器的利用率。存储管理具有内存分配、内存保护、内存收回、地址映射和内存扩充功能。

（3）输入 / 输出设备管理

设备管理的基本任务是按照用户的要求，按照一定的算法，分配、管理I/O设备，以保证系统有条不紊地工作。

（4）作业管理

作业是指用户在一次算题过程中要求计算机系统所做工作的集合。作业管理包括作业调度和作业控制。

（5）文件管理

计算机的信息是以文件形式存放的。文件管理的主要任务是对用户文件系统进行管理，方便用户使用信息，并保证文件的安全性。

2.2 Windows 7的基本操作

2.2.1 Windows 7的启动

Windows 7的启动非常方便，只要打开计算机电源就自动启动Windows 7。在启动过程中，可能会要求输入密码（已设置了密码的用户），这样除了可提供安全性外，还可以使Windows 7能够保存个人设置。

2.2.2 Windows 7的关闭

要退出Windows 7的使用，应该正确关机，以便保存全部工作和不对操作系统造成损害。关机步骤如下：

（1）用鼠标单击任务栏上的“开始”菜单按钮。

（2）用鼠标单击菜单中的“关机”命令，屏幕出现“关闭Windows”对话框。

（3）在对话框中选择“关机”。

（4）选择“确定”按钮，系统自动退出Windows 7系统。

2.3 Windows 7的操作方式

Windows 7操作以鼠标操作为主，也可以使用键盘操作，在Windows 7中，对一个对象实际操作，往往是先选择对象，选中的对象以高亮度显示，再选择命令。

2.3.1 鼠标操作

在Windows 7中，鼠标是最常用的输入设备。使用鼠标几乎可以完成全部的操作，在不同的操作过程中，鼠标形状会随之改变。鼠标的形状和含义，如表2-1所示。鼠标常用操作如表2-2所示。

表 2-1 鼠标指针形状及其含义

指针形状	含义	指针形状	含义	指针形状	含义
	正常选择		选定文本		沿对角线调整1
	帮助选择		手写		沿对角线调整2
	后台运行		不可用		移动

续表

指针形状	含义	指针形状	含义	指针形状	含义
	忙		垂直调整		候选
	精确位置		水平调整		链接选择

表 2-2　鼠标操作

术语	说明	术语	说明
指针	指鼠标在桌面上的位置	拖动	按住鼠标左键移动鼠标
单击	快速地按一下鼠标	右击	按一下鼠标右键
双击	在不移动鼠标的情况下，快速并连续地按两下鼠标	移动	不按住鼠标任何键移动鼠标，使指针位置发生变化

2.3.2　键盘操作

使用键盘也可以完成很多操作。常用的键盘操作如表2-3所示。

表 2-3　常用键盘操作

请按	目的
Ctrl + C	复制
Ctrl + X	剪切
Ctrl + V	粘贴
Ctrl + Z	撤销
Delete	删除
Shift + Delete	永久删除所选项，而不将它放到“回收站”中
拖动某一项时按 Ctrl	复制所选项
拖动某一项时按 Ctrl + Shift	创建所选项目的快捷键
F2	重新命名所选项目
Ctrl + 向右键	将插入点移动到下一个单词的起始处
Ctrl + 向左键	将插入点移动到前一个单词的起始处
Ctrl + 向下键	将插入点移动到下一段落的起始处
Ctrl + 向上键	将插入点移动到前一段落的起始处
Ctrl + Shift + 任何箭头键	突出显示一块文本
Shift + 任何箭头键	在窗口或桌面上选择多项，或者选中文档中的文本
Ctrl + A	选中全部内容
F3	搜索文件或文件夹
Alt + Enter	查看所选项目的属性
Alt + F4	关闭当前项目或者退出当前程序
Alt + Enter	显示所选对象的属性
Alt + 空格键	为当前窗口打开快捷菜单
Ctrl + F4	在允许同时打开多个文档的程序中关闭当前文档

续表

请按	目的
Alt + Tab	在打开的项目之间切换
Alt + Esc	以项目打开的顺序循环切换
F6	在窗口或桌面上循环切换屏幕元素
F4	显示“我的电脑”和“Windows 资源管理器”中的“地址”栏列表
Shift + F10	显示所选项的快捷菜单
Alt + 空格键	显示当前窗口的“系统”菜单
Ctrl + Esc	显示“开始”菜单
F10	激活当前程序中的菜单条
右箭头键	打开右边的下一菜单或者打开子菜单
左箭头键	打开左边的下一菜单或者关闭子菜单
F5	刷新当前窗口
BackSpace	在“我的电脑”或“Windows 资源管理器”中查看上一层文件夹
Esc	取消当前任务
将光盘插入到 CD-ROM 驱动器时按 Shift 键	阻止光盘自动播放

2.4 Windows 7的桌面

Windows 7的工作桌面就是指计算机屏幕。启动Windows 7后的桌面如图2-1所示。桌面的基本元素有：图表、任务栏、“开始”按钮和窗口等。

图2-1 Windows桌面

2.4.1 图标

桌面上排列的一个个图，称为图标。一般说来，这些图标表示程序或文档，而左下角带有箭头的图标，又称为“快捷方式”图标。快捷方式提供了从多个位置访问程序和文档的捷径，这类图标不表示程序或文档本身，其中有几个主要图标介绍如下。

（1）我的电脑

查看并管理本地计算机的所有资源。

（2）网上邻居

当本地计算机与局域网相连，则可以用它查看并使用网络中的资源。

（3）我的文档

“我的文档”是桌面上存放文件的首选场所，“我的文档”内可包含文件或文件夹。

（4）回收站

回收站用于暂时存放删除的文件和文件夹，它的容量一般占磁盘空间的10%左右，用户也可以重新设置容量。如果回收站满了，则最先放入回收占的文件将被永久删除。

用户应定期清理回收站，以释放由回收站占用的硬盘存储空间。

下面简要介绍一下“回收站”的部分操作（图2–2）。

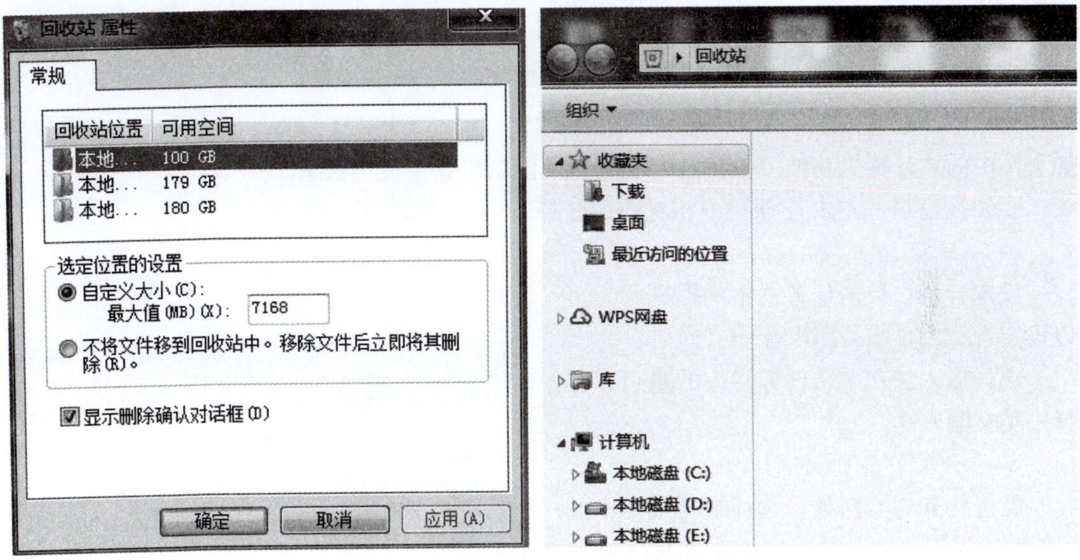

图2–2 “回收站窗口”和“回收站属性”对话框

（1）更改“回收站”属性

用鼠标右键单击“回收站”图标，出现快捷菜单，在菜单中单击“属性”出现对话框，一般情况下不要随意更改。

（2）恢复被删除的文件或项目

用鼠标双击“回收站”图标，打开“回收站”窗口，单击要恢复的文件或文件夹，使用菜单中的“还原”命令。

（3）彻底删除文件或文件夹

删除部分文件：在“回收站”窗口中单击选择要删除的文件或文件夹，使用“文件”菜单中的“删除”命令或按“Delete”键。

删除全部文件：在“回收站”窗口中使用“清空回收站”命令。

2.4.2 任务栏

任务栏一般位于屏幕底端，它含有“快速启动”工具栏、任务按钮等。正在进行的工作都以按钮形式列在任务栏中。任务按钮可用于各工作之间的切换。有关任务栏的操作：

（1）使用“快速启动”工具栏启动应用程序

单击任务栏中的快速启动图标，即可运行对应的应用程序。

任务栏中除了放置“快速启动”工具栏外，还可以放置“地址”工具栏、“链接”工具栏或“桌面”工具栏，也可以定制工具栏。

（2）切换工作窗口

任务栏中间的一系列按钮，表示正在运行的应用程序。若其中有一个按钮是凹的，表示该任务在前台运行，其窗口为活动的工作窗口，不被其他窗口遮掩，如下图“我的电脑”。

另一些凸起的按钮，表示该任务在后台工作，窗口可能是打开的，但不是活动窗口，例如上图中的“计算机基础……”的Word，也可能窗口处于最小状态。

要切换窗口，单击任务栏中相对应的任务。

（3）设定音量、输入法

设定音量：单击任务栏中的图标，可以设定音量大小或关闭声音。

选择输入法：单击任务栏中的CH可以选择中英文输入法。

（4）设置任务栏属性

右击任务栏空白处，选择快捷菜单中的“属性”命令；或者单击“控制面板”中的“任务栏和开始菜单”。任务栏中的选项：

锁定工具栏：工具栏所显示的栏段不能左右移动（图2-3）。

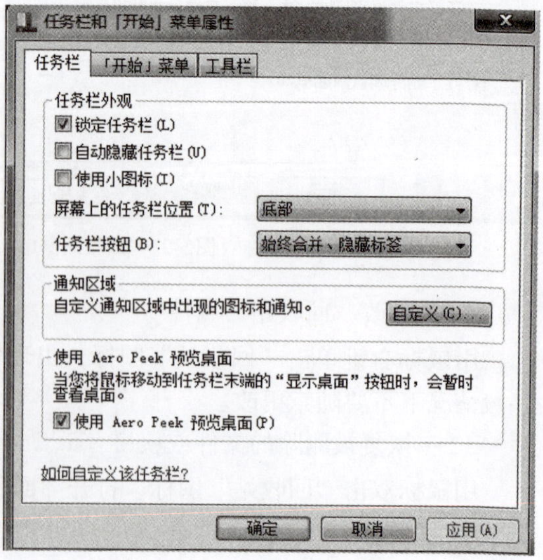

图2-3　任务栏属性设置

总在前面：使“任务栏”在任何程序、任务的前面，始终可见。

任务栏在其他窗口的前端：任务栏始终在最上面。

分组相似任务栏窗口：打开的窗口较多

时，按同类进行分组。

显示快速启动：在任务栏中显示快速启动图标。

显示时钟：在任务栏右边显示时间。

2.4.3 “开始”按钮

“开始”按钮位于任务栏最左边，可以快速启动程序、查找文件及获取帮助。

单击“开始”按钮，或按键，将出现“开始”菜单，下面介绍部分命令和子菜单项。

“运行”命令：单击“运行”命令，出现“运行”对话框，用于启动应用程序。例如：输入Msconfig则设置启动文件的配置。

“文档”子菜单：可以打开最近用过的文档。

“程序”子菜单：可以启动其中的程序。

“搜索”子菜单：可以快速找到所需的文件或文件夹。

“帮助”命令：单击“帮助”命令将出现“Windows 7”帮助窗口。

①“选择一个帮助主题”：从中选择要查看的帮助，包括4个方面的内容。

②“请求帮助”：从别的地方获取帮助。

③“选择一个任务”：要求计算机完成一项工作。

2.4.4　窗口

窗口是桌面上的一个矩形框，是应用程序的一个界面，也表示该程序在运行中。

窗口一般由标题栏、菜单栏、工具栏、状态栏、窗口边框、滚动条和工作区组成。

（1）标题栏

位于窗口最上方，标题栏中列出了对应的程序文件或文件名、控制菜单图标和一些按钮。双击标题栏中图标和按钮以外的位置，也可以最大化或还原窗口。

：最小化按钮。

：最大化按钮。

：关闭按钮。

：还原按钮。

（2）菜单栏

菜单栏包括该窗口的工作命令，菜单栏位于标题栏的下方。

（3）工具栏

工具栏代表菜单栏中的许多命令，一般是常用命令，以方便用户使用，使用方法是用鼠标单击工具按钮。

（4）状态栏

状态栏位于窗口的底部，它显示着当前文件和应用程序目前状态的信息。

（5）水平或垂直滚动条

通过滚动条可以查看窗口中显示出来的信息，滚动条操作的方法有：

- 将鼠标指针移动到滚动条的滚动块上，拖动滚动条，可以滚动窗口中的内容。

- 对于垂直滚动条，单击滚动条上的上箭头和下箭头，可以向上或向下滚动窗口中的内容。
- 对于水平滚动条，单击滚动条的左箭头或右箭头，可以左右滚动。若要滚动幅度大一些，如向上或向下滚动一屏内容，可以单击滚动条中滚动块两侧的空白处。

2.5 文件与文件夹管理

电脑里的信息都是以文件的形式存在的，文件主要都存放在硬盘上。这些不同的盘符就好比几个文件柜，里面都存放着很多文件。这种黄色的图标就是文件夹，也叫目录。如果我们把硬盘比作日常生活中的文件柜，那文件夹就相当于日常生活中文件柜中的文件夹。

但计算机中的文件夹又有些不一样，计算机中的文件夹里除了有文件，还可以放文件夹。概括来说，硬盘的每个分区下面可以有若干个文件夹和若干个文件，每个文件夹里面又可以有若干个文件夹和若干个文件，这些文件夹里还可以有文件夹和文件。

这些C：、D：、E：是硬盘分区的盘符，都是可以存储文件的，我们也把它们叫作根目录，根目录是目录结构中最高级的一层，是磁盘或磁盘分区中最上面的文件夹，它包括了在这个磁盘或磁盘分区中的所有目录和文件。电脑中有几个盘符，就有几个根目录（图2–4）。

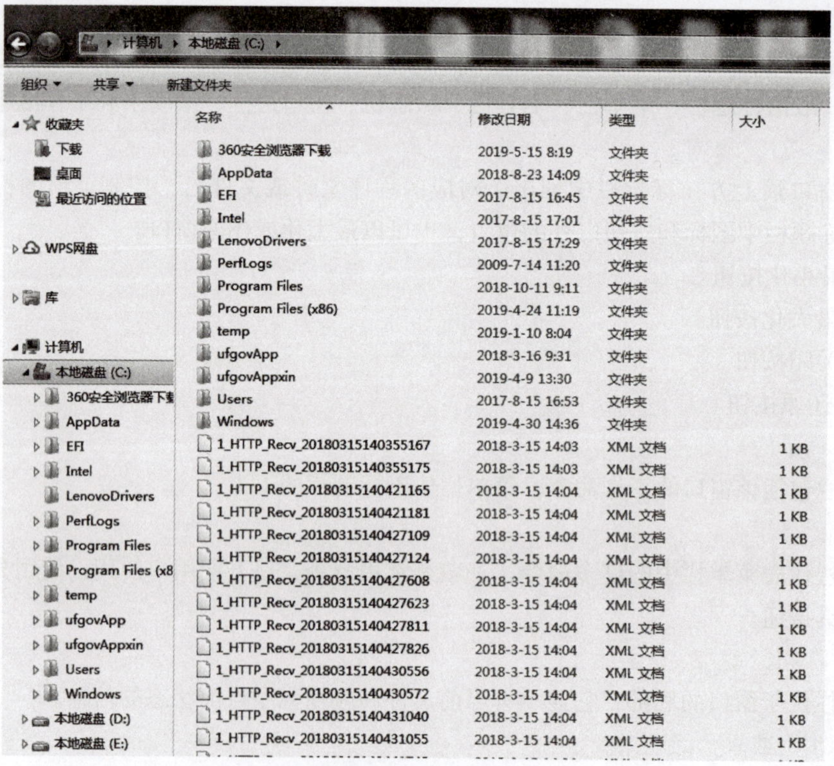

图2–4　根目录

（1）目录

目录是目录结构中最高级的一层，它包括磁盘或磁盘分区中的所有目录和文件。

我们试试看，先单击C：盘前的“▷”号。文件夹都不见了，“▷”号也变成了“◢”，这就是把文件夹隐藏起来了。现在再单击“◢”号，瞧，文件夹又都出现了。用同样的方法我们就可以看其他盘上的文件了，如图2–5所示。

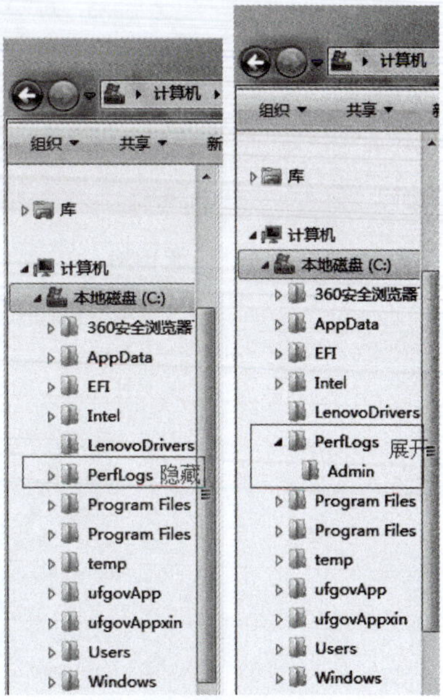

图2–5 目录

（2）复制

对于文件管理来说，最有用的就是文件的复制了。复制又叫“拷贝”，就是按照一个文件的样子再做一个新的文件，这个新文件的内容和原来的文件完全一样。

先用鼠标单击一下要复制的文件，使文件名变成蓝底白字，此时文件处于被选定的状态，表示可以对它进行操作了，如图2–6所示。

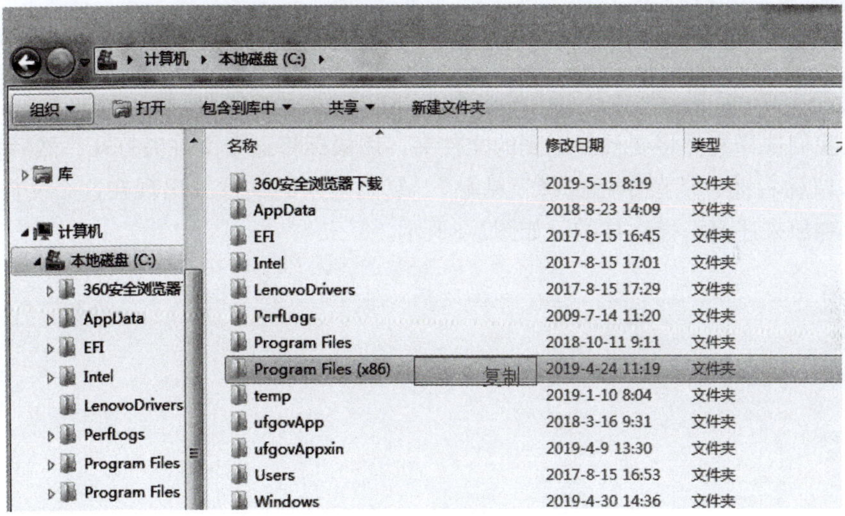

图2–6 复制

（3）移动

除了复制以外，“移动”也是一种比较重要的对文件的操作。

“移动”就是把文件从一个地方移到另外一个地方。这个不难理解，我们还是来看看具体是怎样操作的。

比如说要把我们的文件“123”移到“human”这个文件夹里。操作很简单，还记得我们讲过的鼠标“拖拽”吗？现在就要用了。

在“123”这个文件的名称上按下鼠标左键，不要松开，然后移动鼠标到这边的“human”文件夹上，松开左键就行了，如图2–7所示。

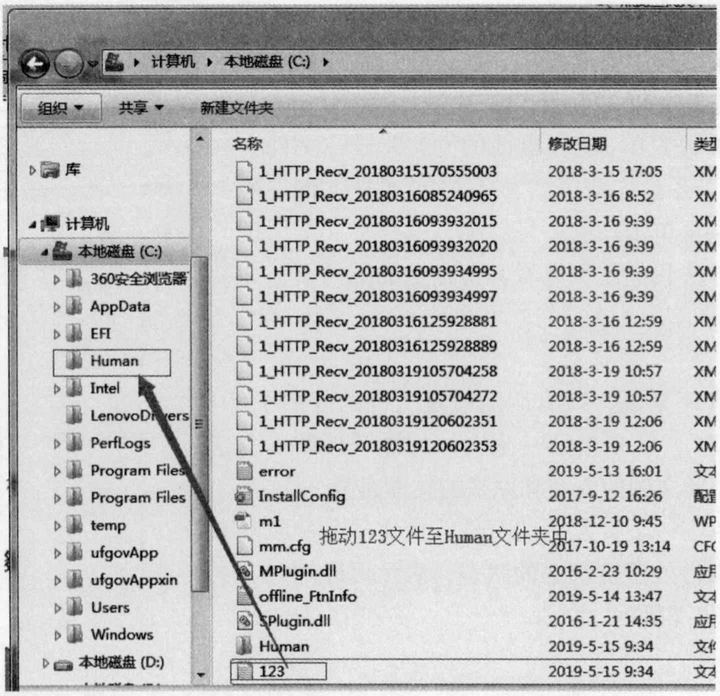

图2-7　移动

让我们看一下“human”文件夹中的内容，“123”这个文件已经移动过来了。

接下来我们选择文件将要被复制到的文件夹，用鼠标将这个文件夹打开，然后在空白的区域上单击鼠标右键，从菜单中选择“粘贴”，复制出来的文件就出现在这个文件夹里了。文件的名称和原来还是一模一样的，如图2-8所示。

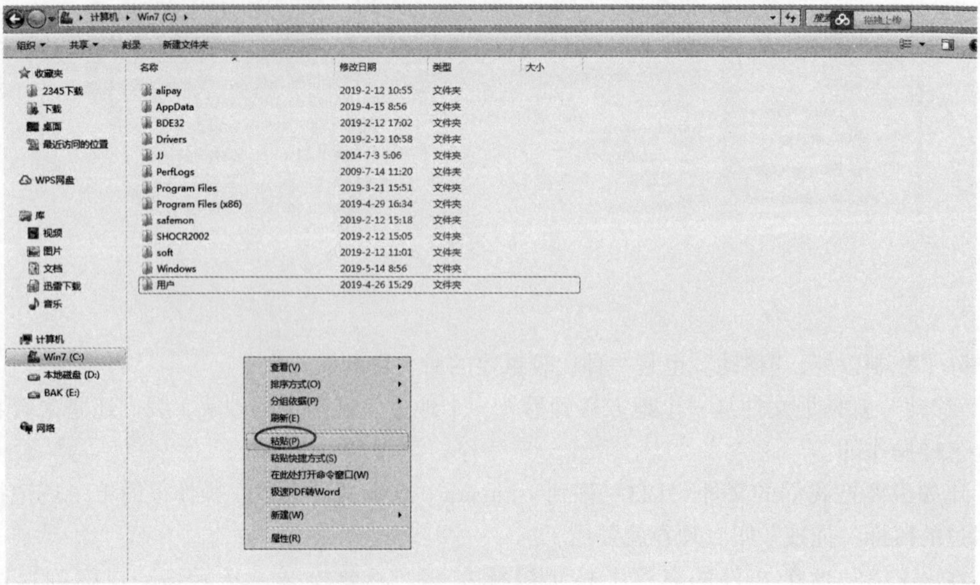

图2-8　粘贴

文件的复制过程有三步：先“选定”文件，然后“复制”，再选择目标文件夹，最后“粘贴”。

文件的信息还有一项是“修改时间”。文件最开始被创建的时候，这里反映的是文件的创建时间，如果以后文件内容被修改并存盘了，那么这里就会变成修改时的时间。这个修改时间不但有用，而且用处很大。比如说你把自己写的文章都存在电脑里，或者把每天的工作都记录下来存成文件，如图2–9所示。

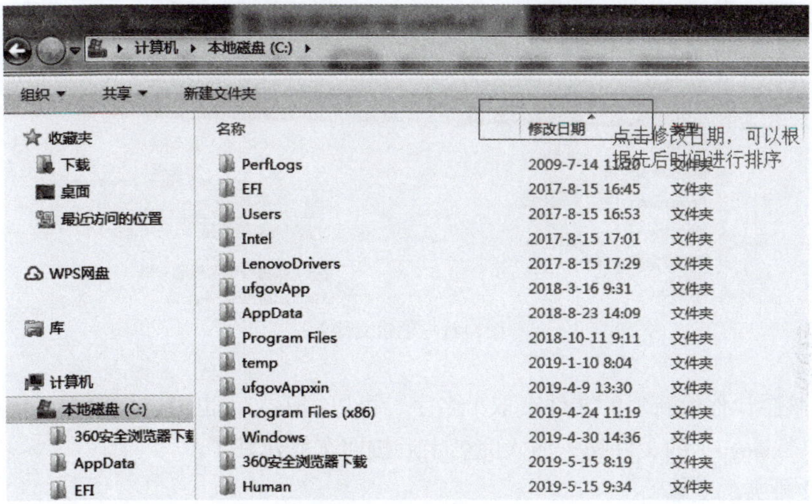

图2–9　修改时间

（4）文件名的更改

每个文件都有一个文件名，文件都是可以改变名字的。比如说我们要把“123”这个文件的名字改为“abc”，先选定文件“123”，然后单击鼠标右键，选择“重命名”，现在文件名外面多了一个实线的方框，文件名的后面也多了一个一闪一闪的光标。

图2–10　重命名

这就表示现在可以改名了。先按一下BackSpace删除键，把原来的名称删除掉，然后输入新的名称“abc”，按回车键，就行了。当然也可以将文件名改成中文的。平时我们在保存写好的文章时就可以使用中文作为文件名，如图2–10所示。

（5）创建文件夹

先选择要建立新文件夹的位置，比如说，要建立在C：的根目录下面，那么在资源管理器的左边点“C：”的盘符的图标，然后，将鼠标移动到右边的空白处，单击鼠标右键，此时出现一个菜单，将鼠标移动到下面的“新建”上，此时又出现一个菜单，再从中选择“文件夹”，如图2–11所示。

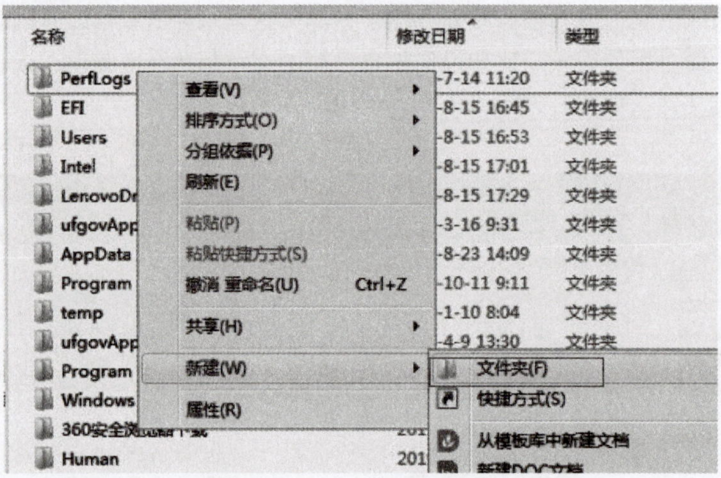

图2–11　创建文件夹

这时电脑会让你给新建的文件夹取个名字，可以用英文，也可以用中文，比如我给自己建立一个叫“xiaoyu”的文件夹，输入完名字后按回车就建好了。

（6）文件夹的更名

先选中文件夹，然后单击鼠标右键，从菜单中选择“重命名”就可以了。然后就可以输入新的名字了，如图2–12所示。

图2–12　更名

第三单元　Word 2010电子文档处理

3.1 Word 2010基础知识

（1）Word 2010 简介

Word 2010是Microsoft公司开发的Office 2010办公组件之一，主要用于文字处理工作，可以创建专业水准的文档。运用Word可以制作各种排版、文书制作、绘图和书籍排版等工作。

在前几个版本的基础上，Word 2010进行了多项功能改进：

- 优异的文档协同工作功能。利用共同创作功能，你可以在编辑论文的同时，与他人分享你的观点。你也可以查看正与你一起创作文档的他人的状态，并在不退出Word 的情况下轻松发起会话。
- 增加了文本的视觉效果。Word 2010 可以将阴影、凹凸效果、发光等格式效果应用到文档文本中，并将很多用于图像的效果用于文本和形状中。在SmartArt提供的图形中进行选择，从而只需键入项目符号列表，即可构建精彩的图表。简洁、鲜明地阐述你的观点。
- 方便的图片编辑工具。利用Word 2010中的图片编辑工具，可以在不使用其他照片编辑软件的条件下，添加特殊的图片效果，精准地对照片进行裁剪，并使用色温等控件轻松地调整图片。Word 2010增加了屏幕截图的捕获和插入功能，可以快速、方便地将屏幕截图插入文档中。
- 多种设备的访问功能。利用Microsoft Word Web App，几乎可以从任何装有 Web 浏览器的计算机上访问 Word 2010 中一些相同的格式和编辑工具，并在熟悉的编辑环境中工作。

（2）Word 2010 工作界面（图 3–1）

在安装Word 2010后，可以通过以下几种方式打开Word 2010应用程序窗口：

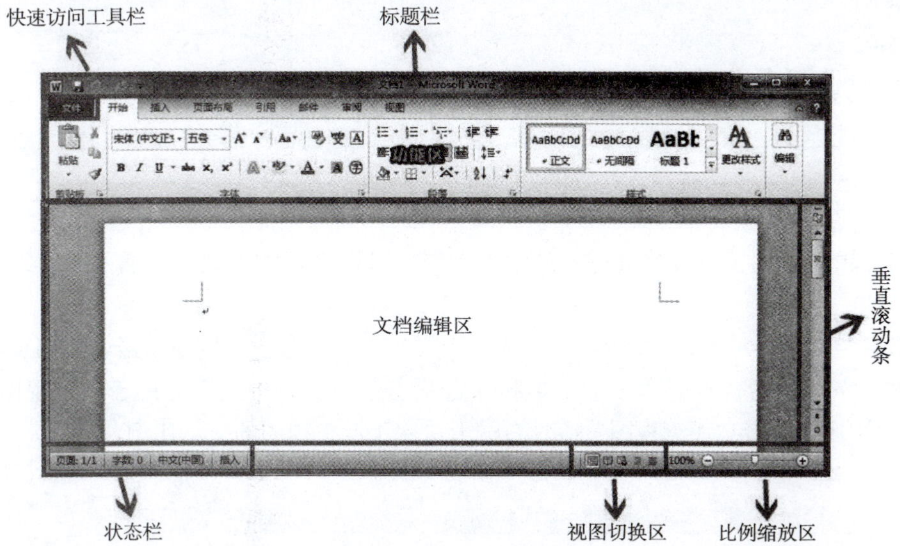

图3–1　Word 2010工作界面

▶ 双击桌面上的Word 2010快捷方式。

▶ 在开始菜单中依次单击“开始”→“所有程序”→“Microsoft Office”，单击“Microsoft Word 2010”图标进入Word。

▶ 直接打开保存的Word文件。

Word的工作界面主要包含标题栏、功能区、文档编辑区和状态栏等部分。

● 标题栏：标题栏包括窗口控制按钮、快速访问工具栏、标题显示区和窗口控制图标。

窗口控制图标（图3-2）与窗口控制按钮作用相同，可以最大化、最小化和关闭窗口。

快速访问工具栏用于放置用户经常使用的一些命令按钮，如“保存”“撤销”“快速打印”等。用户可以自定义快速访问工具栏，提高办公效率。

标题显示区用于显示当前文件名称。

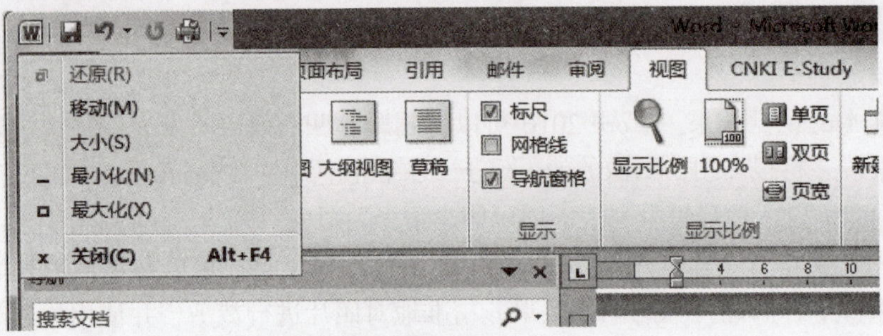

图3-2　Word 2010 窗口控制图标

● 功能区：Word 2010取消了传统的菜单操作方式，而代之于各种功能区。点击功能区名称，切换到与之相对应的功能区面板。每个功能区根据功能的不同又分为若干个组。如“页面布局”面板（图3-3）包含主题、页面设置、稿纸、页面背景、段落和排列等组。主题又包含主题、颜色、字体和效果等命令。

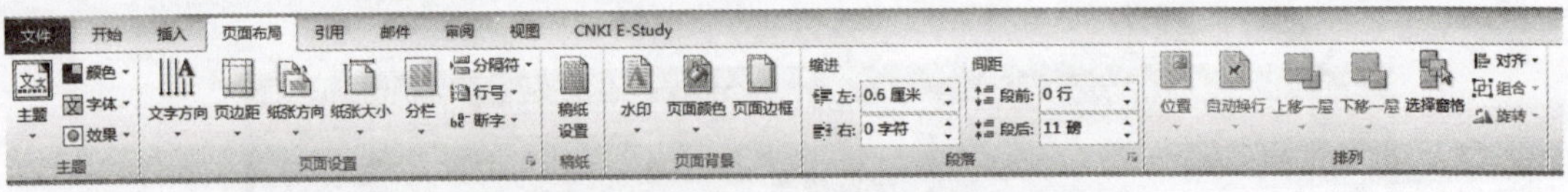

图3-3　Word 2010“页面布局”功能区面板

● 文档编辑区：用于对文档进行各种编辑操作。可以进行输入文本、插入图片编辑排版操作。

● 状态栏：用于显示Word 2010当前的状态（图3-4）。状态栏左侧显示当前文档页数、总页数、字数、语言（国家 / 地区）和输入状态等内容，中间按钮用于调整视图模式，“页面视图”或者“大纲视图”等。右侧滑块用于调整视图的显示比例。

图3-4　Word 2010的状态栏

（3）Word 2010 功能区

Word 2010的功能区包括开始、插入、页面布局、引用、邮件、审阅和视图等。

“开始”功能区：包括剪贴板、字体、段落、样式和编辑5个组，主要用于帮助用户进行文字编辑和字体、段落等格式的设置，如图3–5所示。

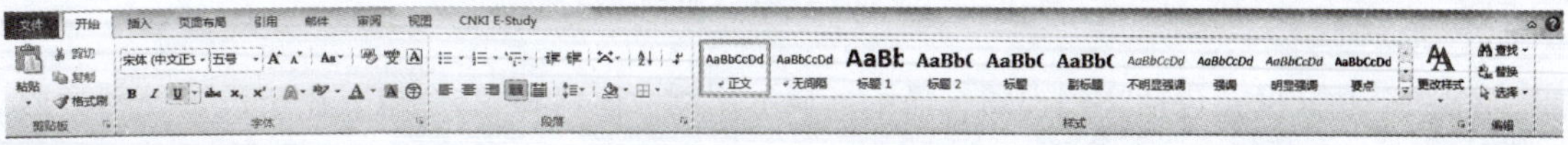

图3–5 “开始”功能区

“插入”功能区：包括页、表格、插图、链接、页眉和页脚、文本及符号7个组，用于在文档中插入图片、艺术字和符号等元素，如图3–6所示。

图3–6 “插入”功能区

“页面布局”功能区：包括主题、页面设置、稿纸、页面背景、段落和排列6个组，用于设置文档的页面样式，如图3–7所示。

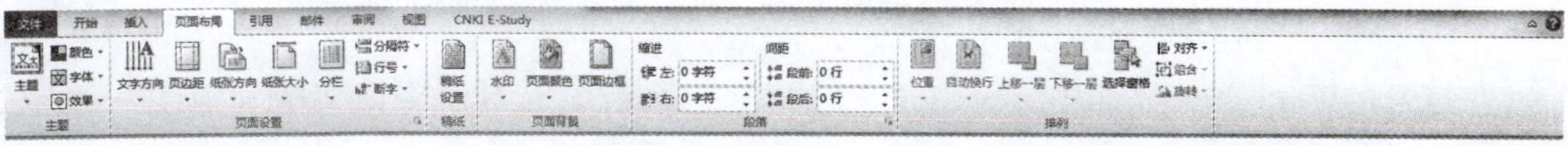

图3–7 “页面设置”功能区

“引用”功能区：包括目录、脚注、引文与书目、题注、索引和引文目录6个组，用于插入目录、脚注等高级功能，如图3–8所示。

图3–8 “引用”功能区

“邮件”功能区：包括创建、开始邮件合并、编写和插入域、预览结果和完成5个组，专门用于邮件合并的操作，如图3–9所示。

图3–9 “邮件”功能区

“审阅”功能区：包括校对、语言、中文简繁转换、批注、修订、更改、比较和保护等组，用于文档的修订和校对等操作，如图3–10所示。

图3–10 “审阅”功能区

“视图”功能区：包括文档视图、显示、显示比例、窗口和宏5个组，用于设置视图类型和显示比例大小等，如图3–11所示。

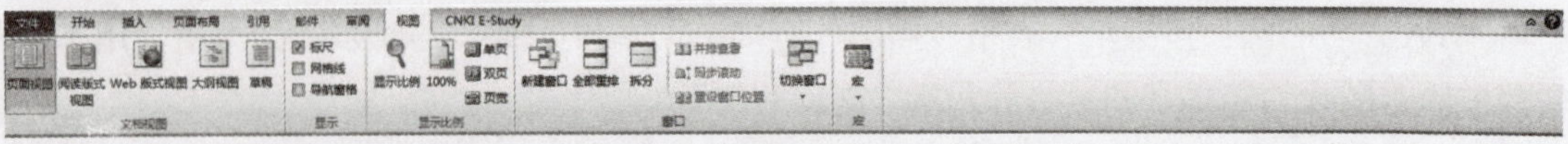

图3–11 “视图”功能区

“加载项”功能区：“加载项”菜单选项卡可以为Word 2010安装附加属性，自定义工具栏或者其他命令扩展。

3.2 文档操作与文本编辑

（1）新建、保存与关闭文档

在打开的Word 2010界面中，单击“文件”→“新建”，选择“空白文档”，新建一个空白的Word文档，如图3–12所示。

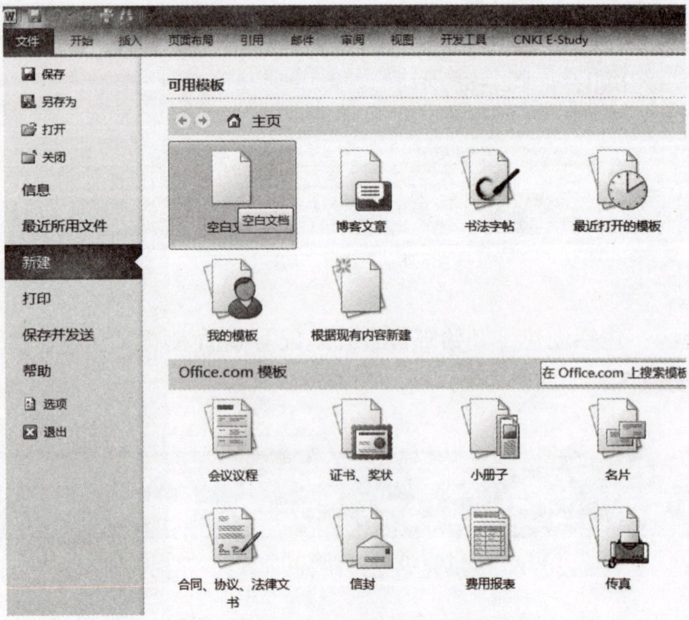

图3–12 新建空白文档

录入文字后点击“文件”→“另存为”，弹出对话框，选择保存位置为“桌面”，输入文件名，点击“保存”按钮，则该Word文档被保存在桌面位置。也可以点击快速访问工具栏的保存按钮或者使用快捷键Ctrl+S保存文件（图3-13）。

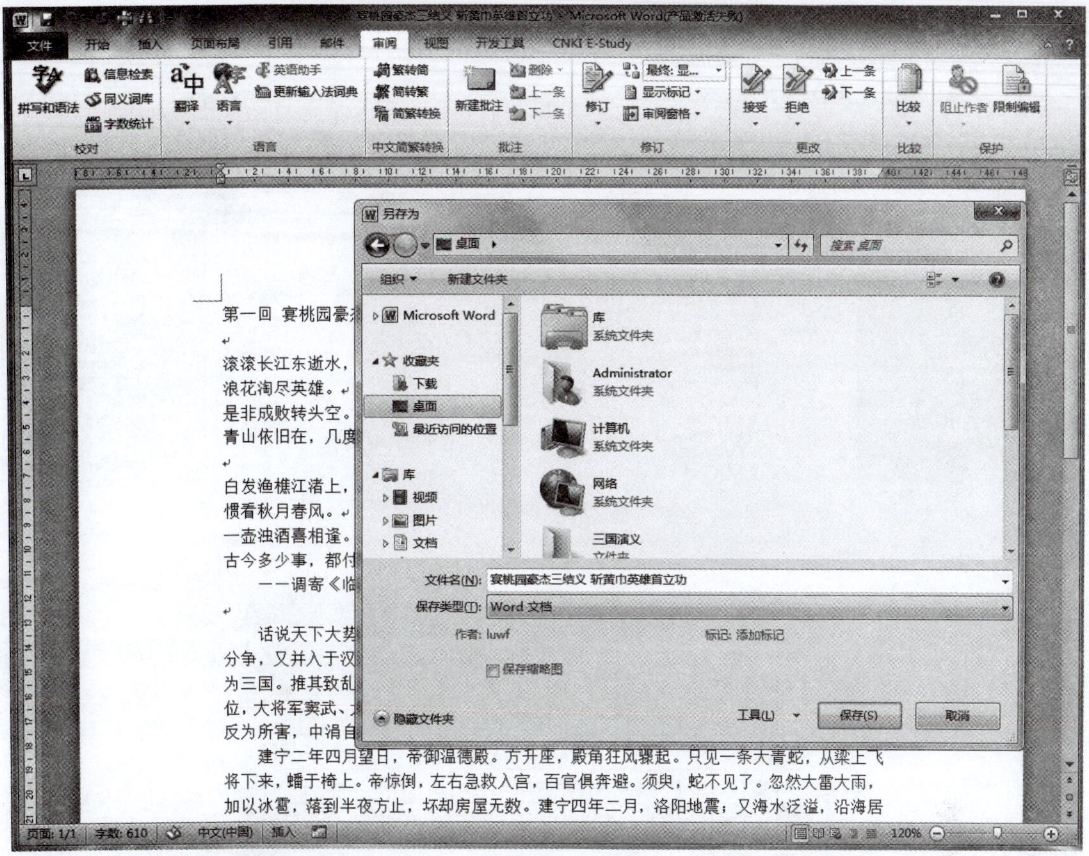

图3-13　保存Word文档

文档编辑完成以后，点击“文件”→“退出”，或者点击右上角窗口控制按钮的按钮关闭文档。

（2）录入

打开Word后，在文档编辑区出现一个闪烁的光标，称为“插入点”，在“插入点”处录入文字。录入后“插入点”向后移动，当移到一行的末尾时，Word 2010会自动将“插入点”移动到下一行起始处。也可以按Shift+Enter键插入一个换行符进行强制换行。

当一个段落结束，按Enter键产生一个段落标记，开始新的段落，“插入点”会移到下一段段落的起始位置，开始新的段落。

在录入文字时，有两种输入状态：插入状态和改写状态。在“插入”状态下，输入新文本时，插入点后的文本会向右移动。在“改写”状态下，输入新文本会覆盖插入点后的文本。用户可以按Insert键或者双击“状态栏”上的“改写”按钮切换两种状态。

（3）插入符号、特殊符号

在录入文字时，可以切换输入法状态实现中文和英文标点符号的切换。对于一些无法直接输入的符号，可以选择“插入”功能区，点击“符号”组里的“符号”命令，选择“其他符号”，在弹出的“符号”对话框中选择相应的符号，点击“插入”按钮完成操作（图3-14）。另有一些符号在“特殊符号”选项卡中（图3-15）。

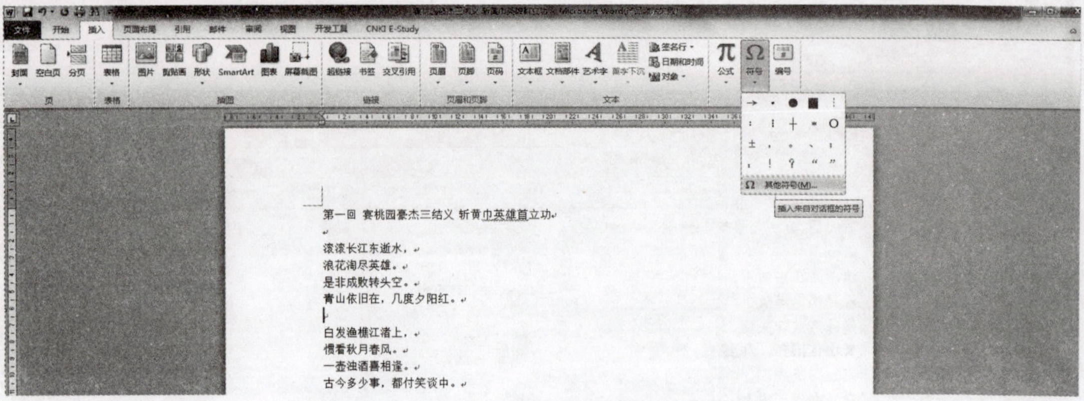

图3-14　插入符号

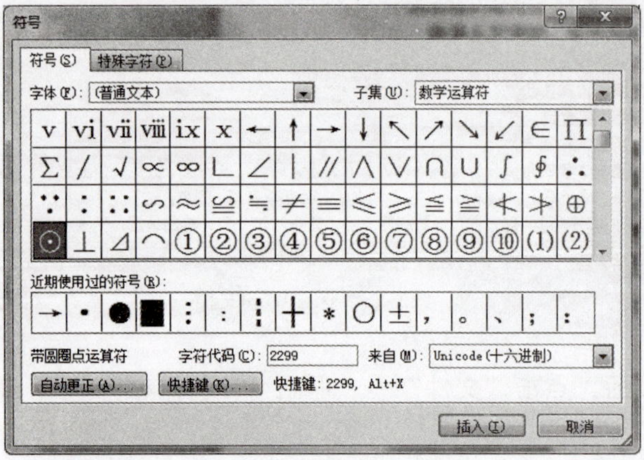

图3-15　符号对话框

（4）插入当前时间、日期

在Word中，时间和日期有多种格式。用户可以利用“插入”功能区的命令，方便地插入当前的时间和日期。在“插入”功能区中，点击“文本”组中的“日期和时间”命令，弹出“日期和时间”对话框，选择一种可用的日期和时间格式，点击确定，即可在插入点处插入当前的日期和时间。如果在对话框中选中“自动更新”复选框，可以在关闭重新打开文档后，或者打印文档时，自动更新日期和时间。也可以通过单击右键，选择“更新域”，进行更新（图3-16）。

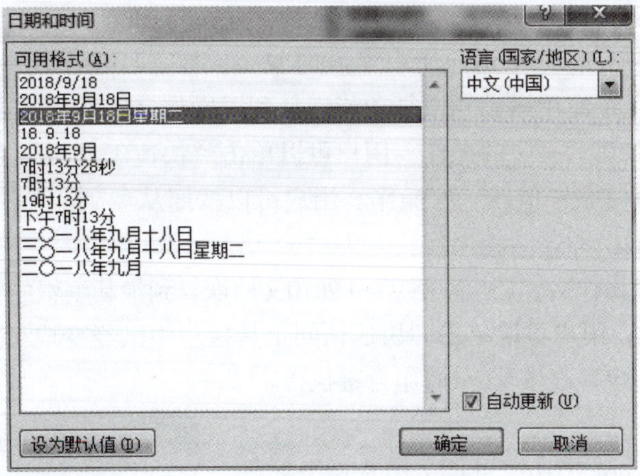

图3-16 时间和日期对话框

(5)文本的复制粘贴、剪切粘贴、删除、撤销和恢复

文本的复制粘贴：有时我们需要将一段文本复制并粘贴到目标位置，这一过程是使用“开始”功能区的“剪贴板”组实现的。先选中需要的文本，复制到剪贴板，再粘贴到目标位置。具体可以通过键盘或鼠标等方式实现。

- 键盘方式：将光标移动到文本的第一个字前，按住Shift键，再点击文本的最后一个字，即可选中文本。按Ctrl+C快捷键进行复制，然后将光标定位到目标位置，按Ctrl+V实现粘贴。
- 鼠标方式：将光标移动到文本的第一个字前，按住鼠标左键并拖动到文本最后一个字后，选中文本。在“开始”的“剪贴板”组中点击“复制”命令，或者点击右键选择“复制”完成文本的复制。最后将光标放到目标位置，点击“剪贴板”组中的“粘贴”命令，或者点击鼠标右键，选择“粘贴”实现文本的粘贴。
- 拖动方式：选中需要复制的文本，并将鼠标箭头指向被选中的文本区域，按住Ctrl键不放，并按住鼠标左键，拖动文本到目标位置，松开Ctrl键和鼠标左键完成文本的复制粘贴。

文本的剪切粘贴：文本的复制粘贴不改变原有文本，而有时我们需要将原有文本复制到目标位置，并删除原有的文本，这一功能可以使用文本的剪切粘贴命令实现。

- 键盘方式：选中需要的文本，按住Ctrl+X将文本剪切到剪贴板，再将光标移动到目标位置，按Ctrl+V将文本粘贴到目标位置。
- 鼠标方式：选中需要的文本，点击“剪贴板”组中的“剪切”命令，或者右键点击剪切，然后将光标移动到目标位置，点击“剪贴板”组中的“粘贴”命令，或者右键点击“粘贴”，将文本贴到目标位置。
- 拖动方式：选中需要的文本，将鼠标箭头指向被选中的文本区域，点击鼠标左键，拖动文本到目标位置并释放鼠标左键，实现操作。

文本的删除：如果要删除一段文本，则先选中需要删除的文本，然后使用以下方法之一均可删除。

- 按Del键（Del键也可以用于删除光标右侧字符）。
- 按BackSpace键（BackSpace键也可以用于删除光标左侧字符）。

- 点击“开始”功能区的“剪切”按钮或者使用快捷键Ctrl+X删除。

文本的撤销和恢复：如果用户使用Word时发生误操作，也不用着急。Word对用户的每次操作都有记录，可是使用撤销和恢复功能恢复到误操作之前的状态。

- 撤销：撤销是取消上一步的操作。用户可以单击“快速工具栏”上的“撤销”按钮，或者按快捷键Ctrl+Z撤销最后一次操作。用户可以按照从后到前的顺序撤销若干步骤，但不能有选择地撤销不连续的操作。
- 恢复：执行撤销操作后，还可以将Word 2010文档恢复到最新编辑的状态。当用户执行一次“撤销”操作后，用户可以单击“快速访问工具栏”中已经变成可用状态的“恢复键入”按钮恢复操作，也可以按下Ctrl+Y组合键执行。

（6）快速定位、字符串的查找和替换

快速定位：在Word 2010编辑长文档时，经常需要定位到文档的某页，通过拖动垂直的滚动条来翻找比较浪费时间，可以通过“查找”的“转到”功能实现快速定位到文档的某页。在“开始”功能区的“编辑”组点开“查找”按钮下拉箭头，点击“转到”命令（图3–17）弹出“查找和替换”对话框的“定位”选项卡（图3–18）。在“定位目标”中选择页，然后在“输入页号”中输入页码或用“+–”指定移动页数，点击“确定”后即可到达文档的指定页。也可以在“定位目标”中选择“节”“行”和“书签”等转到相应的“节”“行”和“书签”等。

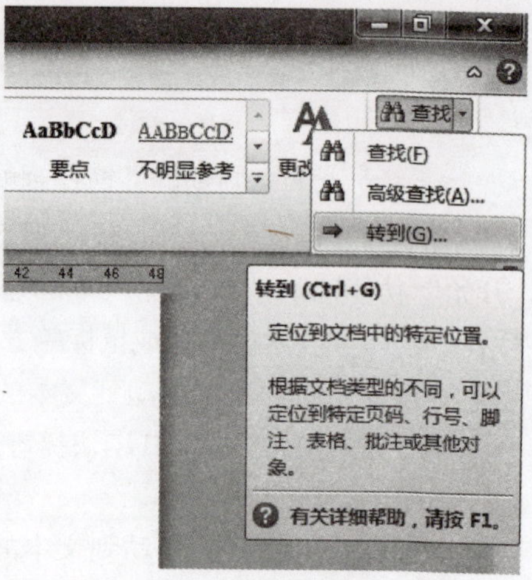

图3–17　快速定位命令

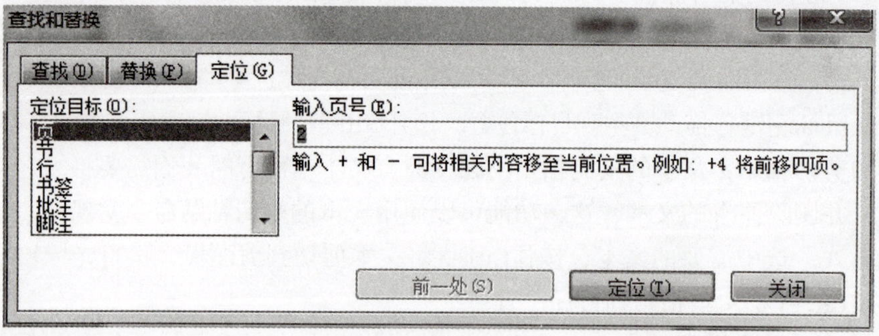

图3–18　定位选项卡

字符串的查找：字符串的查找可以单击“开始”功能区“编辑”组中的“查找”命令，分为“查找”和“高级查找”。

- 点击“查找”，弹出“导航”窗格，输入要查找的文本，确定后即可显示匹配项及位置（图3–19）。
- 点击“高级查找”，弹出“查找与替换”对话框，在“查找”选项卡的查找内容中输入需要查找的内容，点击“查找下一处”按钮，光标定位到指定位置。按“阅读突出显示”按钮，可以将所有查找出来的词高亮显示（图3–20）。

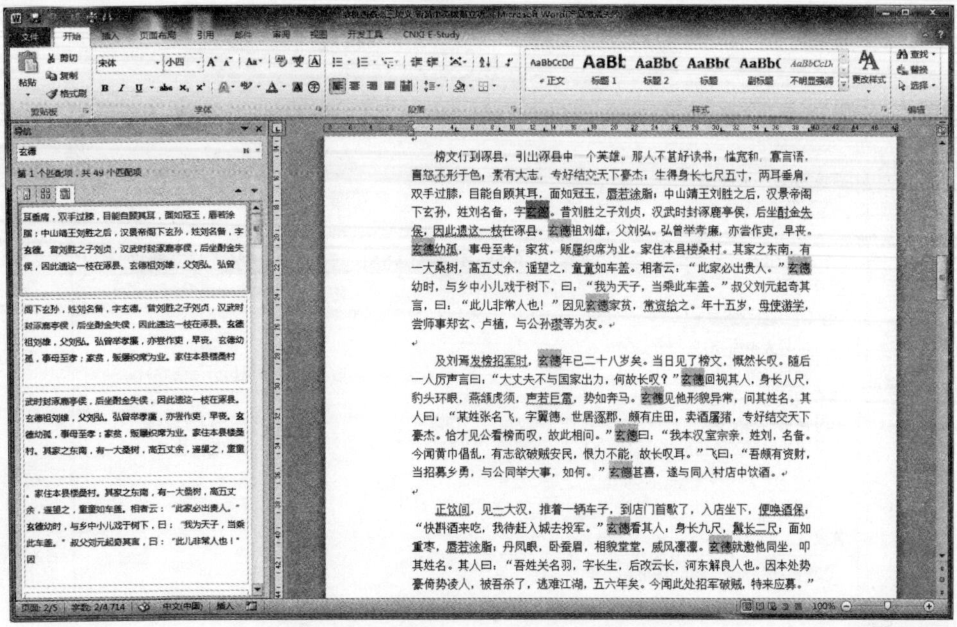

图3–19 查找

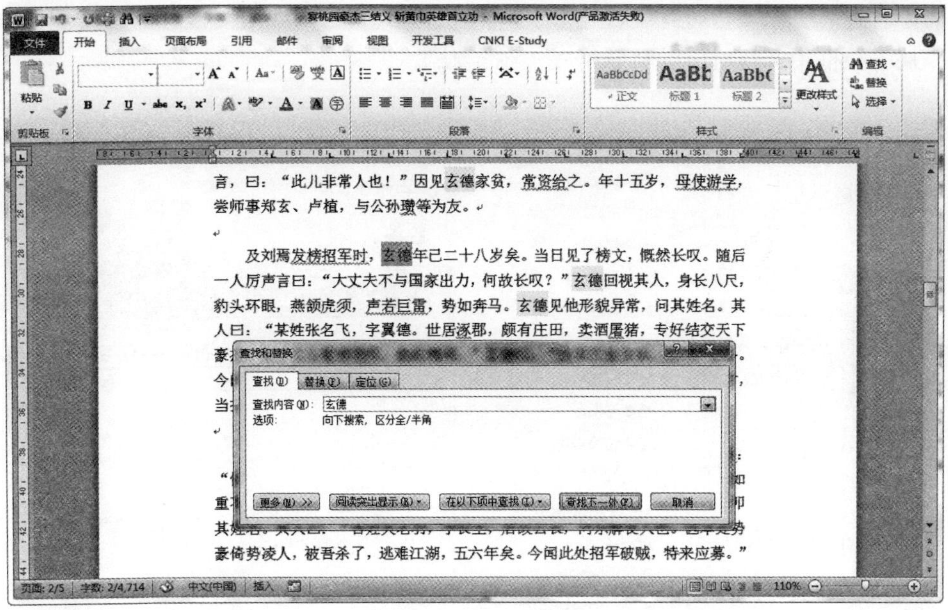

图3–20 高级查找

字符串的查找并替换：利用“查找和替换”功能，用户可以将查找到的内容替换成指定的文本。

在“查找和替换”对话框中点击“替换”选项卡，填入查找内容和替换的内容，按“替换”或“全部替换”按钮可以替换当前的内容或者替换全部指定的文本（图3–21）。

在对话框的底部点击“更多”按钮，在对话框中展开“搜索选项”，可以对搜索进行限定。例如，勾选“区分大小写”，则替换时只替换大写或者小写的字符或文本。

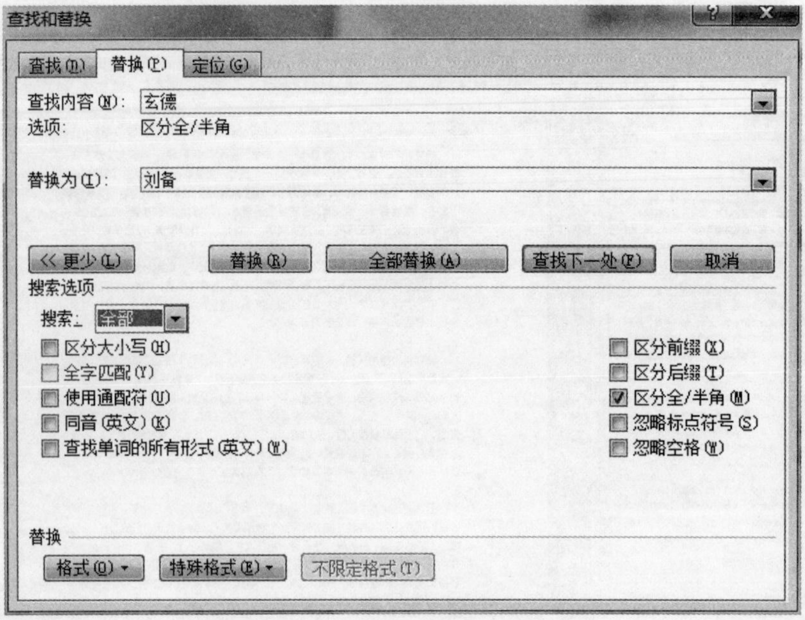

图3-21　替换

对于有些“手动换行符”“段落标记”等特殊格式，可以在对话框底部点击“特殊格式”按钮，从下拉框中选择对应的特殊格式（图3-22）。

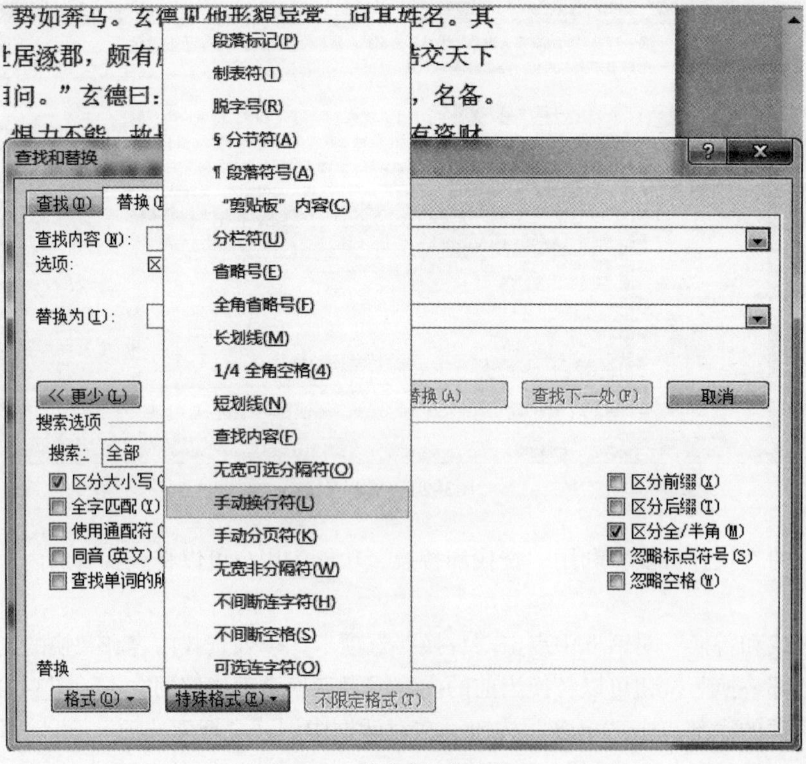

图3-22　替换中的特殊格式

3.3 格式与版面

Word 2010提供了丰富的功能和预定义样式，使用户能排版出高质量的电子文档和出版物。

（1）设置标题

在输入文字后，选中文章的标题，在“开始”功能区的“样式”组中点击“标题1”，该标题就会被格式化为一级标题。选中下一级标题内容，在“样式”组中点击“标题2”，则该标题就会被格式化为二级标题。为了更好地展示整篇文档的结构，可以在“视图”功能区的“显示”组中勾选“导航窗格”，在左侧就会出现“导航栏”，展示文档的各级标题或页面（图3-23）。

也可以选中标题内容，在“开始”功能区的“段落”组中点击右下方的箭头，弹出“段落”对话框。在“缩进和间距”选项卡的“常规”中将“大纲级别”修改为“一级、二级……”。

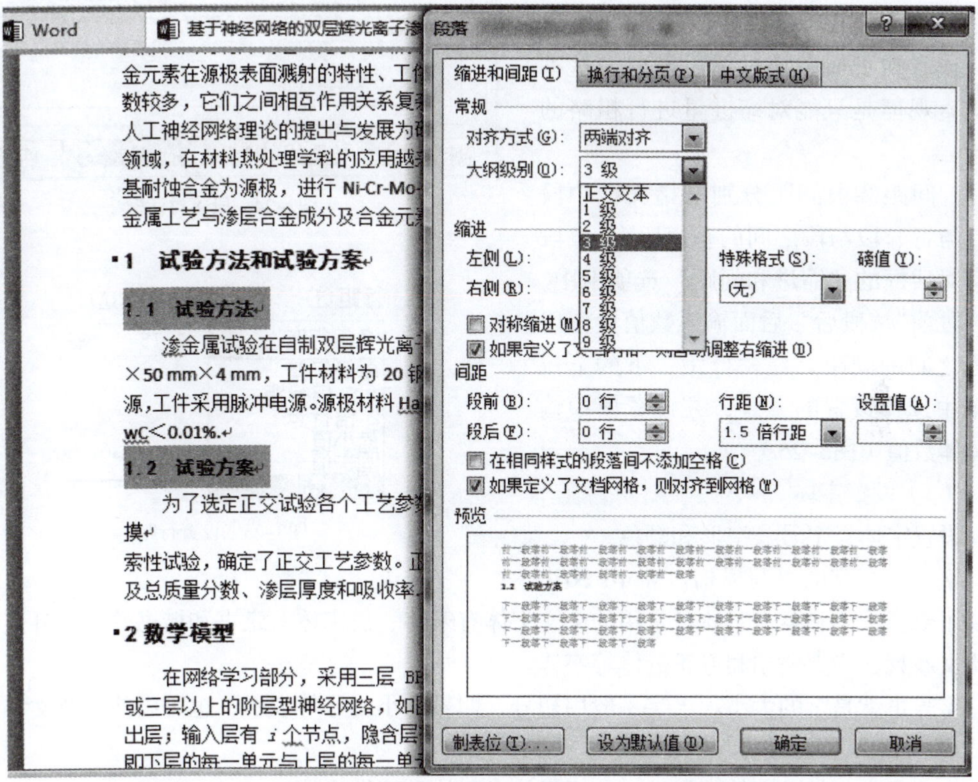

图3-23　设置三级标题

（2）设置段落

在Word 2010中，可以设置段落的格式，包括对齐方式、段落缩进和行距等。

段落的对齐方式有两端对齐、右对齐、居中对齐和分散对齐等，默认的对齐方式是两端对齐。选择需要进行设置的段落，在“开始”功能区的“段落”组中点击“左对齐”按钮，即可将段落设置成左对齐方式。也可单击段落组右下方的下拉按钮，在弹出的“段落”对话框中，常规选项下的对齐方式，选择左对齐即可完成设置（图3–24）。

段落缩进是指段落文字与页边距之间的距离，包括首行缩进、悬挂缩进、左缩进和右缩进四种方式。在“段落”对话框的“缩进和间距”选项卡中，在“缩进”一栏中“左侧”和“右侧”后的文本框中输入相应数值，设置左侧和右侧的缩进量。在后面的“特殊格式”中可以设置“首行缩进”及具体磅值。段落缩进也可以在“开始”功能区的“段落”组中点击减少或者增加缩进量。或者在页面中通过标尺设置，这种方式直观但是只能对缩进量进行粗略的设置。

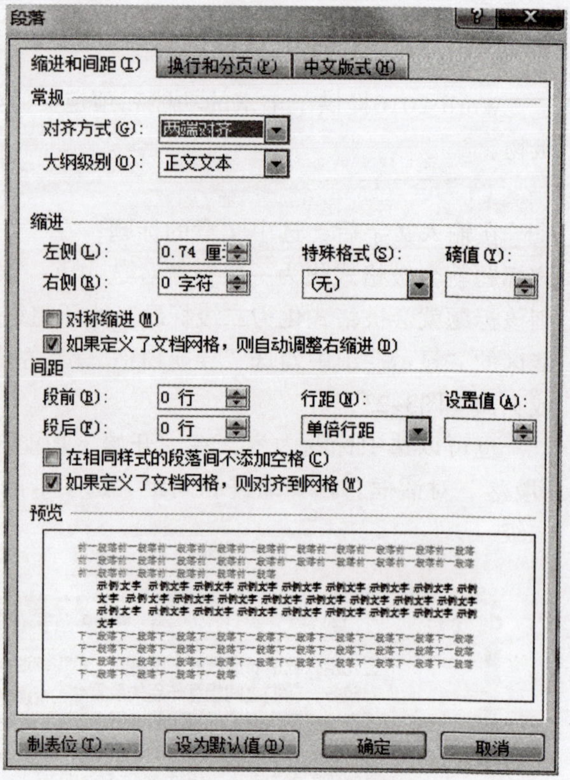

图3–24　段落对话框

行间距和段间距分别是指文档中段中行与行、段与段之间的垂直距离。“段落”对话框的“缩进和间距”选项卡中，在“段前”“段后”后面输入数值设置段与段之间的间距。在“行距”下的下拉菜单中选择设置的方式，在设置值中输入具体数值（图3–25）。

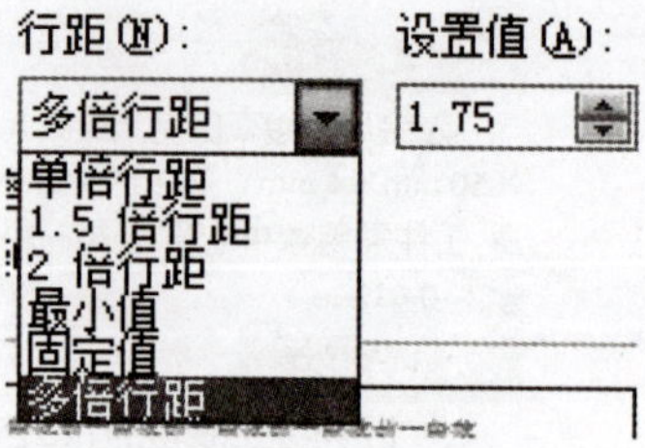

图3–25　设置行距

（3）设置字体

● 设置字体、字号、字形和颜色

字体是文字的书写风格。Word 2010提供了众多中文和英文字体，常用的中文字体有宋体、仿宋体、隶书和楷书等，此外还提供了华文新魏、华文琥珀和方正舒体等字体。

字号也就是字的大小。汉字一般用初号、四号、小二号等表示，也可以使用英文字体的方式用“磅”表示，1磅等于1/72英寸。

字形是指附加于字符的属性，包括粗体、斜体和下划线等。

字符颜色是指字符的色彩。

选中需要设置的文字，在“开始”功能区的“字体”组上，点击字体下拉按钮选择“隶书”、字号选择二号、设置字形为加粗、下划线（图3–26）。在“字体颜色”下拉菜单，在弹出的调色面板中选择相应的颜色，或设置渐变效果即可（图3–27）。

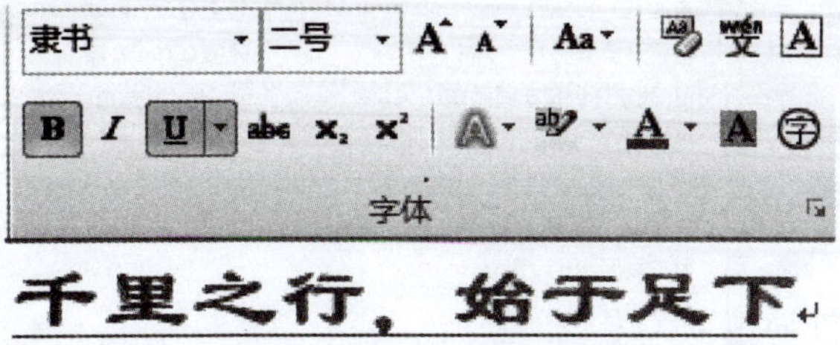

图3-26 字体设置及效果

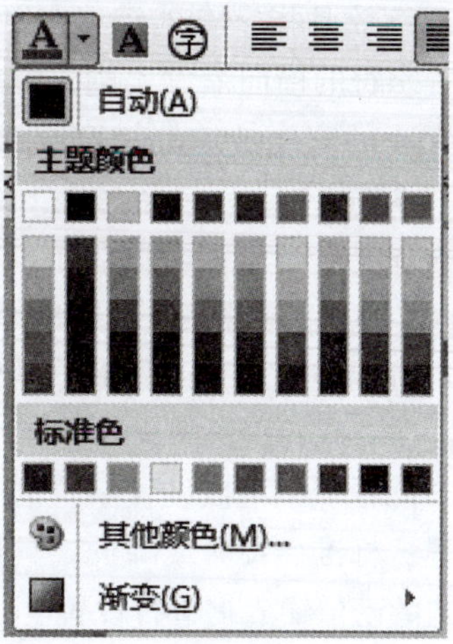

图3-27 字体颜色下拉菜单

● 字体的特殊效果设置

在“字体”组中，还可以设置“文本效果”，添加轮廓、阴影、映像和发光。设置“以不同颜色突出显示文本”，达到荧光笔记号的效果。还可以设置字符底纹、带圈文字和拼音指南等，方便用户进行个性化的设置。

这些设置可以通过点击“字体”组中相应的命令进行设置，也可以点击“字体”组右下方的箭头，在弹出的字体对话框中设置（图3-28）。

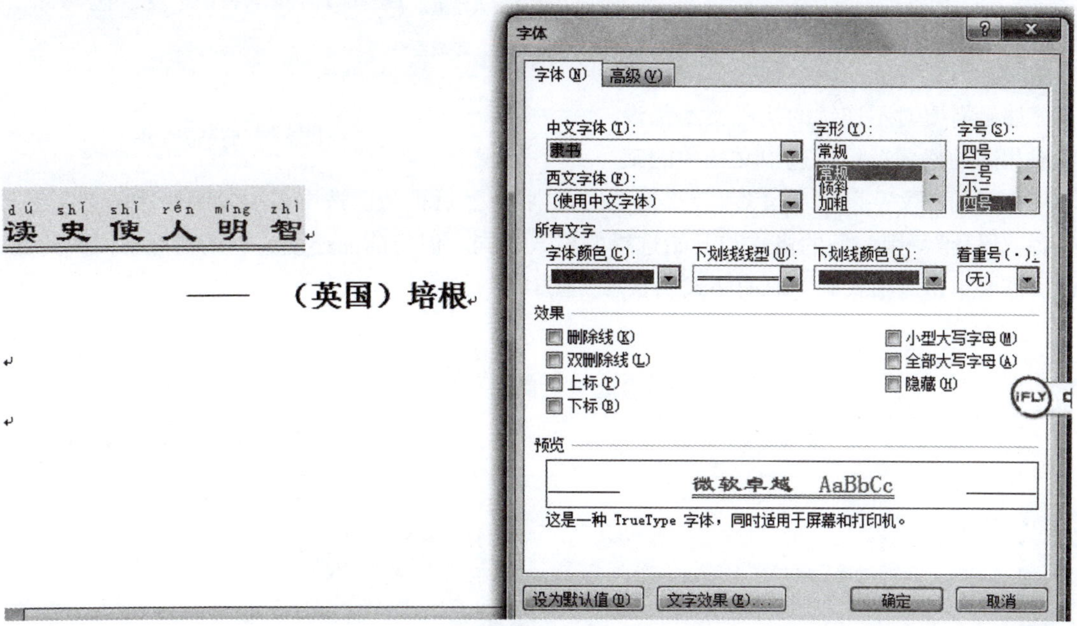

图3-28 设置字体格式

● 设置字符间距和缩放

在“字体”对话框中点击“高级”选项卡（图3-29），在字符间距一栏中可以设置缩放和间距。缩放是指字符的缩小与放大，用于设置字符的横向缩放比例，也就是将字符大小的宽度按比例加宽或缩窄。普通字符为100%，如果调整为200%，则字符的宽度将加大为原来的两倍。

“间距”可以调整字符之间的距离。字符间距有标准，加宽或紧缩，具体数值大小，在右侧的磅值中输入。

在“位置”中可以设置字符的三种垂直位置：标准、提升或降低，具体数值在右边的磅值输入框进行设置。

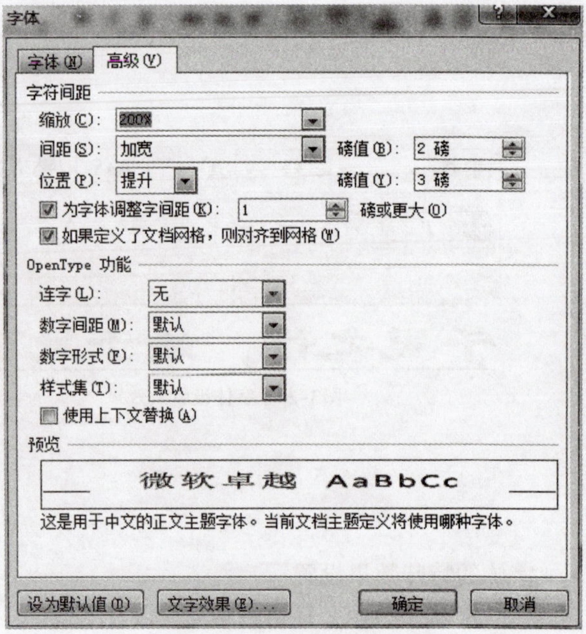

图3-29　字体对话框的高级选项卡

（4）格式刷的使用技巧

格式刷是Word中非常强大的功能之一。在给文档中大量的内容重复添加相同的格式时，我们就可以利用格式刷来完成。

先用光标选中文档中的某个带格式的“读史使人明智”这一行文字，然后在“开始”功能区的“剪贴板”组中单击“格式刷”，接着单击剩下的几行，此时，它们的格式就会与开始选择的格式相同（图3-30）。

读史使人明智，读诗使人灵秀，

数学使人周密，科学使人深刻，

伦理学使人庄重，逻辑修辞使人善辩，

凡有所学，皆成性格。

——（英国）培根

图3-30　原文和设置后的效果对比

如果需要对不连续的几段文本都设置成相同的格式，可以选中文档中的某个带格式的“文字”或“段落”，双击“格式刷”，然后再依次选中需要复制格式的“文字”或者“段落”，则它们的格式与开始选择的格式相同。但与前面连续文本的情况不同，此处最后需要单击“格式刷”取消格式刷状态（图3-31）。

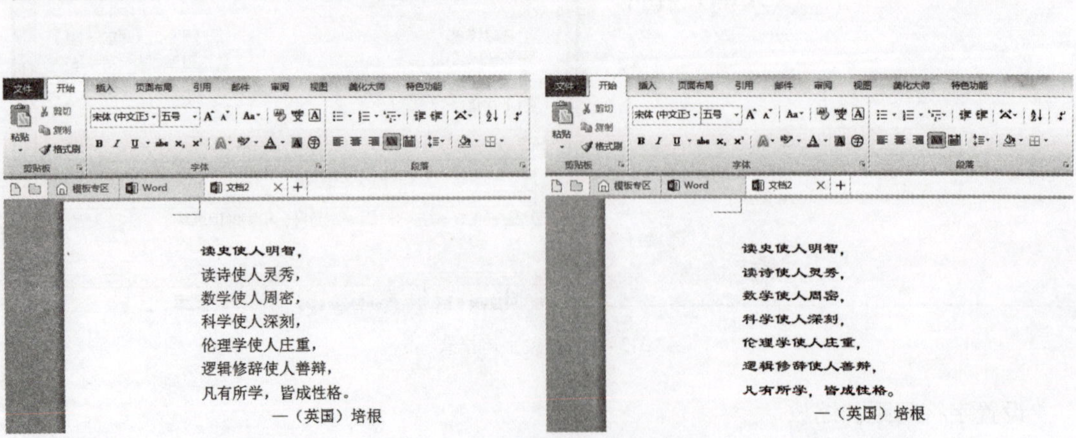

图3-31　使用格式刷后的效果对比

（5）插入页眉页脚

在“插入”功能区的“页眉和页脚”组中，单击“页眉”下拉按钮，在弹出的下拉列表中选择“飞越型（奇数页）”，进入页眉编辑状态，输入文档标题并选取日期后，双击文档任意位置退出页眉设置。页脚的设置方式相同（图3-32）。

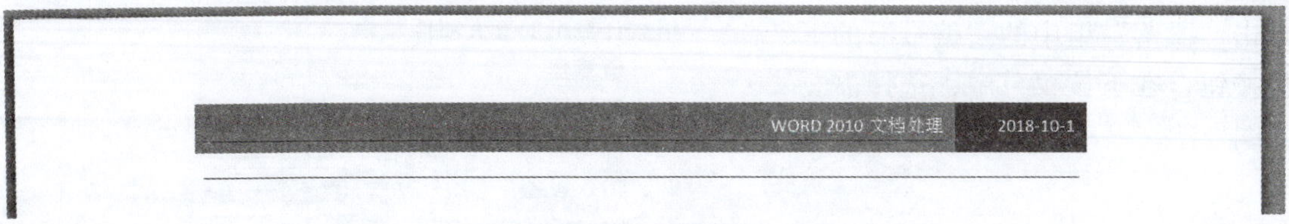

图3-32　设置页眉

（6）插入页码

在“页眉和页脚”组中单击“页码”下拉按钮，在下拉列表中单击“页面底端”，在弹出的菜单中选择样式为“带状物”，双击文档其他位置，退出页码编辑状态（图3-33）。

点击“页码”下拉菜单中的“设置页码格式”命令，弹出“页码格式”对话框，在对话框中可以设置编号格式和起始页码等（图3-34）。

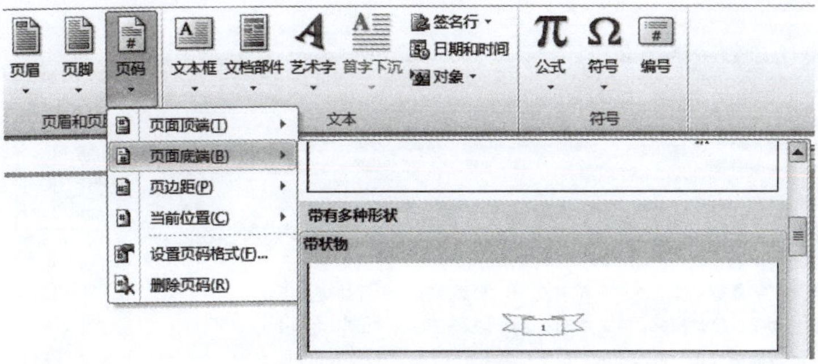

图3-33　插入页码

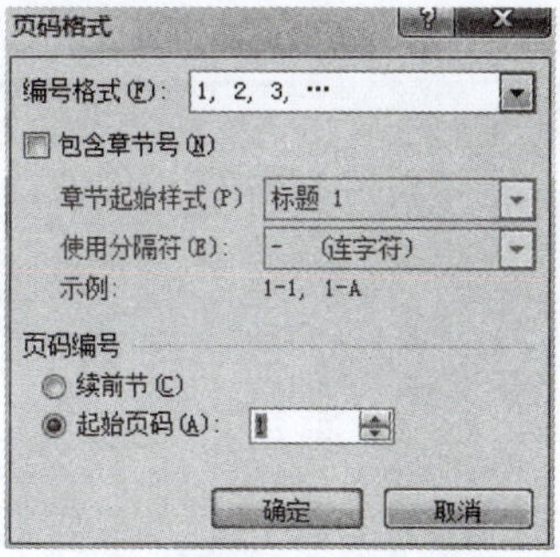

图3-34　设置页码格式对话框

（7）项目符号和编号

Word 2010可以给文档中同类的条目或项目添加一致的项目符号和编号，使文档层次清晰，增强可读性。项目符号使用的是符号，而编号使用的是一种连续的数字或字母，出现在段落前。

● 设置项目符号（图3-35）

选中需要添加项目符号的段落，在“开始”功能区的“段落”组中，单击“项目符号”下拉按钮，在下拉

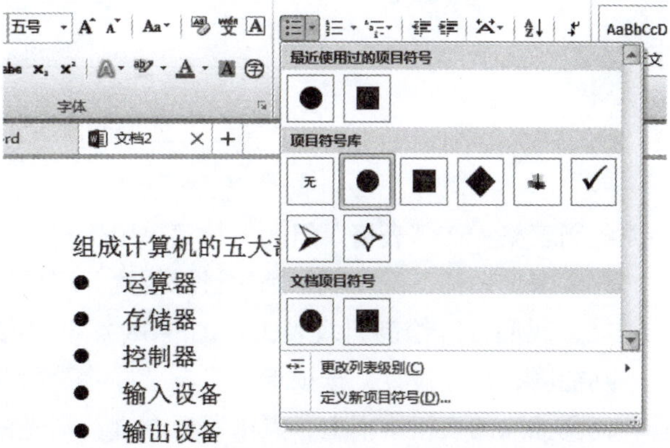

图3-35　设置项目符号

列表中选择项目符号即可。也可以在下拉列表中选择“定义新项目符号”，进行自定义设置。

- 设置编号（图3-36）

选中需要添加项目编号的段落，点击“段落”组中的“编号”的下拉按钮，在下拉菜单中，选择需要的编号样式。

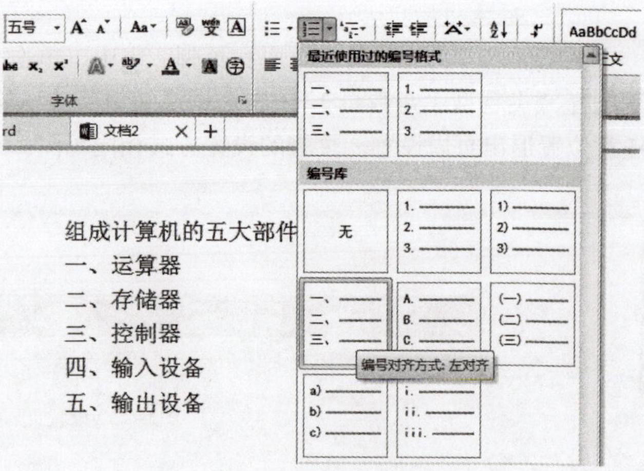

图3-36　设置编号

3.4 表格建立与编辑

（1）插入表格

在Word 2010中，用户不仅可以通过指定行和列插入表格，还可以通过绘制表格功能自定义插入需要的表格。

- 插入表格：将光标插入空行的目标位置，选择“插入”功能区，选择“表格”组的“表格”命令按钮，选择7行5列并释放鼠标，则在光标处插入一个7×5的表格（图3-37）。

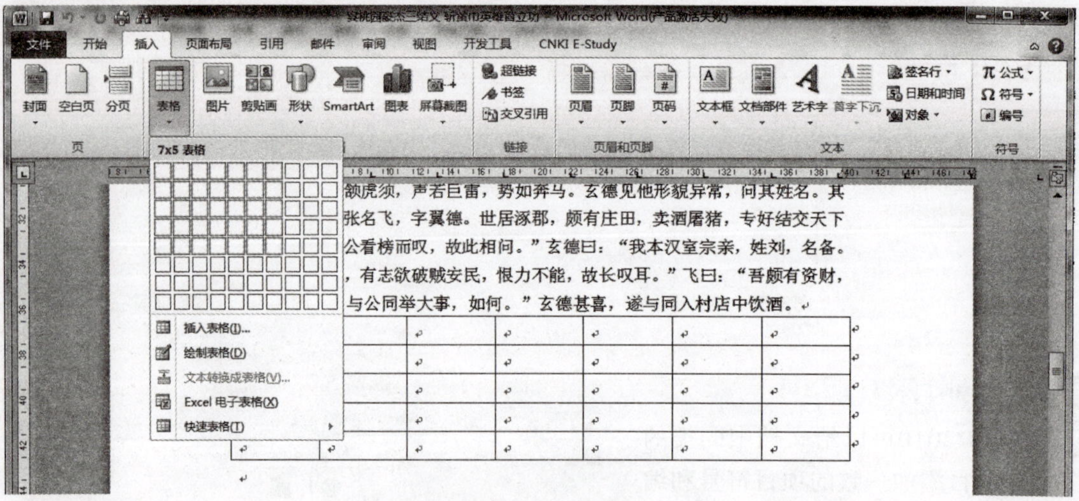

图3-37　插入表格

- 绘制表格：在“表格”组的下拉菜单中选择“绘制表格”命令。鼠标变成笔形，在起始位置按住鼠标，拖动鼠标到达目标位置并释放鼠标，则画出一条表格边框。利用这一功能，我们可以绘制斜线表头（图3-38）。选中表格，在上方的功能区出现“表格工具”功能区，在“设计”选项卡中点击“擦除”命令，光标变为橡皮擦的形状，将光标放在需要擦除的表格边框上，点击鼠标左键，则光标位置的表格边框被擦除（图3-39）。

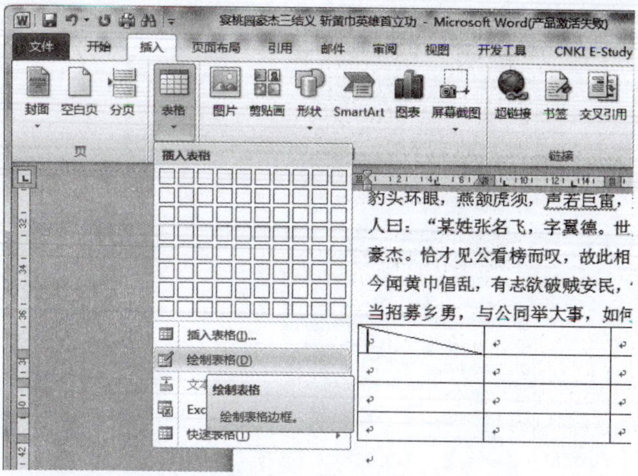

图3-38 绘制表格

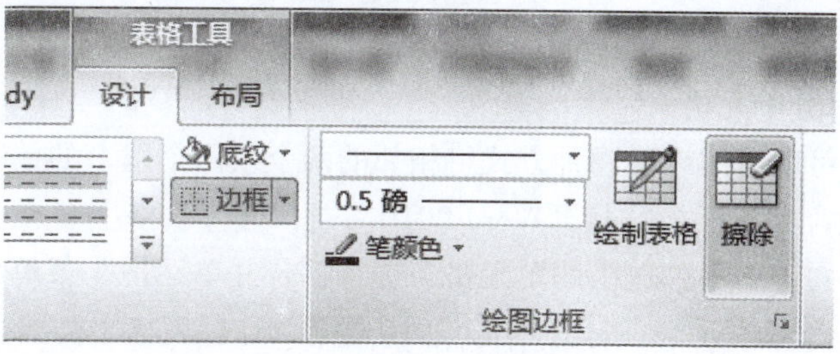

图3-39 表格工具擦除命令

（2）在表格中插入行（列）

在Word 2010中，如果需要在原有表格的基础上增加行（列），先选中需要插入行（列）的上一行（列），然后点开功能区“表格工具”的“布局”选项卡，点击“行和列”组中的“在下方插入行（列）”命令，实现插入行（列）（图3-40）。也可以点击鼠标右键，点击“插入”，在弹出的下拉菜单中选择“在下方插入行”（图3-41）。

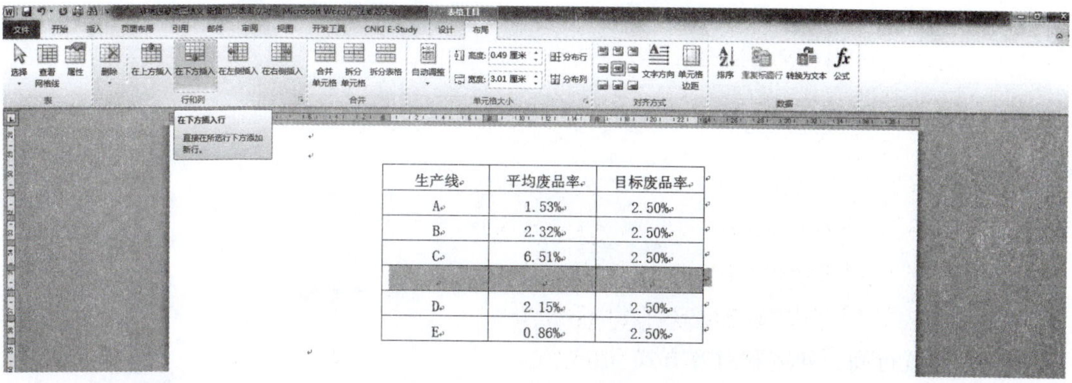

图3-40 使用表格工具插入行

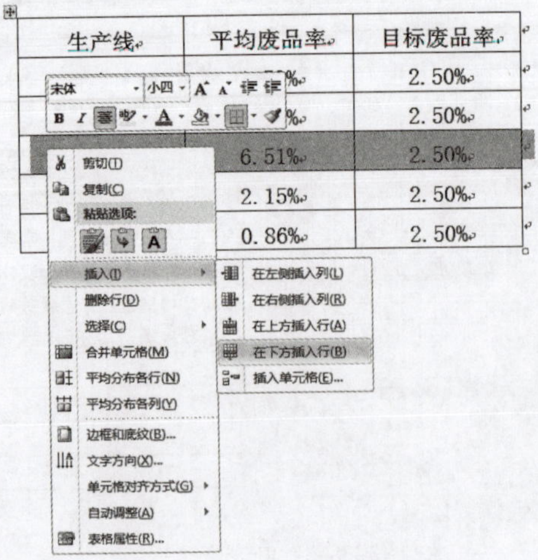

图3-41　使用快捷方式插入行

（3）合并和拆分单元格

合并单元格：可以使用以下两种方式将相邻的两个及两个以上的单元格合并。

- 使用快捷方式合并单元格：打开Word 2010文档，选择表格中需要合并的两个或两个以上的单元格。右键单击被选中的单元格，选择“合并单元格”菜单命令即可。
- 使用表格工具合并单元格：打开Word 2010文档，选择表格中需要合并的两个或两个以上的单元格。单击“布局”选项卡，在“合并”组中单击“合并单元格”按钮即可。

拆分单元格：将光标定位到需要拆分的单元格中，然后右键选择“拆分单元格”，在弹出的“拆分单元格”中输入要拆分的“行数”或“列数”，确定即可。也可在“图表工具”的“布局”组中选择“拆分单元格”命令实现（图3-42）。

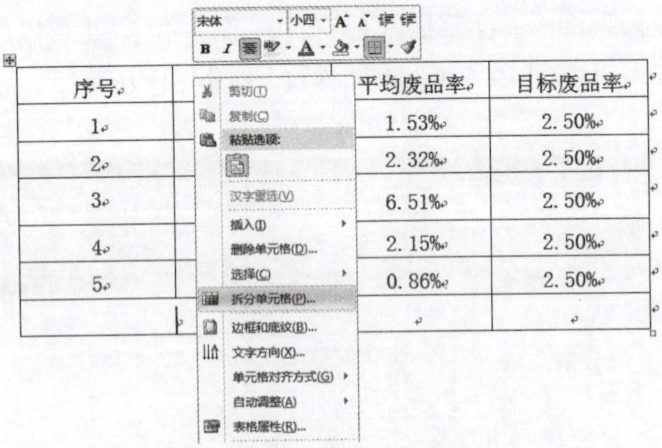

图3-42　拆分单元格

（4）设置行高、列宽和对齐方式

在Word 2010中，用户可以通过“表格工具”设置表格的行高、列宽和对齐方式等。点击“布局”选项卡，在“单元格大小”中输入数字指定表格的行高和列宽，在“对齐方式”

组中点击“水平居中”图标，设置单元格内容为水平居中（图3–43）。

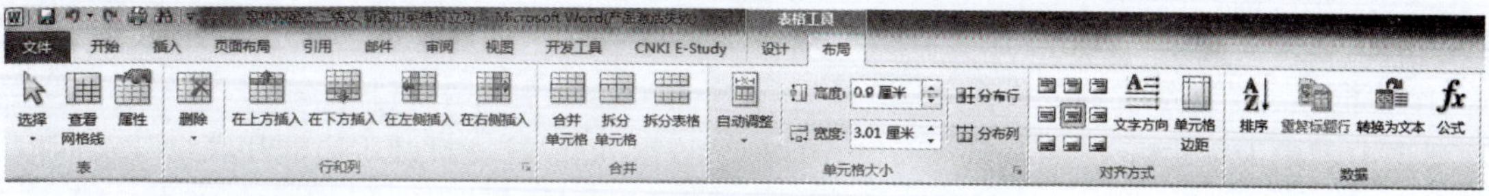

图3–43　表格工具设置行高和列宽

用户也可以选中表格，点击鼠标右键，选中“表格属性”命令（图3–44），在弹出的表格属性对话框中，选中“行”等选项卡，在选项卡中进行行高、列宽和单元格对齐方式等的相应设置（图3–45）。

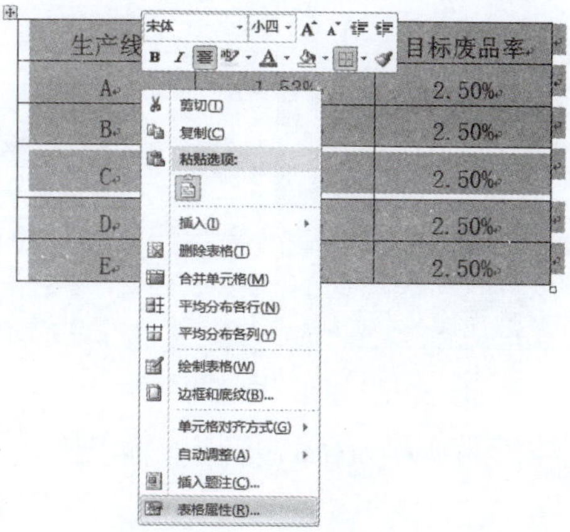

图3–44　表格属性命令

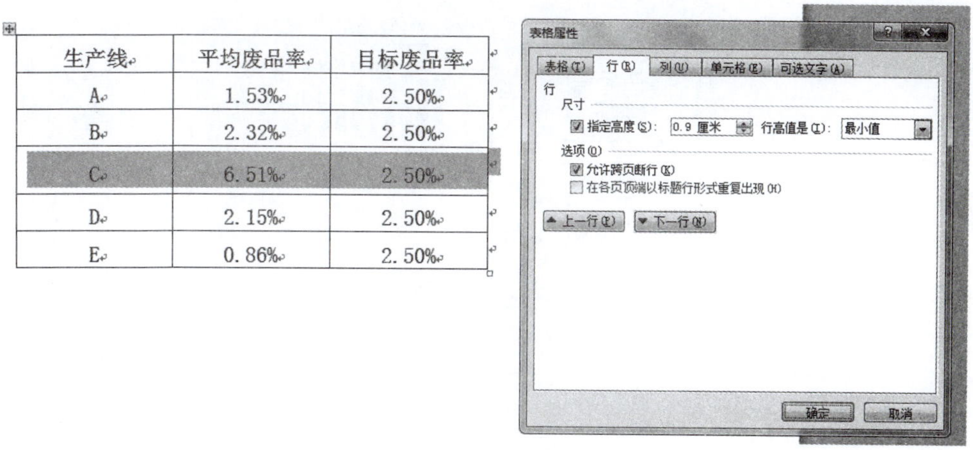

图3–45　设置行高

（5）设置表格边框和底纹

用户可以设置表格（单元格）的边框和底纹，进行美化。可以通过以下方式进行：

- 选中表格（单元格），在“开始”功能区的“段落”组中，点击按钮，在下拉菜单中选择边框的类型设置边框，点击旁边的按钮设置底纹（图3-46）。
- 选中表格（单元格），选择“表格工具”的“设计”功能区，在“表格样式”中点击“边框”和“底纹”命令设置（图3-47）。
- 选中表格（单元格），点击鼠标右键，选择“边框和底纹”，打开“边框和底纹”对话框进行设置。

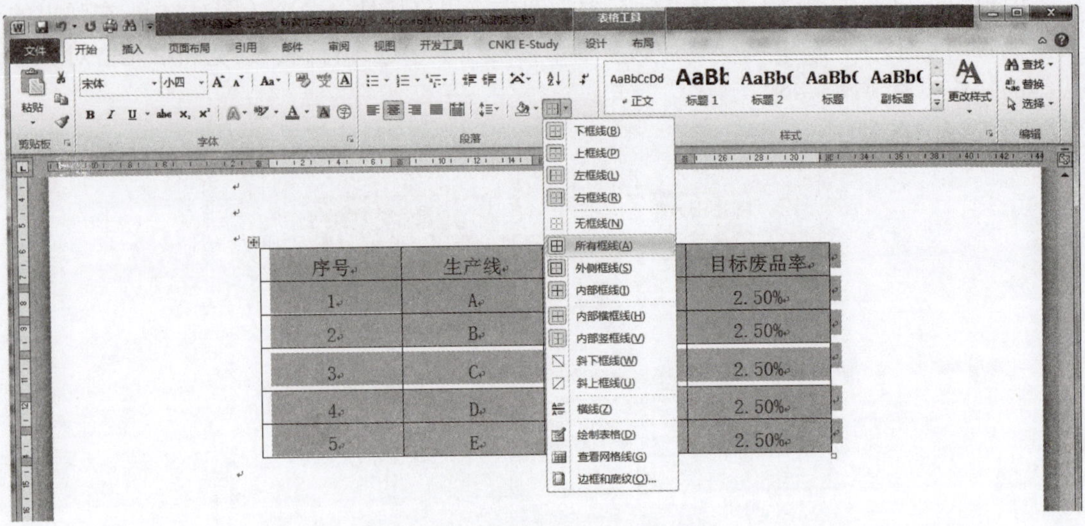

图3-46　设置单元格的边框和底纹

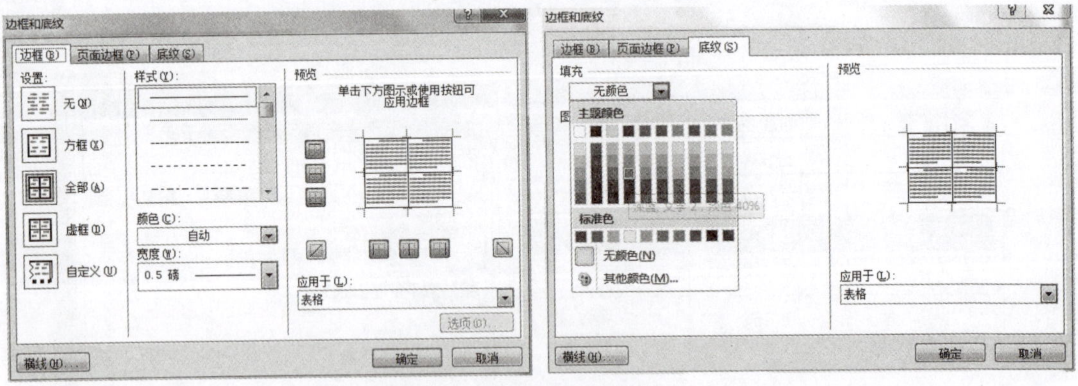

图3-47　边框和底纹对话框

（6）设置表格样式

选中表格后，菜单栏自动切换到“设计”，点击工具栏的“表格样式”中的按钮，出现很多款表格样式供选择，点击需要的样式完成设置。打开底部的“新建表格样式”可以进一步创建自定义的样式（图3-48）。

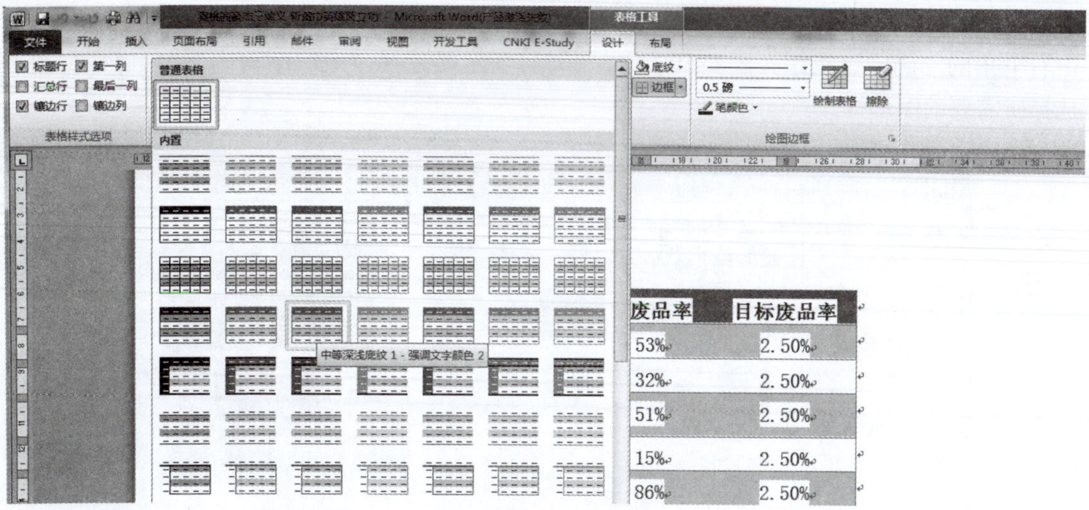

图3–48　设置表格样式

3.5 图形制作与编辑

（1）插入图形

在“插入”功能区的“插图”组，点击“图形”命令，在展开的下拉框中点击需要的图形，光标移到目标起始位置，拖动鼠标到结束位置并释放鼠标，图形将插入到指定位置（图3–49）。

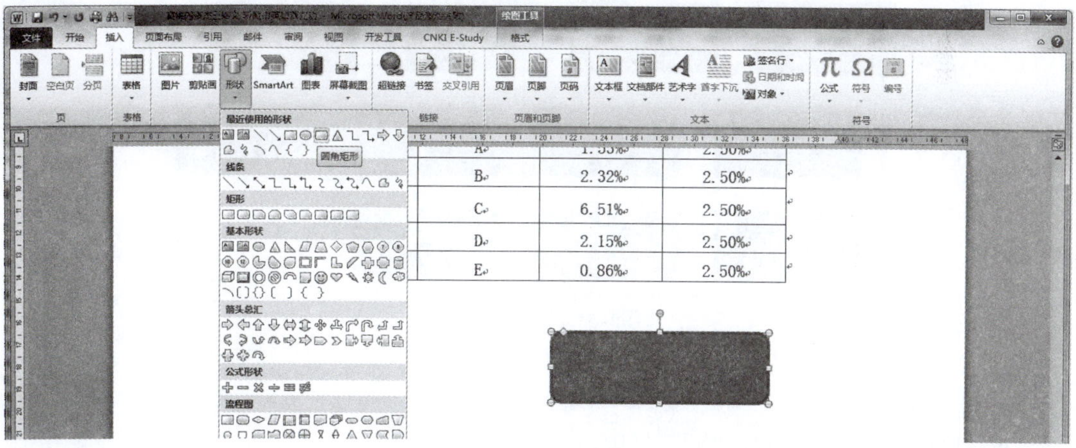

图3–49　插入图形

（2）插入 SmartArt

Word 2010提供了预定义的SmartArt图形，用于表示流程、关系、列表等关系。

将光标移动到需要插入 SmartArt 图形的位置，切换到“插入”功能区，在“插图”组中点击“SmartArt”按钮；在弹出来的“选择 SmartArt 图形”对话框中选择一种样式，然后点击右下角的“确定”按钮（图3-50），如图3-51所示是选择“组织结构图”。可以根据需要选择所需要的图形样式。

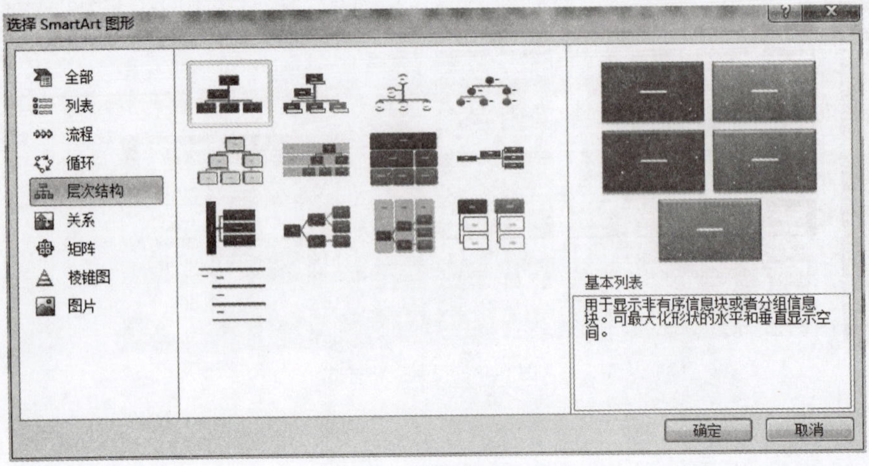

图3-50　插入SmartArt

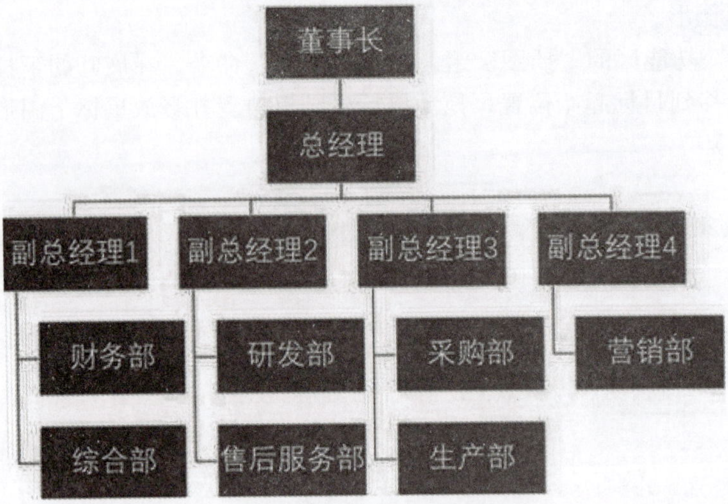

图3-51　公司组织架构

（3）插入剪贴画

Word 2010提供了大量的剪贴画供用户使用。

在“插入”功能区的“插图”组中单击“剪贴画”按钮，窗口右侧出现“剪贴画”任务窗格，在“搜索文字”中输入剪贴画的关键字，单击“结果类型”下拉按钮，在类型列表中选择“插图”等复选框，点击“搜索”按钮，搜索的结果显示在下方。单击合适的剪贴画，即可将该剪贴画插入到文档中（图3-52）。

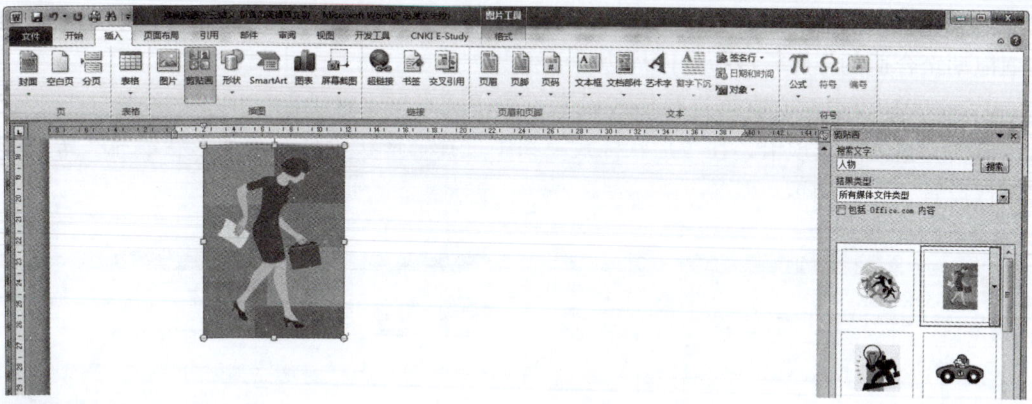

图3–52　插入剪贴画

3.6 插入对象

（1）插入文本框

Word 2010提供插入文本框功能，利用文本框可以将图片、文字等内容放在文档的任意位置，并对其中内容的格式进行设置。

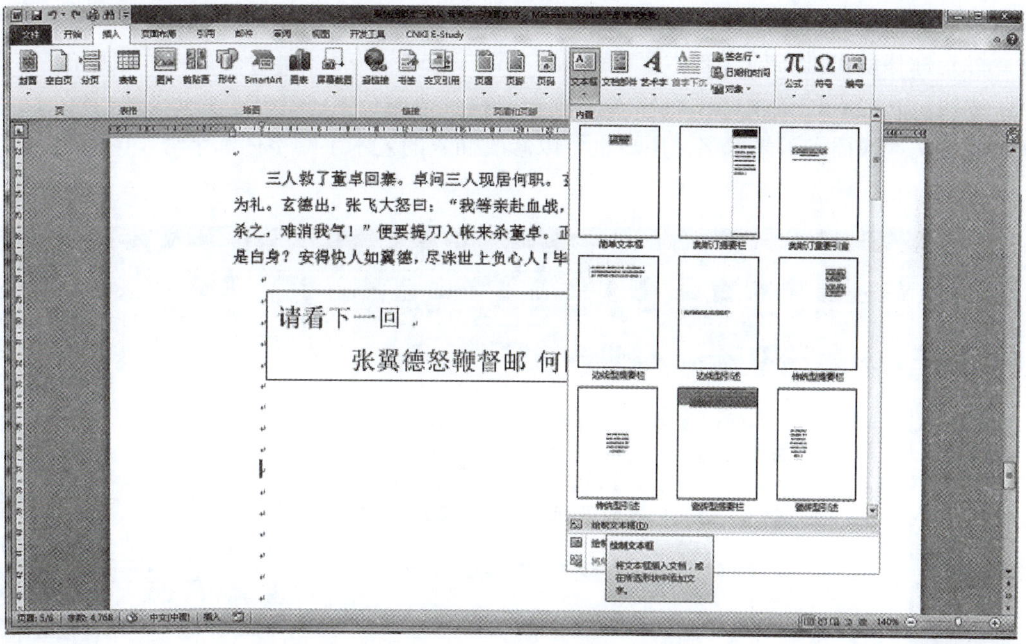

图3–53　插入文本框

在Word 2010中选择“插入”功能区，在“文本”组中单击“文本框”按钮，在展开的下拉菜单选择“绘制文本框”选项（图3–53）。这时鼠标指针呈十字形状，在 Word 2010 文档中的目标位置处按住鼠标左键不放并拖动，拖至目标位置处释放鼠标，释放鼠标后即绘制出文本框，默认情况下为白色背景，在其中输入需要的文本内容即可。用户可以用鼠标将文本框拖动至合适的位置，或拉伸四周边框改变其大小。

Word 2010可以对文本框进行格式设置。选中文本框，在功能区出现“绘图工具”选项卡，单击“格式”选项卡，在“形状样式”组中选择“形状轮廓”和“形状填充”等对文本框进行设置（图3–54）。

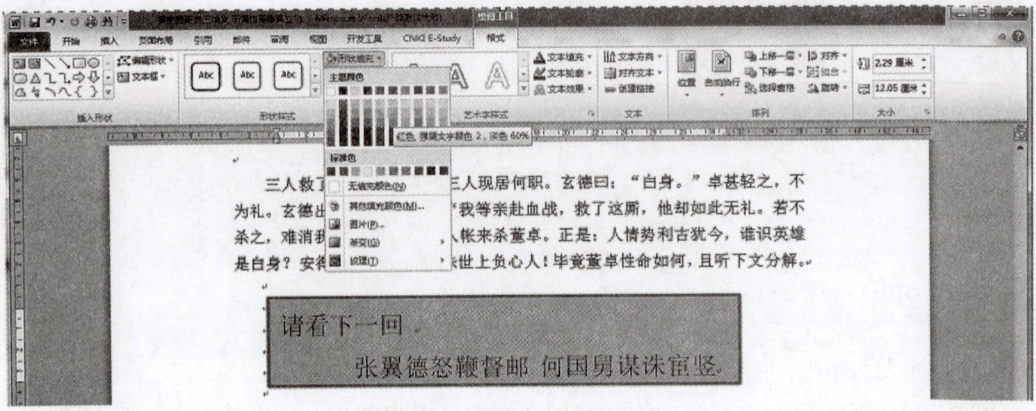

图3–54　设置文本框格式

（2）插入艺术字

艺术字结合了文本和图形的特点，使文本具有填充、渐变和三维等艺术效果。

将光标移动到准备插入艺术字的位置。在“插入”功能区单击“文本”组中的“艺术字”按钮，在打开的艺术字预设样式面板中选择合适的艺术字样式。打开艺术字文字编辑框，输入文本即插入了艺术字，用户也可以修改插入的艺术字的字体和字号（图3–55）。

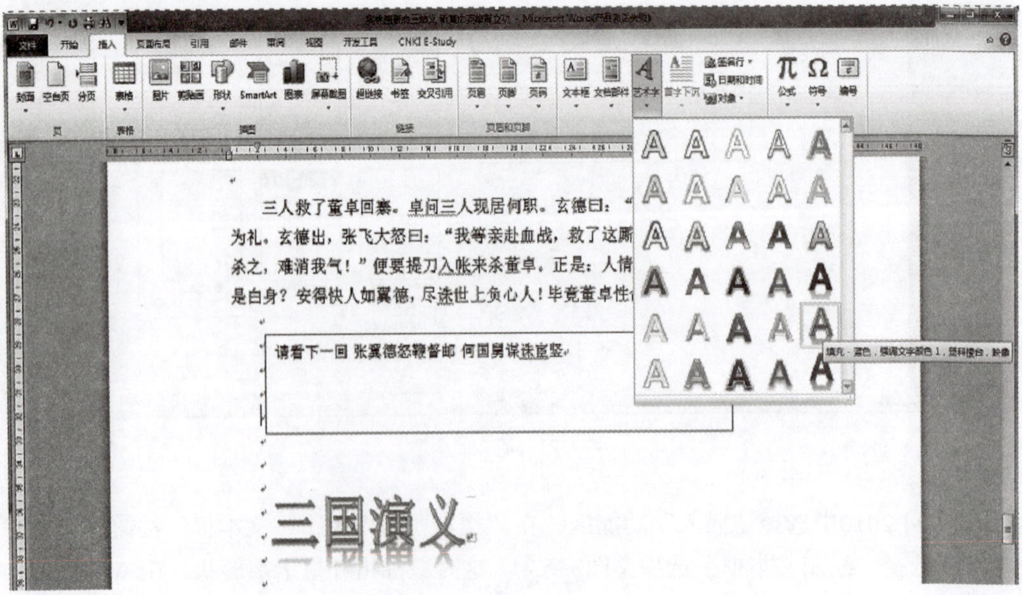

图3–55　插入艺术字

（3）插入日期和时间

Word 2010可以插入日期和时间，并实现自动更新。

选择“插入”功能区，在“文本”组点击“日期和时间”，弹出“日期和时间”对话框。对话框中在“可用格式”列表中选择合适的日期和时间格式，如果选中“自动更新”选项，则每次打开文档会自动更新日期和时间，最后单击“确定”按钮即可（图3-56）。

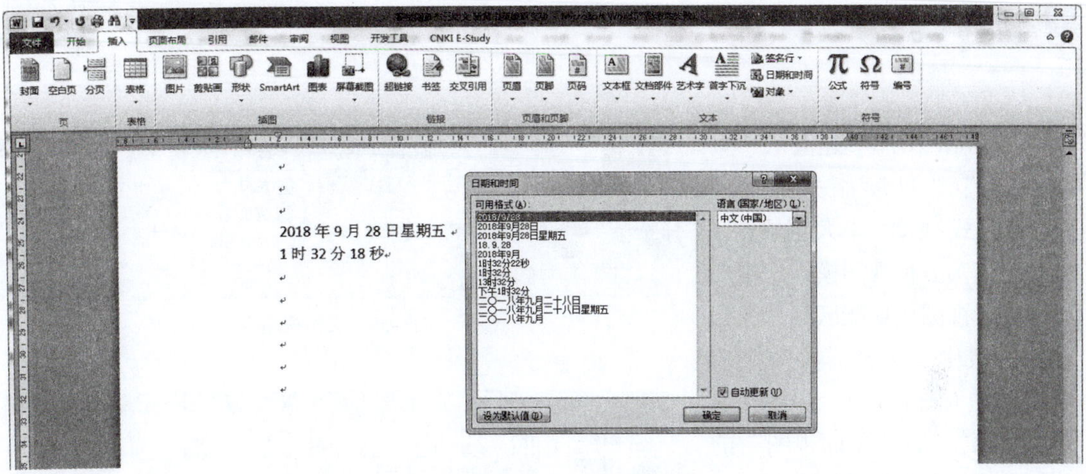

图3-56 插入日期和时间

（4）插入对象

用户也可以在文档中插入Excel文件、Word文档、公式和演示文稿等对象。

以插入数学公式为例。在“插入”功能区选择“文本”组，点击“对象”，弹出“对象”对话框。在对象类型中选择“Microsoft 公式 3.0”（图3-57），单击确定，在工作区出现公式编辑器（图3-58）。

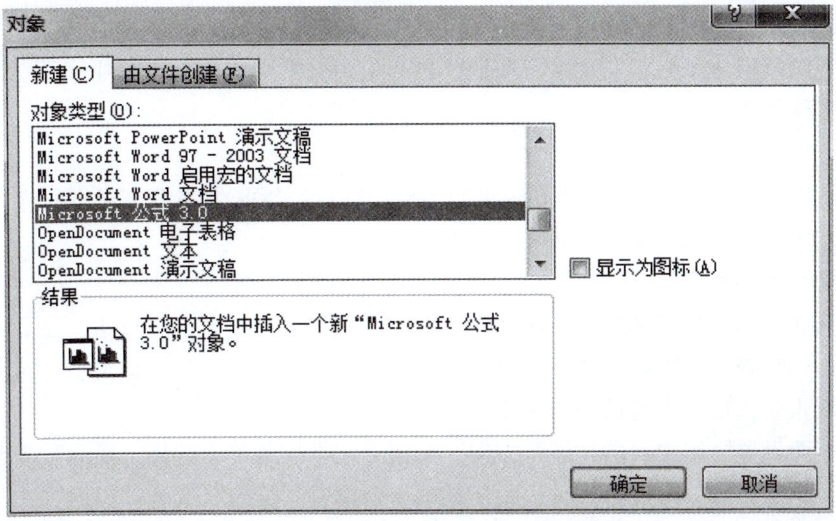

图3-57 插入对象

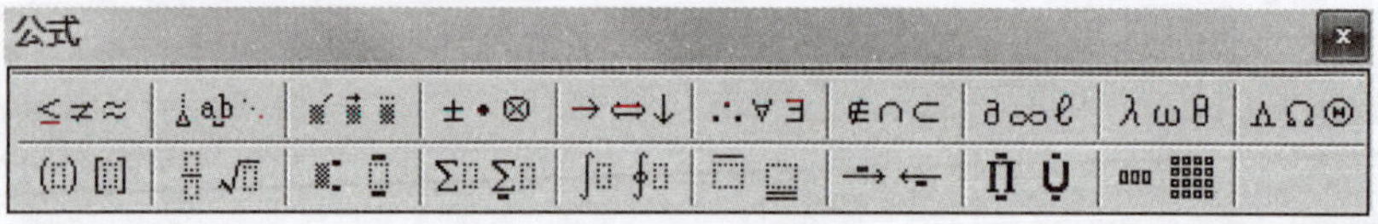

图3-58　公式编辑器

3.7 页面设置与打印

（1）页面视图

在Word 2010中提供了“页面视图”“阅读版式视图”“Web版式视图”“大纲视图”和“草稿”五种视图模式。用户可以在“视图”功能区的“文档视图”组中，选择需要的文档视图模式（图3-59）。

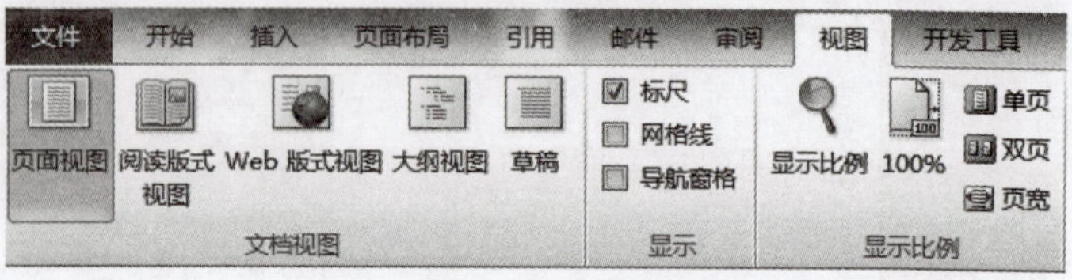

图3-59　文档视图组

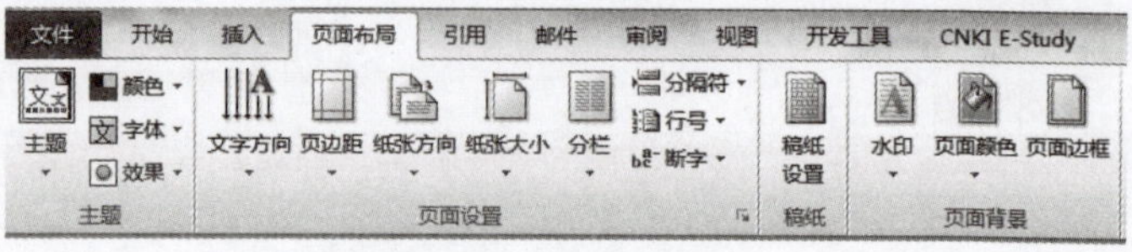

图3-60　页面布局功能区

- 页面视图：“页面视图”的显示效果接近打印结果。包括页眉、页脚、图形对象、分栏设置和页面边距等元素。
- 阅读版式视图：该视图模式以图书的分栏样式显示文档。文件按钮、功能区等窗口元素被隐藏。在阅读版式视图中，用户可以单击“工具”按钮，选择各种阅读工具。
- Web版式视图：该模式以网页的形式显示文档，适用于发送电子邮件和创建网页。
- 大纲视图：主要用于文档的设置和显示标题的层级结构，也可以方便地折叠和展开各种层级的文档。在长文档的快速浏览和设置中应用较多。
- 草稿视图：仅显示标题和正文，取消了页面边距、页眉、页脚和图片等元素，界面简洁并节省硬件资源。

（2）页面设置

在Word 2010中，可以对文档设置页面边框、底纹、纸张大小等，对页面进行美化，增加页面的艺术效果（图3-60）。

- 设置纸张大小和方向

在“页面布局”功能区的“页面设置”组中，点击“纸张大小”按钮，在下拉菜单中选择相应大小的纸张。也可以在“页面设置”组中点击右下方的箭头，弹出“页面设置”对话框，在“纸张”选项卡中选择相应大小的纸张。

在“页面设置”组中点击“纸张方向”按钮，在下拉菜单中选择“横向”或者“纵向”。也可以在“页面设置”组中的“页边距”选项卡中设置“横向”或者“纵向”。

在“页面设置”组中点击“页边距”按钮，在弹出的下拉菜单中选择对应页边距，或者点击“自定义边距”，弹出“页面设置”对话框，在“页边距”选项卡中设置页边距。

- 设置分栏

选中全文，在“页面布局”功能区的“页面设置”组中，单击“分栏”下拉按钮。在其下拉列表中选择“两栏”命令完成分栏。也可在“页面设置”对话框中点击“文档网络”选项卡，在“文字排列”中选择栏数。

- 设置页面背景颜色

单击“页面布局”功能区的“页面背景”组命令的“页面颜色”按钮。在弹出的下拉列表中选择颜色“深蓝 文字2 淡色60%”，则页面颜色由白色改为深蓝色。在下拉菜单中点击“填充效果”命令，弹出“填充效果”对话框，在对话框中可以设置颜色的渐变、图案和纹理，并设置背景为图片。

- 设置页面水印

可以在文稿的背景中添加水印。单击“页面布局”功能区的“页面背景”组命令的“水印”按钮，选择相应的水印样式。也可以点击下面的“自定义水印”命令，在弹出的“水印”对话框中，设置“图片水印”或“文字水印”。

- 设置页面边框

在“页面背景”组中，还可以设置页面边框。点击“页面边框”命令，弹出“边框与底纹”对话框，在“页面边框”选项卡中设置边框样式、颜色、宽度和艺术型。还可以设置应用于“整篇文档”或“本节”等（图3–61）。

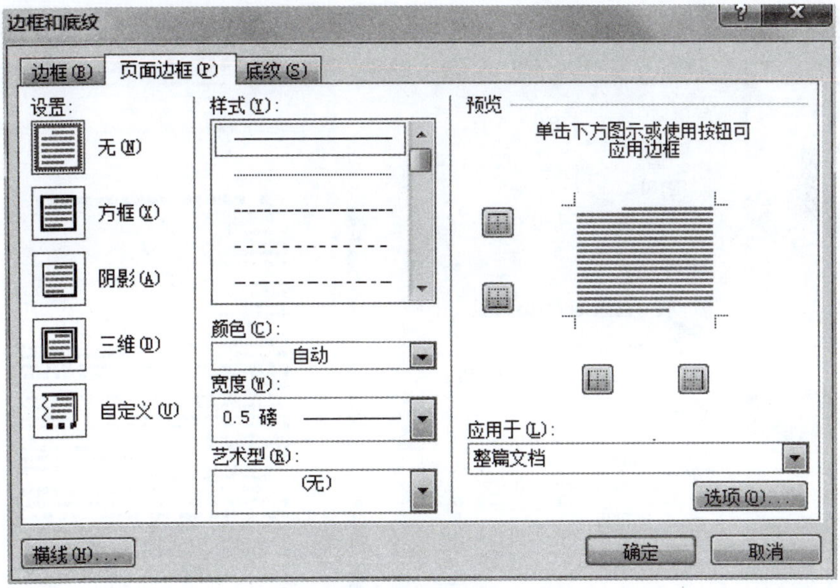

图3–61 页面边框

- 设置底纹

在制作Word文档时，可以将重要的文字或者段落设置底纹，突出显示。打开Word 2010文档页面，选中某些文档或者段落。在“页面背景”组中点击“页面边框”命令，在弹出的

“边框和底纹”对话框中选择“底纹”选项卡。在图案样式和图案颜色列表中设置合适颜色的底纹，单击“确定”即可。

- 设置页面内横线

单击“页面布局”功能区的“页面背景”组的“页面边框”按钮，弹出“边框和底纹”对话框。选择“页面边框”选项卡，在左下方点击“横线”按钮，在弹出的“横线”对话框中选择一种横线样式，点击“确定”后，回车符下方将出现一条横线，与页面同宽。可以单击该横线，调节长短和确定位置。

（3）打印

在打印文档前，需要进行打印设置。打开需要打印的文档，点击左上角的“文件”，在下拉菜单中点击“打印”命令，在右侧弹出打印设置页面。在此可以设置打印份数、单面或者双面打印、打印纸张大小和方向、每版打印页数等。例如，将“份数”改为4、“页数”改为“1–5，8”“双面打印”，则Word 2010将以双面打印的形式打印文档的第1~5页及第8页，且打印4份。

在“打印设置”页面的右侧是打印预览区域。打印设置后，在打印预览区域显示打印效果。点击“打印”按钮，打印机开始打印（图3–62）。

为方便使用，也可以在“快速访问工具栏”中设置“打印预览和打印”及“快速打印”按钮。只需点击“快速访问工具栏”右侧的下拉箭头，在弹出的下拉菜单中选择“打印预览和打印”及“快速打印”按钮，这两个按钮就会出现在快速访问工具栏中。

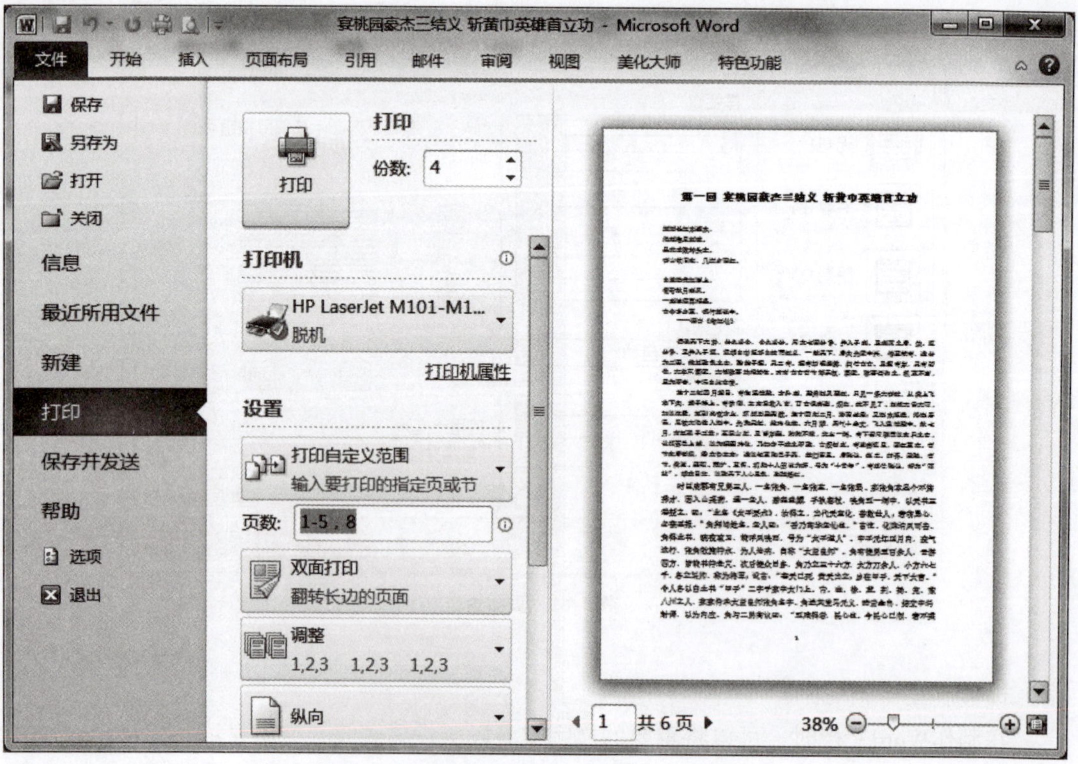

图3–62 打印设置界面

第四单元　Excel 2010电子表格应用

4.1 Excel 2010基础知识

Excel 2010是Microsoft Office 2010的组件之一，是一款优秀的电子表格处理程序，具有强大的数据分析、处理和展示能力，在日常生活、科学研究和办公活动中都有广泛应用。

（1）Excel 2010 的基本功能

Excel 2010的基本功能有：

- 方便的表格制作：使用Excel能快捷地建立工作簿和工作表，并对其进行数据录入、编辑操作和各种格式化设置。
- 强大的计算能力：提供公式输入功能和丰富的内置函数，方便用户进行复杂计算。
- 丰富的图表表现：提供类型丰富、外形美观的统计图表，形象地展示数据。
- 快速的数据库处理：提供了各种数据库操作，能对工作表中的数据进行排序、筛选和分类汇总等各种操作。
- 优秀的数据共享：实现多个用户共享一个工作簿文件，多人远程或本地协同编辑工作表。

（2）Excel 2010 的新特性

Excel 2010在前几个版本的基础上进行了大量改进，新增了一些特性：

- 增强的Ribbon工具条

什么是Ribbon工具条？接触过Excel 2007的用户应该比较熟悉。Microsoft office产品从2003到2007的升级过程中，做了很多改进，在用户体验部分的一个新亮点就是Ribbon工具条的引入。在Excel 2010中，Ribbon的功能更加增强了，用户可以设置的东西更多，使用更加方便。

- xlsx格式文件的兼容性

xlsx格式文件伴随着Excel 2007被引入Office产品中，它是一种压缩包格式的文件。默认情况下，Excel文件被保存成xlsx格式的文件（当然也可以保存成2007以前版本的兼容格式，带vba宏代码的文件可以保存成xlsm格式），你可以将后缀修改成rar，然后用Winrar打开它，可以看到里面包含了很多xml文件，这种基于xml格式的文件在网络传输和编程接口方面提供了很大的便利性。相比Excel 2007，Excel 2010改进了文件格式，提高了对前一版本的兼容性，并且较前一版本更加安全。

- Excel 2010对Web的支持

较前一版本而言，Excel 2010中一个最重要的改进就是对Web功能的支持，用户可以通过浏览器直接创建、编辑和保存Excel文件，以及通过浏览器共享这些文件。Excel 2010 Web版是免费的，用户只需要拥有Windows live账号便可以通过互联网在线使用Excel电子表格。另外，Excel 2010还提供了与Sharepoint的应用接口，用户甚至可以将本地的Excel文件直接保存到Sharepoint的文档中心里。

- 在图表方面的亮点

在Excel 2010中，一个非常方便好用的功能是被加入了“插入”菜单下，这个被称之为

Sparklines的功能可以根据用户选择的一组单元格数据描绘出波形趋势图，同时用户可以有好几种不同类型的图形选择。这种小的图表可以嵌入Excel单元格内，让用户获得快速可视化的数据表示，对于股票信息而言，这种数据表示形式非常适用。

- 其他改进

Excel 2010提供的网络功能也允许Excel可以和其他人同时分享数据，包括多人同时处理一个文档等。另外，对于商业用户而言，Microsoft推荐为Excel 2010安装Project Gemini加载宏，可以处理极大量的数据，甚至包括亿万行的工作表。

（3）Excel 2010 的工作界面

Excel 2010的工作界面（图4-1）与Word 2010的排列方式类似，此处不再详细说明。

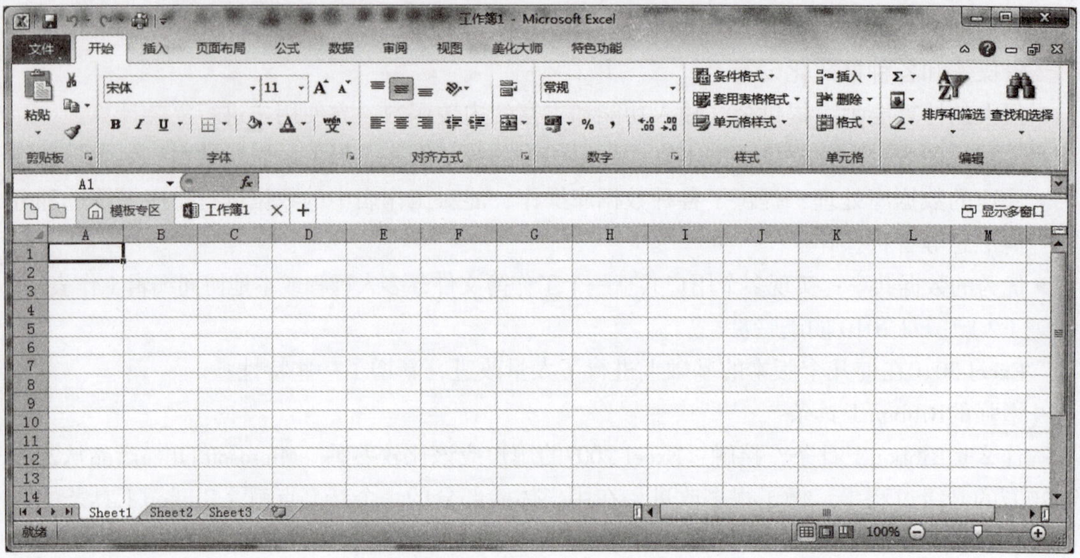

图4-1　Excel 2010工作界面

4.2 Excel工作表的建立与编辑

（1）建立与打开 Excel 工作簿

- 新建与打开Excel工作簿

在计算机中安装Excel 2010后，可以通过以下几种方式启动Excel 2010：

- 双击桌面上的Excel 2010快捷方式。
- 点击开始菜单中的“开始”→“所有程序”→“Microsoft office 2010”，单击Microsoft Excel 2010图标，启动Excel 2010。启动后，软件默认新建一个名字叫“Sheet1”的空白文件，文件扩展名为“.xlsx”。一个工作簿可以包含一个或者多个工作表，如Sheet1、Sheet2等。

用户也可以在Excel 2010的“文件”菜单中点击“新建”，选择“空白工作簿”，新建一个空白工作簿。或者双击Excel文件图标，打开已有的Excel文件。

- 保存Excel文件

单击“文件”选项卡下的“保存”命令，弹出“另存为”对话框，在文件名中输入文件名称，然后单击“保存”按钮，文件将保存在默认的文件夹中。也可以在“另存为”对话框中更改文件保存位置。

（2）工作表的基本操作

● 重命名工作表标签

默认的工作表标签是Sheet1、Sheet2和Sheet3等，用户可以重命名工作表标签。例如，鼠标右键点击工作表Sheet1的标签，在弹出的快捷菜单中选择重命名命令，输入工作表的新名称，按Enter键即可。也可以双击工作表标签，直接进行修改。

● 视图

Excel 2010视图有四种：普通视图、页面布局视图、分页预览视图和自定义视图。点击“视图”功能区，在“工作簿视图区”会显示四种视图方式。

▸ 普通视图：显示完整的数据格式，适合于录入阶段（图4–2）。

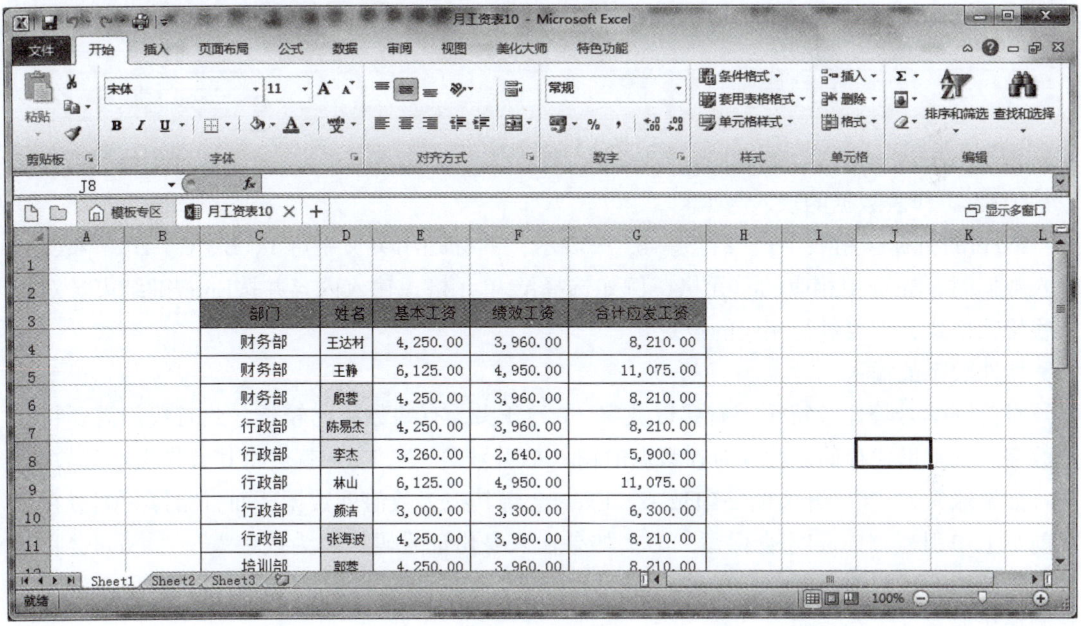

图4–2　普通视图

▸ 分页预览视图：适合于打印预览阶段，能显示文档打印时的分页位置，并且非数据区显示为灰色，内容区显示页数。

▸ 页面视图：显示效果与打印效果，适合排版阶段，可以看到页面的起始位置和结束位置，并可查看、编辑页面上的页眉和页脚，就像Word按页显示，能看到左右上下页边距（图4–3）。

▸ 自定义视图：通过用户自定义视图，Excel 2010可以实现快速定位到指定数据，这一功能常用于大型数据库中的快速定位。

无论在哪种视图下，用户都可以调整显示比例。在视图选项卡的显示比例组中点击显示比例命令，弹出对话框，点击选择缩放比例或者在自定义中输入比例数值，点击确定即可按指定比例显示视图。也可使用Excel右下角的缩放按钮，可以选择“+”或者“–”键，或者直接拖动中间的滑块也可以实现缩放的功能。

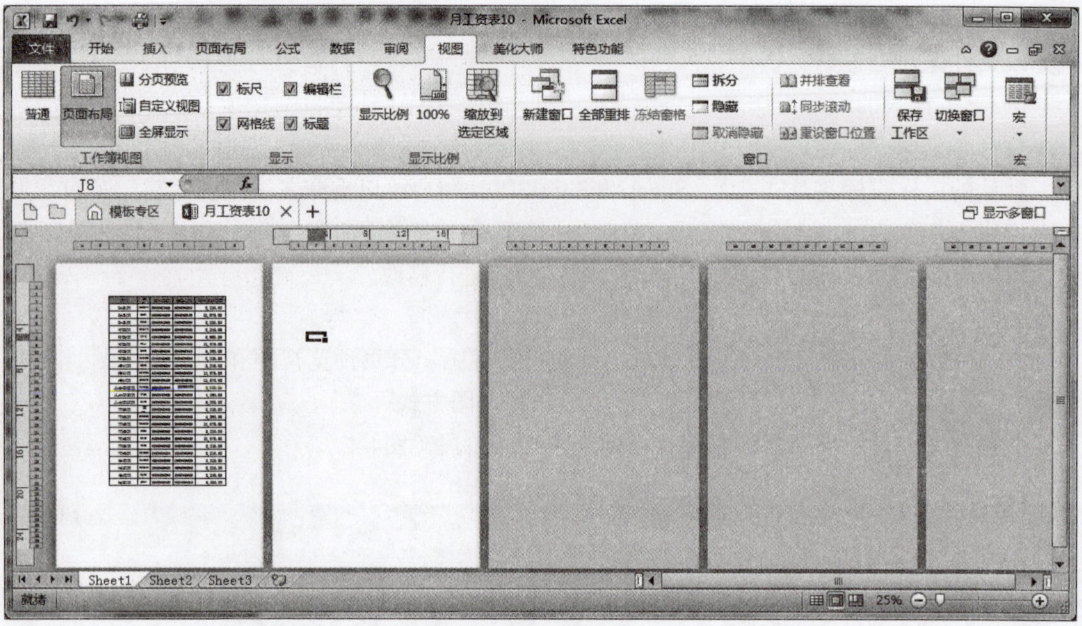

图4-3　页面视图

（3）工作表数据的录入与编辑

Excel的行标题用数字1、2、3、4、…表示，列标题用英文字母A、B、C、D、…表示。输入数据时，先选中相应的单元格，例如选择A2单元格，输入内容并按Enter键结束。对于一些特殊格式，需要进行相应的设置。

- 特殊数字的输入

身份证学号等比较特殊，有些以数字“0”开头，有些数字比较长，此时我们需要将这些数字以文本形式存储。输入时在数据前输入单引号“’”，Excel就会将其看作文本型数据。

如果输入以“0”开头的一串数字，Excel会将其视为数值型数据，而省略掉“0”。在数字前加上单引号，Excel才会保留“0”。如果输入身份证号码，因为数字太长，Excel会将其以科学计数形式的数字保存，最后几位会发生改变。在身份证前加上单引号，身份证号将以文本形式保存，不会改变。

- 运用自动填充功能快速输入数据

用户可以使用自动填充功能输入等差数列、等比数列、一周的名称和月份等。例如要输入序列2、4、6、8、…。首先在一个单元格中先输入起始数值2，然后在下一个单元格中再输入数值4，建立一个模式，选中这两个单元格，然后将鼠标放置在选中单元格的右下角，鼠标指针更改为黑十字的填充句柄，拖动填充句柄至目标位置释放鼠标左键，将在拖动过的单元格区域内填入有规律的数据序列。

用户也可以使用序列命令进行填充。在活动单元格中输入序列的第一个数据。从单元格开始向要填充数据的方向选择与该单元格相邻的空白单元格区域。在“开始”|“编辑”组中单击“填充”按钮，从下拉菜单中选择“系列”选项，在弹出的“序列”对话框中进行设置。点击确定完成自动填充。

插入批注：

用户可以在单元格插入批注，对单元格中的数据进行简要说明。例如选中B6单元格，在“审阅”选项卡的“批注”组中单击“新建批注”按钮，此时在单元格B6的右侧出现批注框，并用箭头指向单元格。在批阅框中显示审阅者用户名，在下一行添加批注内容，单击其他单元格确认完成操作。用户也可以选中B6单元格，点击鼠标右键，点击“插入标注”命令进行操作。

单元格插入批注后，单元格的右上角会有红色的三角形标志。当鼠标指针指向该单元格时会弹出批注，指针离开时隐藏批注。

（4）单元格操作

在Excel 2010中，我们可以对单元格进行选择、插入、删除、合并和拆分等操作。

选择单元格：除了使用鼠标单击选择单元格以外，用户也可以选择多个连续的或不连续的单元格。

- 选择多个连续的单元格：单击第一个单元格，按住鼠标左键拖动至要选择连续单元格的最后一个单元格，则鼠标经过区域的多个连续单元格都被选中。
- 选择多个不连续的单元格：按住Ctrl键的同时，单击要选择的多个单元格，即可选择多个不连续的单元格。
- 选择多行（列）单元格：鼠标左键点击行号3，并拖动至行号9，则选中连续的第3行至第9行。按住Ctrl键的同时，单击行号3、6、9，则选中第3行、第6行和第9行。
- 选择全部单元格：单击工作簿数据编辑区左上角的行号和列标交叉区的“全选”按钮，即可选择工作表的全部单元格。也可按Ctrl+A组合键，选择工作表的全部单元格。

插入单元格：有时我们需要在数据表中间插入某个单元格。只需鼠标右击要插入单元格的单元格，在弹出的快捷菜单中选择“插入”命令，弹出“插入”对话框，选择插入方式，点击“确定”按钮，即可在光标处插入一个新的空白单元格。

删除单元格：用户可以用以下两种方式删除错误的或无用的单元格。

- 选中要删除的单元格，依次点击“开始”→“单元格”→“删除”命令，在弹出的“删除”对话框中，选择“右侧单元格左移”或“下方单元格上移”，点击“确定”删除单元格。
- 右击要删除的单元格，在弹出的快捷菜单中选择“删除”命令，在弹出的删除对话框中，选择“右侧单元格左移”或“下方单元格上移”，点击“确定”删除单元格。

合并单元格：当一个单元格的宽度无法容纳内容时，可以通过合并单元格来增加单元格宽度。有两种方式合并单元格：

- 选择需要合并的单元格，依次点击“开始”→“对齐方式”→“合并后居中”命令，在弹出的菜单中选择“合并单元格”，则多个单元格合并为一个。
- 选中需要合并的单元格区域，点击鼠标右键，在弹出的快捷菜单中选择“设置单元格格式”命令，在弹出的“设置单元格格式”对话框中，单击“对齐”命令，在文本控制命令区中选中“合并单元格”复选框，则可合并单元格。

拆分单元格：对于一个已经合并的单元格，可以用以下两种方法将其拆分为原来的多个单元格。

- 单击已经合并的单元格，依次点击“开始”→“对齐方式”→“合并后居中”命令，在弹出的菜单中选择“取消单元格合并”，则可将所选择的单元格拆分为多个单元格。

- 鼠标右键单击合并后的单元格，在弹出的快捷菜单中选择“设置单元格格式”命令，在弹出的“设置单元格格式”对话框中，单击“对齐”命令，在“文本控制”命令区中取消选中“合并单元格”复选框，则可完成拆分单元格。

设置行高和列宽：Excel 2010中可以用鼠标拖拉、设置和自动调整的方法调整行高和列宽。

- 拖拉法：将鼠标放在两列的列标之间的竖线附近，指针变成双向对称箭头时，按住鼠标左键拖拉可改变列宽。如果在指针变成双向对称箭头时，双击鼠标左键，则Excel会自动调整前一列的宽度。
- 设置法：选中单元格，然后依次点击“开始”→“单元格”→“格式”→“列宽”，在弹出的对话框中，输入列宽的数值，点击确定即可。也可选中几列，点击鼠标右键，在弹出的快捷菜单中选择“列宽”，在弹出的对话框中设置具体数值。
- 自动调整法：选中单元格，然后依次点击“开始”→“单元格”→“格式”→“自动调整列宽”，系统会根据单元格内容的具体情况进行自动调整。

（5）设置单元格格式

Excel 2010中，我们可以设置单元格的数字格式、对齐方式和保护等。

数字格式：用户可以将单元格的数字格式设置为数值、文本、科学计数和会计专用等格式。以会计专用为例（图4–4），可以用以下方式设置：

- 在“开始”选项卡中，选择“数字”组，点击常规右侧的下拉箭头，在弹出的下拉列表中点击会计专用。
- 在“开始”选项卡中，选择“数字”组，点击右下方的箭头，弹出“设置单元格格式”对话框。也可选中单元格，点击鼠标右键，在弹出的快捷菜单中点击“设置单元格格式”命令，弹出“设置单元格格式”对话框。在对话框中选择“数字”选项卡，在分类中点击“会计专用”，在右侧选择小数位数、货币符号、负数表示方法，点击“确定”完成设置。

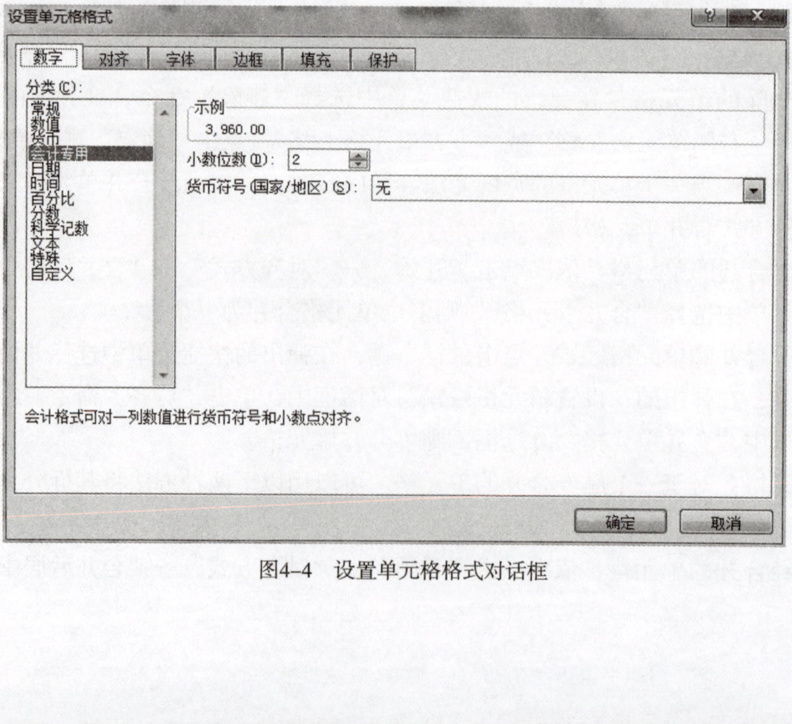

图4–4　设置单元格格式对话框

对齐方式：用户可以在刚刚的“设置单元格格式”对话框中点击“对齐”选项卡，在“文本对齐方式”中选择水平对齐和垂直对齐方式，并对文本方向自动换行等进行设置后，点击确定完成设置。也可以在“开始”选项卡，选择“段落”组中点击对齐方式进行设置。Excel 2010中，对齐方式有：左对齐、居中、右对齐、分散对齐和两端对齐。

（6）工作簿和工作表的保护、共享及修订

保护工作簿：打开一个Excel文件，在“审阅”选项卡中选择“更改”组，点击“保护工作簿”，弹出“保护结构和窗口”对话框，选择结构或窗口，输入密码（可以不需要），按确认；再次输入密码，按确认。保护工作簿后，无法对工作表进行移动、添加、删除、隐藏、重命名等行为。如果要撤销工作簿保护，可以再次点击上面的“保护工作簿”命令，在弹出的“撤销保护工作簿”对话框中输入密码，点击“确定”即可。

共享工作簿：在“审阅”选项卡中选择“更改”组，点击“共享工作簿”，弹出“共享工作簿”对话框。在“编辑”选项卡中对“允许多用户同时编辑”的选项进行勾选，同意共享操作。然后点击“高级”选项卡，对共享设置进行高级设置。最后点击“确定”按钮，完成Excel文件的工作簿的共享工作。

修订：依次点击“审阅”→“修订”→“突出显示修订”，弹出对话框，勾选“编辑时跟踪修订信息，同时共享工作簿(T)”后，单击“确定”。保存文件，发给参与修订的人员即可。等对方修改完成，发回后，打开文件，重新选择“突出显示修订”，在出现的对话框里，时间选项中，选择“全部”，然后点击“确定”，文件中以不同颜色标记了不同用户的修订。

4.3 工作表的美化

（1）页面设置

在Excel 2010中，可以设置纸张方向、纸张大小和页边距等。

纸张方向：在“页面布局”选项卡的“页面设置”组中，单击“纸张方向”下拉按钮，可以设置纸张方向为纵向或横向。

纸张大小：同样在页面设置组中，点击纸张大小下拉按钮，可以设置纸张大小为A4或B5等。

页边距：在“页面布局”选项卡的“页面设置”组中，单击“页边距”下拉按钮，在其下拉列表中选择页边距为普通、宽、窄等。也可选择“自定义页边距”命令，弹出的“页面设置”对话框，在其“页边距”选项卡中自定义页边距。

（2）设置格式

Excel 2010为表格和单元格内置了精美的各种样式，用户只需点击相应命令，就可以做出令人意想不到的表格效果。

单元格格式：Excel 2010中可以使用单元格样式或者设置单元格格式对单元格进行美化。

- 单元格样式：选中目标单元格或单元格区域，在开始选项卡的样式组中，单击单元格样式按钮，弹出单元格样式下拉列表。将鼠标移至列表库中的某项样式，目标单元格会立即显示应用此样式的效果，单击所需的样式，即可确定应用此样式。用户也可以在下拉列表中选择新建单元格样式，建立自己需要的单元格样式。

- 设置单元格格式：选中目标单元格或单元格区域，单击鼠标右键，在列表中选择设置单元格格式，弹出对话框。在字体选项卡中设置单元格内容的字体，在边框选项卡中设置边框样式和颜色，在填充选项卡中设置背景色、填充效果、图案颜色和图案效果等。也可以在“开始”选项卡的“字体”组中设置单元格格式。

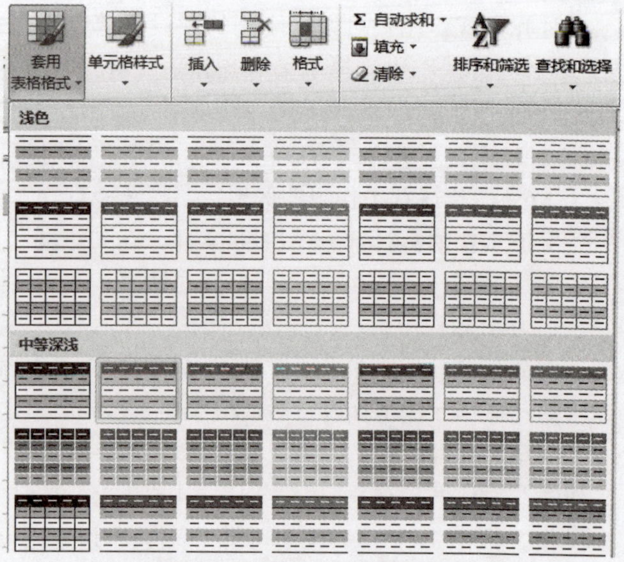

图4–5　套用表格格式下拉菜单

套用表格格式：在“开始”选项卡的“样式”组中，单击“套用表格格式”命令，在展开的内置表格样式库中，选择合适的样式，并单击，弹出“套用表格格式”对话框。选择表数据来源，确定表是否包含标题，点击确定，所选数据范围已应用了专业的表格样式（图4–5）。

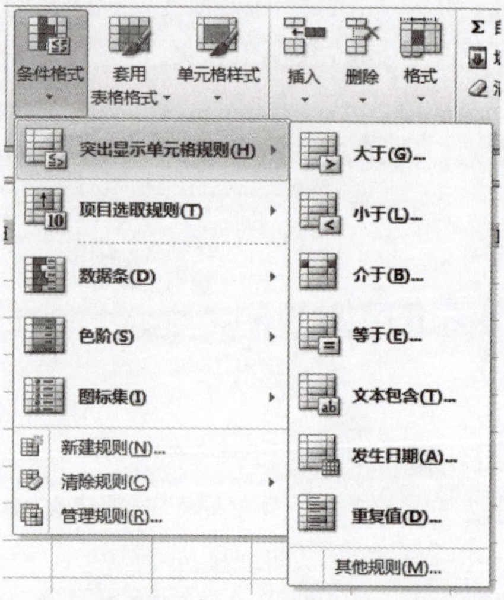

图4–6　设置条件格式

条件格式：利用Excel中的条件格式功能可以方便地在大量的数据中找出你所要选取的数据。选择目标单元格区域，在“开始”选项卡的“样式”组中点击“条件格式”，弹出下拉列表，依次选择“数据条”→“实心填充”→“蓝色数据条”，则目标区域的数据按数据大小用长短不一的数据条显示（图4–6）。如图4–7所示，如果在“条件格式”下拉列表中选择“突出显示单元格规则”→“小于”，弹出对话框，在“为小于以下值的单元格设置格式”文本框中输入60，“设置为”文本框中选择浅红填充深红色文本，则英语成绩小于60分的单元格设置为浅红色填充深红色文本格式。

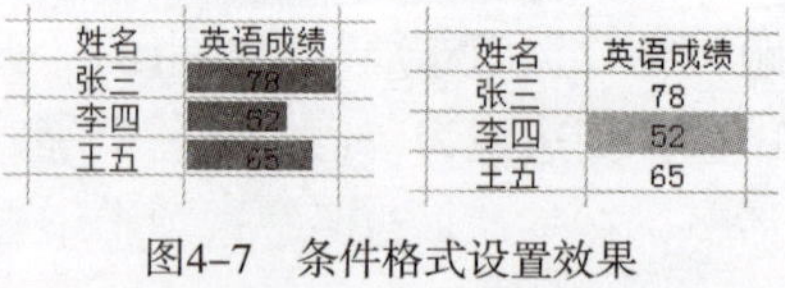

图4–7　条件格式设置效果

（3）插入文本框

在“插入”选项卡的“文本”组中单击“文本框”下拉按钮，在其下拉列表中选择“横排文本框”命令，然后在工作区中拖动鼠标指针画出一个文本框，在其中可输入文本。选中文本框，在上方的功能区出现“绘图工具”及“格式”选项卡，可以对文本框的形状和格式等进行设置。

（4）添加页眉和页脚

添加页眉：在“插入”选项卡的“文本”组中单击“页眉页脚”按钮，功能区将出现“页眉页脚工具”上下文选项卡，并进入页眉页脚视图。单击页眉中间，通过单击“页眉页脚元素”中的“页码”按钮和“页数”按钮可以插入页码和页数，例如在编辑区输入“第&［页码］页（共&［总页数］页）”即可显示当前页码和总页数，其中“&［页码］”和“&［总页数］”由单击“页眉页脚元素”中的“页码”按钮和“页数”按钮输入（图4-8）。

添加页脚：添加页脚与页眉的插入方法相同，在“设计”选项卡的导航组中，单击“转至页脚”按钮，可进行页脚的添加。单击“页眉页脚元素”中的“当前日期”按钮和“当前时间”按钮，即在页脚的中间编辑区，显示当前日期和时间。

关闭页眉页脚视图：在“视图”选项卡的“工作簿视图”组中单击“普通”按钮，即可从页眉页脚视图切换到普通视图。也可以直接单击屏幕右下角的▣视图按钮，切换到普通视图。

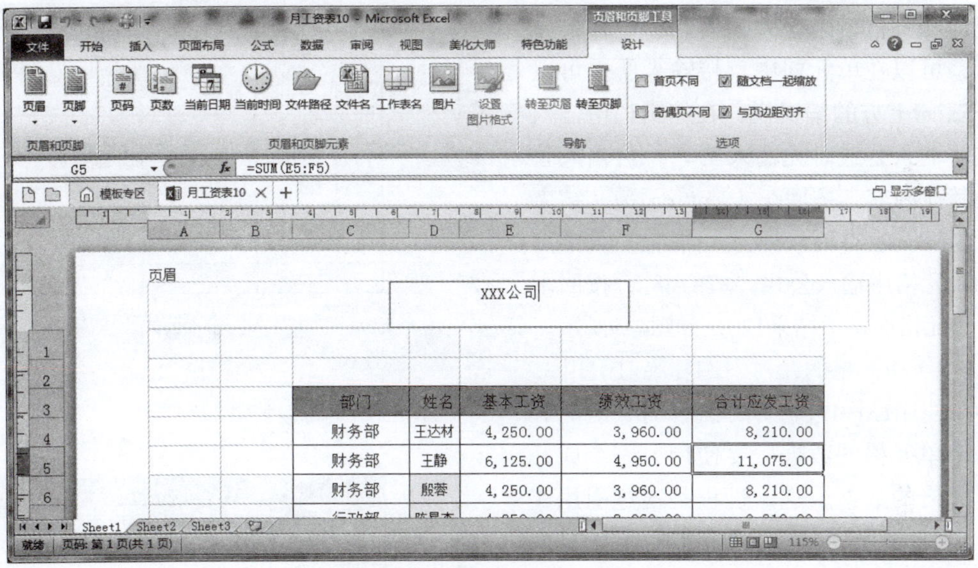

图4-8　设置页眉

（5）打印

快速打印：单击快速访问工具栏右侧的下拉按钮。弹出下拉菜单。选择“快速打印”选项，此时快速访问工具栏上已经添加了“快速打印”按钮。此时是将Excel中设置好的打印区域作为工作表的默认区域，在快速打印过程中系统不会给出任何提示框，用户也不能跳回查看任何命令，打印结果可能并不是用户希望的结果。

设置打印区域：选择打印区域，单击“页面布局”→“打印区域”按钮，即可完成打印区域的设置。但要注意的是，设置了打印区域后，用户如果在最下方或者最右方添加数据，新的数据不会出现在打印页面上。

打印标题设置：如果要打印的表格占很多页，通常只有第一页才能打印出表格的标题，Excel可以使打印的每一页表格都在顶端显示相同的标题。

单击“页面布局”选项卡的“页面设置”组中的“打印标题”按钮，打开“页面设置”

对话框，进入“工作表”选项卡，在“打印标题”选项组的“顶端标题行”文本框中设置表格标题的单元格区域，点击确定。这样打印的每一页都会显示与第一页相同的标题。

打印预览：单击“文件”→“打印”命令，或按Ctrl+P组合键，右侧显示打印预览界面，在底端的中央可以进行翻页预览。单击快速访问工具栏上的“打印预览和打印”命令也可以调出相应的界面。在此界面还可以进行其他打印设置，包括选择打印机、单面打印或双面打印、打印份数、纸张大小和缩放等。

4.4 Excel公式与函数

（1）使用公式进行计算

在Excel中利用公式进行计算可以给数据统计和分析带来很大的便利。选择单元格后，可以在单元格中直接输入，也可以点击Excel上方的编辑栏，在编辑栏中输入公式。输入公式时先输入“=”，再输入公式的其他内容，按回车（Enter）键，结束输入，Excel会自动根据公式内容进行计算。在F3单元格中输入公式“=78+48”，按回车键后单元格会显示结果126，如图4-9所示。

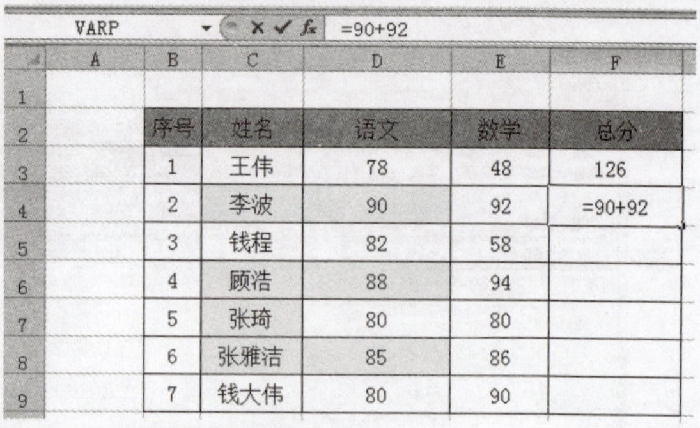

VARP =90+92

	A	B	C	D	E	F
1						
2		序号	姓名	语文	数学	总分
3		1	王伟	78	48	126
4		2	李波	90	92	=90+92
5		3	钱程	82	58	
6		4	顾浩	88	94	
7		5	张琦	80	80	
8		6	张雅洁	85	86	
9		7	钱大伟	80	90	

图4-9　输入公式

（2）单元格的相对引用和绝对引用

在使用Excel进行计算统计时，有时计算一个单元格的数据需要使用另一个或几个单元格的数据，这一过程是通过引用实现的。引用在Excel中非常重要，无论是简单数值计算还是函数计算，或者图表分析及高级数据分析，引用功能都起着重要作用。引用的作用在于标识工作表上的单元格或单元格区域，并指明公式中所使用的数据的位置。通过引用，可以在公式中使用工作表不同部分的数据，还可以引用同一工作簿中不同工作表上的单元格和其他工作簿中的数据。Excel中的引用有相对引用和绝对引用以及混合引用。

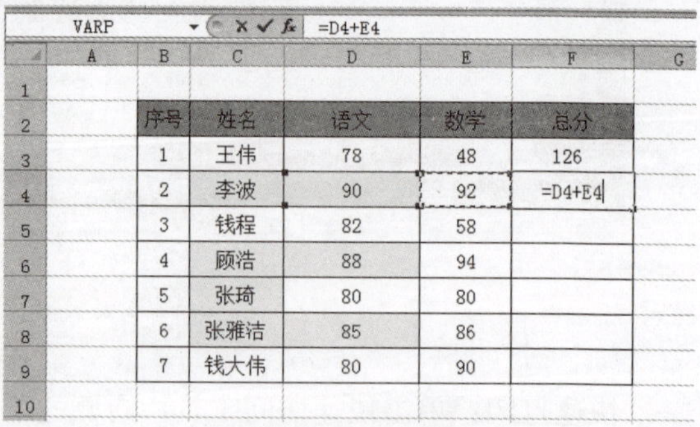

VARP =D4+E4

	A	B	C	D	E	F	G
1							
2		序号	姓名	语文	数学	总分	
3		1	王伟	78	48	126	
4		2	李波	90	92	=D4+E4	
5		3	钱程	82	58		
6		4	顾浩	88	94		
7		5	张琦	80	80		
8		6	张雅洁	85	86		
9		7	钱大伟	80	90		
10							

图4-10　相对引用

单元格的相对引用：相对引用是指引用相对于所在单元格位置的单元格，当复制带有相对引用的公式时，被粘贴公式中的相对引用将被更新。例如，在F3单元格中输入公式“=D3+E3”，将公式复制到单元格F4中，则F4中的公式为“=D4+E4”，如图4-10所示。

单元格的绝对引用：绝对引用是指引用工作表中固定不变的单元格。当复制带有绝对引用的公式时，公式中的绝对引用将保持不变。绝对引用需要在所引用单元格的行号和列标前加“$”符号。例如，在D3中输入公式“=C3/$C$8”，并将公式复制到D4单元格，则D4单元格中的公式为“=C4/$C$8”，其中的绝对引用“$C$8”保持不变，如图4-11所示。

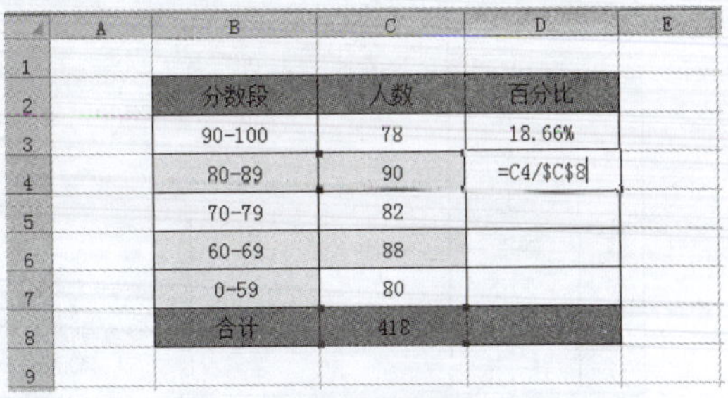

图4-11　绝对引用

混合引用：如$B2、D$5的引用形式为混合引用，其中包含一个绝对引用和一个相对引用。当复制带有混合引用的公式时，被粘贴公式中的绝对引用部分不变，相对引用部分改变。

（3）使用函数进行计算

Excel预定了一些公式，称为函数。这些函数使用参数，按特定的顺序或者结构进行计算。用户可以直接使用函数计算平均值、处理文本和数学计算等。Excel函数一共有11类，分别是数据库函数、日期与时间函数、工程函数、财务函数、信息函数、逻辑函数、查询和引用函数、数学和三角函数、统计函数、文本函数以及用户自定义函数。使用Excel函数可以实现办公的高效和快速。

先在单元格里输入“=”，然后点击上面的 f_x 表示引用函数（图4-12）。弹出“插入函数”对话框，可以在查找框里输入关键词如平均，点击“转到”，出现符合关键词的所有函数。选择你需要的函数，点击“确认”转到“函数参数”对话框，输入相关的参数，点击“确认”即可得到结果，如图4-13、图4-14所示。

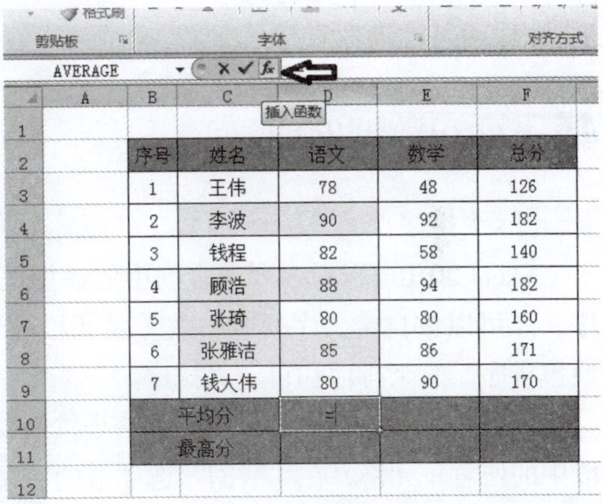

图4-12　插入函数按钮

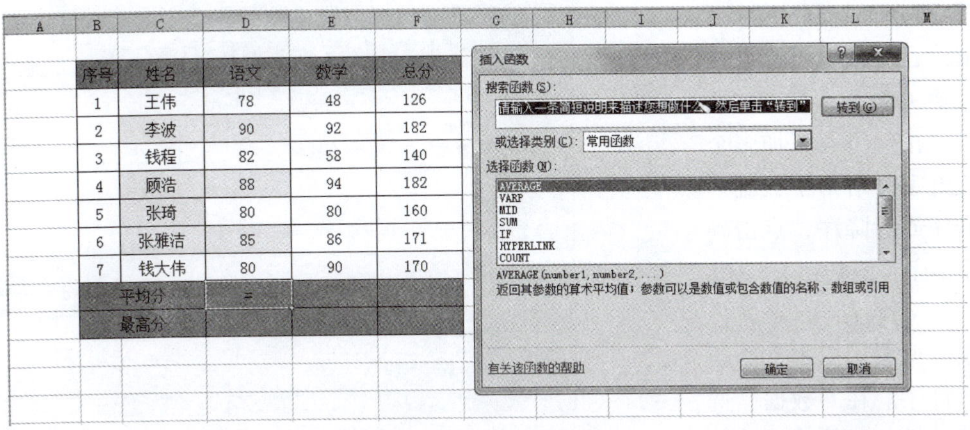

图4-13　插入函数对话框

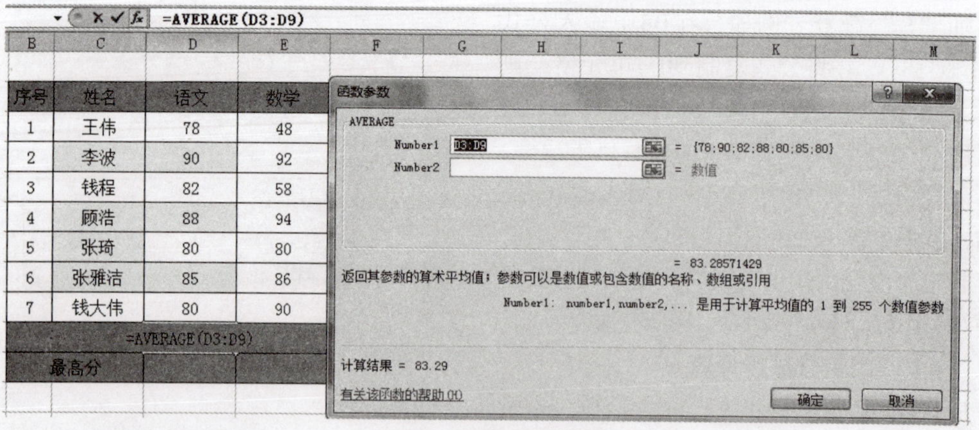

图4–14　函数参数对话框

4.5 Excel数据处理

（1）排序

Excel 2010可以对一列或多列中的数据按文本、数字或日期时间等按升序或者降序进行排序，还可以按自定义序列或格式（单元格颜色、字体颜色等）进行排序。数据排序一般分为简单排序、复杂排序和自定义排序。

简单排序：简单排序是指设置一个排序条件，数据按照升序或者降序排序。单击条件列字段中的任意单元格，在“数据”选项卡的“排序和筛选”组中，单击“升序”或“降序”按钮即可完成排序。

复杂排序：复杂排序是指按多个字段进行数据排序。单击表格中的任意单元格，在“数据”选项卡的“排序和筛选”组中，单击“排序”按钮，打开“排序”对话框。在对话框可以设置一个主要关键字，点击“添加条件”按钮可以添加多个次要关键字，对每个关键字设置升序或者降序，点击确定完成排序（图4–15）。

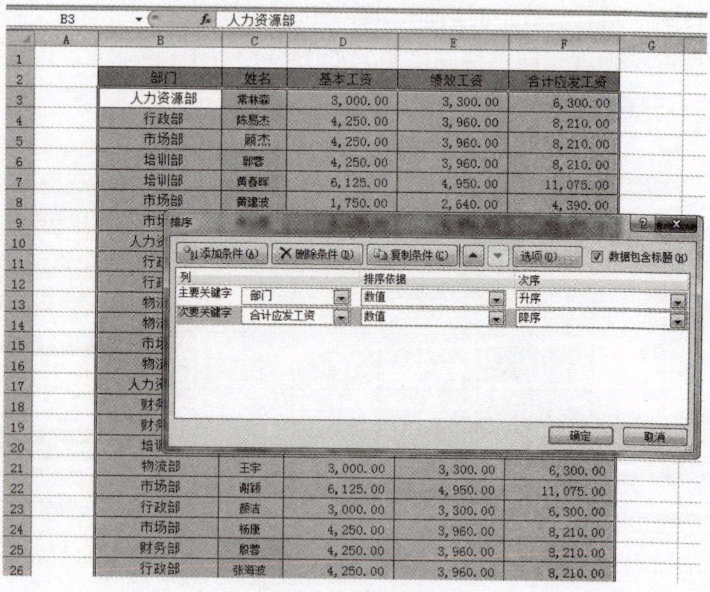

图4–15　复杂排序

自定义排序：自定义排序是指数据按用户定义的顺序进行排序。在“数据”选项卡的“排序和筛选”组中单击“排序”按钮，在“排序”对话框中，选择要进行自定义排序的关键字，在其对应的“次序”下拉列表框中选择“自定义序列”选项。打开“自定义序列”对话框，选择或建立需要的排序序列，点击“确定”即可。

（2）筛选

进行数据分析时，经常需要对数据进行筛选。利用Excel 2010提供的筛选功能，可以从全部数据中筛选出符合条件的记录，将不满足条件的记录隐藏。Excel 2010中筛选分为“自动筛选”“自定义筛选”和“高级筛选”。

自动筛选：自动筛选是一种快速筛选方法，可以方便地快速选出需要的数据。选中数据表中间的任意单元格，在“数据”选项卡的“排序和筛选”组中单击“筛选”按钮，数据表的标题右侧出现下拉按钮。点击下拉按钮，出现筛选器，在筛选器中设置筛选条件然后点击确定，工资表中间就会显示筛选结果，如图4-16所示。

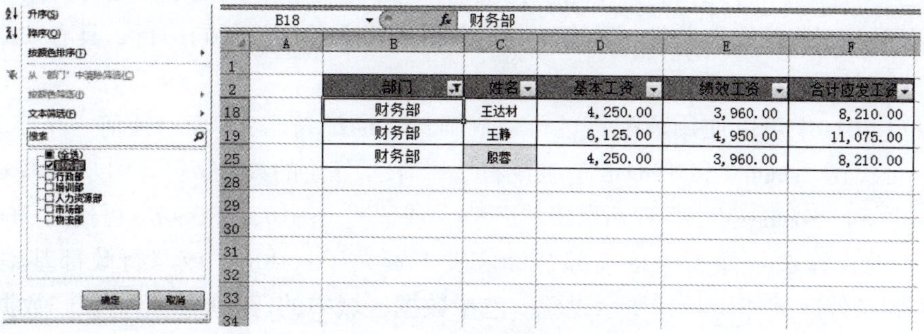

图4-16　筛选器及筛选结果

自定义筛选：自定义筛选是指对某个字段数据设置多个复杂的筛选条件进行筛选。在该字段的列筛选器中点击“数字筛选”命令，在下一级菜单中点击“自定义筛选”，打开“自定义自动筛选方式”对话框设置字段的筛选条件。点击确定后，在工作表中显示筛选结果，如图4-17、图4-18所示。

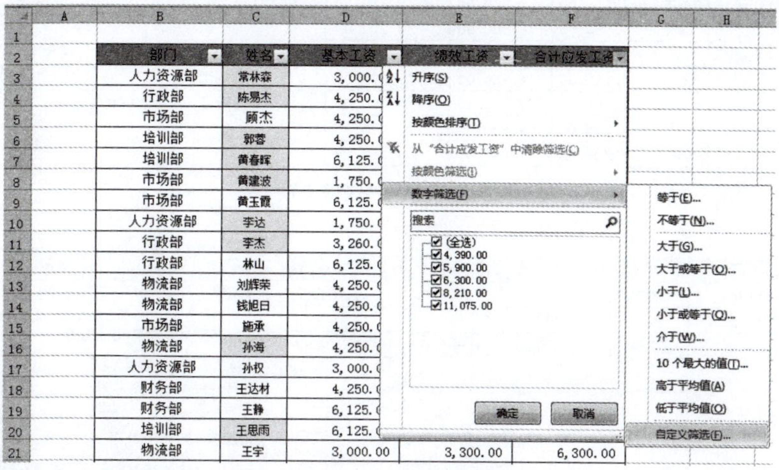

图4-17　自定义筛选

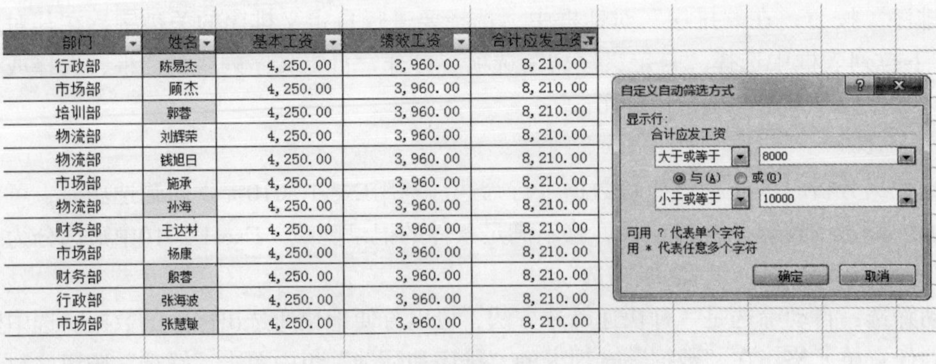

图4-18　自定义筛选设置及筛选结果

高级筛选：高级筛选属于复杂筛选。使用高级筛选时，需要建立一个条件区域。条件区域至少包含两行两个单元格，其中第一行要输入与表中字段相同的字段名称，第二行及以下各行输入对该字段的筛选条件。具有“与”关系的多重条件放在同一行，具有“或”关系的多重条件放在不同行。

Excel 2010中可以使用通配符进行模糊筛选。通配符“?”表示任何一个字符。例如，“sm?th”可找到“smith”和“smyth”。通配符“*”表示任意的数量字符。例如，“*east”可找到“Northeast”和“Southeast”。“~”后可跟“?”“*”或“~”。例如，“fy06~?”可找到“fy06?”

例如设置筛选条件为“培训部合计应发工资大于10000”或“行政部基本工资大于6000”，则条件区域如图4-19所示设置。选中数据区域中的任意单元格，在“数据”选项卡的“排序和筛选”组中，单击“高级”按钮，打开“高级筛选”对话框。在“方式”中选择“将筛选结果复制到其他位置”。在“条件区域”中选择条件区域，在“复制到”选择目标位置，点击“确定”按钮，即在指定位置显示满足条件的筛选结果（图4-20）。

图4-19　高级筛选条件区域设置

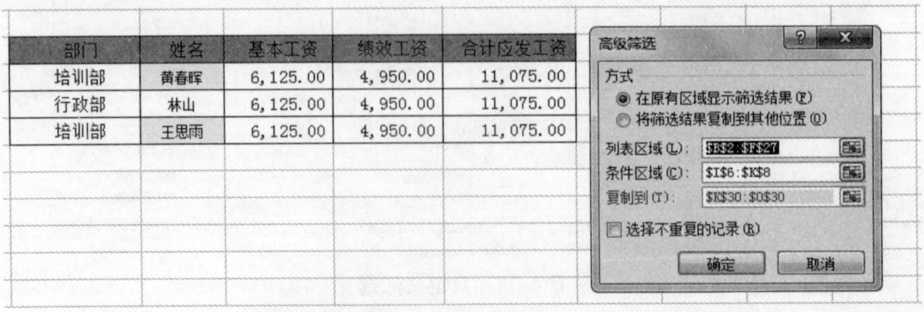

图4-20　高级筛选设置及筛选结果

清除筛选：如果需要清除工作表中的自动筛选和自定义筛选，只需在“数据”选项卡的“排序和筛选组”中单击“清除”按钮。如果再点击“筛选”按钮，则工作表恢复到最初状态。

（3）分类汇总

分类汇总是指对某个字段的数据进行分类，并对各类数据进行快速的汇总统计。汇总的类型有求和、计算、平均值、最大值、最小值等。默认的汇总方式为求和。

创建分类汇总时，必须先对分类的字段进行排序。然后选中数据区域的任意单元格，在“数据”选项卡的“分级显示”组中，单击“分类汇总”按钮，打开“分类汇总”对话框，根据要求进行设置。最后，点击“确定”按钮完成分类汇总，如图4–21、图4–22所示。

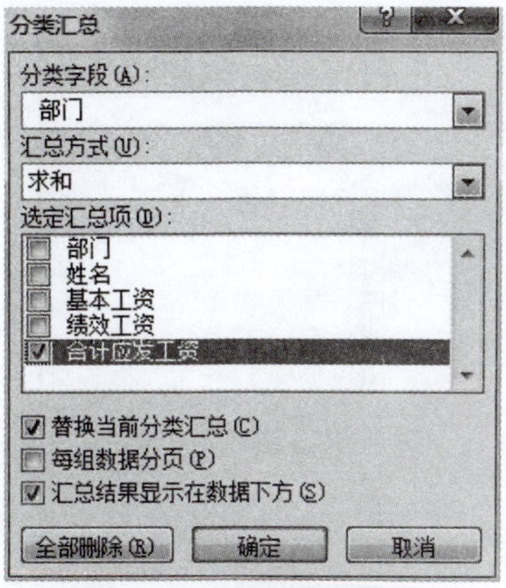

图4–21　分类汇总对话框

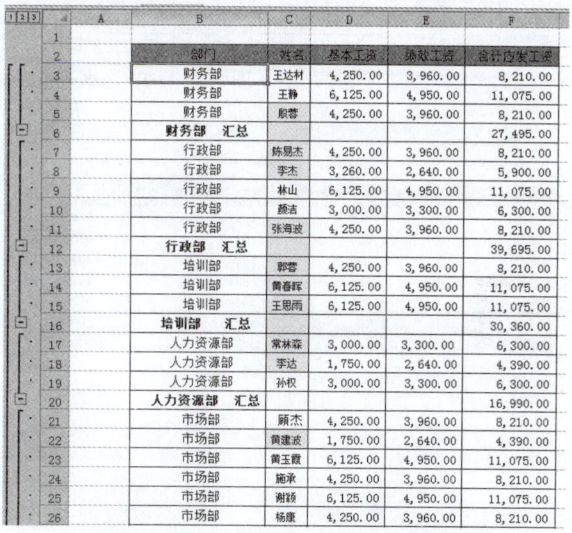

	A	B	C	D	E	F
1						
2		部门	姓名	基本工资	绩效工资	合计应发工资
3		财务部	王达材	4,250.00	3,960.00	8,210.00
4		财务部	王静	6,125.00	4,950.00	11,075.00
5		财务部	殷蓉	4,250.00	3,960.00	8,210.00
6		财务部　汇总				27,495.00
7		行政部	陈易杰	4,250.00	3,960.00	8,210.00
8		行政部	李杰	3,260.00	2,640.00	5,900.00
9		行政部	林山	6,125.00	4,950.00	11,075.00
10		行政部	颜洁	3,000.00	3,300.00	6,300.00
11		行政部	张海波	4,250.00	3,960.00	8,210.00
12		行政部　汇总				39,695.00
13		培训部	郭蓉	4,250.00	3,960.00	8,210.00
14		培训部	黄春晖	6,125.00	4,950.00	11,075.00
15		培训部	王思雨	6,125.00	4,950.00	11,075.00
16		培训部　汇总				30,360.00
17		人力资源部	常林森	3,000.00	3,300.00	6,300.00
18		人力资源部	李达	1,750.00	2,640.00	4,390.00
19		人力资源部	孙权	3,000.00	3,300.00	6,300.00
20		人力资源部　汇总				16,990.00
21		市场部	顾杰	4,250.00	3,960.00	8,210.00
22		市场部	黄建波	1,750.00	2,640.00	4,390.00
23		市场部	黄玉霞	6,125.00	4,950.00	11,075.00
24		市场部	施承	4,250.00	3,960.00	8,210.00
25		市场部	谢颖	6,125.00	4,950.00	11,075.00
26		市场部	杨康	4,250.00	3,960.00	8,210.00

图4–22　按部门对合计应发工资分类汇总结果

（4）合并计算

Excel 2010的“合并计算”功能可以汇总或者合并多个数据源区域中的数据，具体方法有两种：一是按类别合并计算；二是按位置合并计算。

合并计算的数据源区域可以是同一工作表中的不同表格，也可以是同一工作簿中的不同工作表，还可以是不同工作簿中的表格。

（5）数据透视表和数据透视图的使用

数据透视表和数据透视图，能帮助用户分析组织和展示数据。利用它们可以很快地从不同角度对数据进行分类汇总。

创建数据透视表：选中数据区域中的任意单元格。在插入选项卡的表格组中，单击数据透视表按钮。弹出创建数据透视表对话框。在选择放置数据透视表的位置下选择现有工作表并输入相应位置。点击确定，在原有数据表的右侧，显示一张新表（图4–23）。

在右侧的“数据透视表字段列表”中，将相应的字段拖入行标签、列标签和数值中，则左边出现制作好的数据透视表。用户也可以点击字段右边的小三角，在弹出的下拉菜单中，选择“值字段设置”，在弹出的对话框中选择计算类型为求和、计数、最大值或最小值等（图4–24）。

创建数据透视图：点击“数据透视表工具”下“选项”中的“数据透视图”。出现“插入图表”窗口，选择合适的样式，确定，数据透视图就做好了，如图4–25所示。

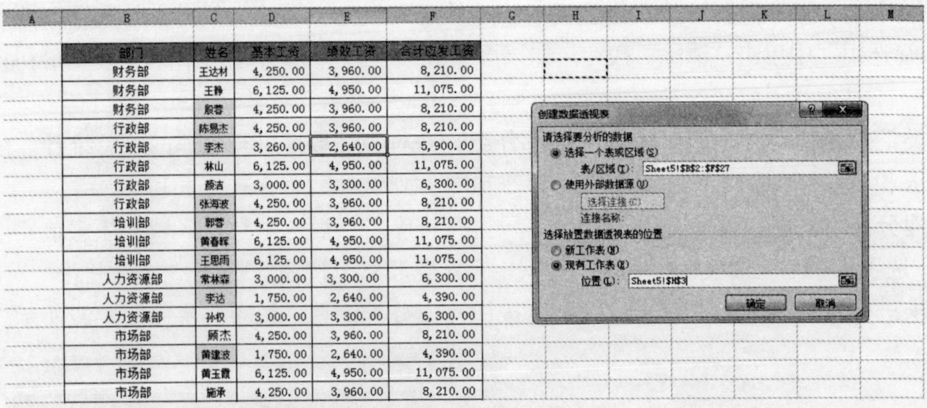

图4-23　创建数据透视表对话框

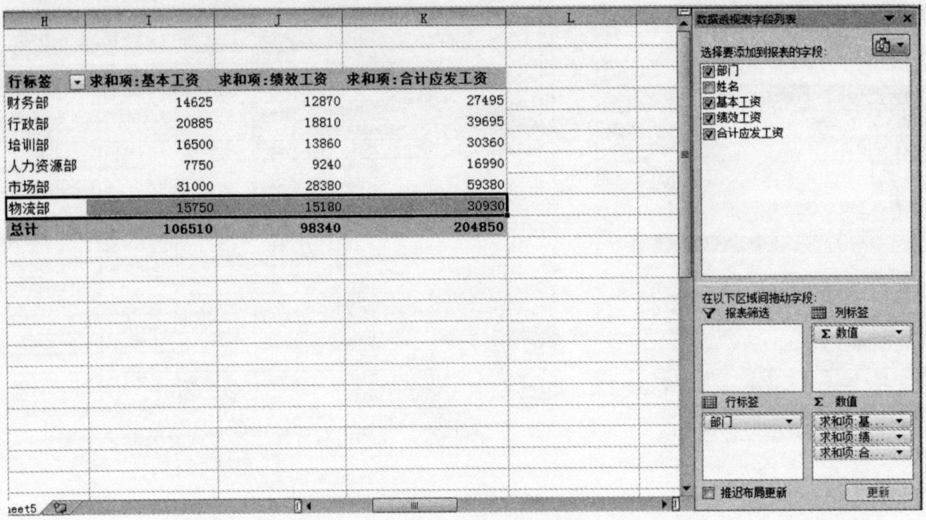

图4-24　数据透视表

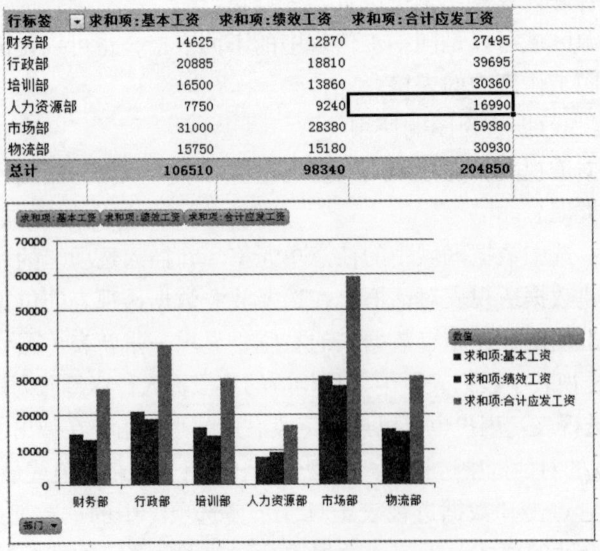

图4-25　数据透视图

4.6 Excel图表

（1）Excel 图表介绍

图表是Excel 2010常用对象之一，图表将数据以图形的形式直观、清晰地表达，是一种功能强大、使用方便的可视化工具（图4-26）。

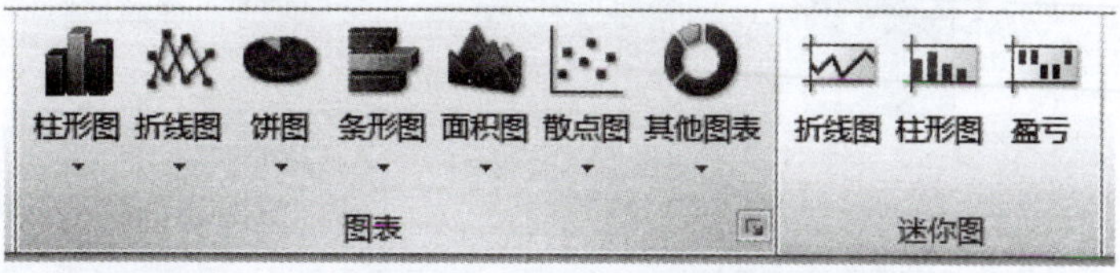

图4-26　“插入”选项卡的“图表”组和“迷你图”组

Excel 2010提供了柱形图、折线图等11种图表类型，默认图表类型为柱形图。此外，还提供了迷你图，能够帮助用户在单元格背景中添加微型图表，从而能够更好地展现数据。11种图表类型如下：

柱形图：用于显示一段时间内的数据变化或显示各项数据之间的比较情况。在柱形图中，通常沿水平轴组织类别，而沿垂直轴组织数值。柱形图又分为：

- 簇状柱形图
- 堆积柱形图
- 百分比堆积柱形图
- 三维簇状柱形图
- 三维堆积柱形图
- 三维百分比堆积柱形图
- 三维柱形图

折线图：可显示随时间而变化的连续数据，非常适用于显示在相等时间间隔下的数据的趋势。在折线图中，类别数据沿水平轴均匀分布，所有值数据沿垂直轴均匀分布。

饼图：显示一个数据系列中各项的大小与各项总和的比例。图中的数据点显示为整个饼图的百分比。

条形图：显示各项之间的比较情况，适用于分类标签文字较长的情况。

面积图：强调数量随时间而变化的程度，也可用于引起人们对总值趋势的注意。

散点图：显示若干数据系列中各数值之间的关系，或者将两组数绘制为*xy*坐标的一个系列。

股价图：经常用来显示股价的波动。

曲面图：显示两组数据之间的不同组合。

圆环图：像饼图一样，圆环图显示各个部分与整体之间的关系，但是它可以包含多个数据系列。

气泡图：对重组的三个变量进行比较。

雷达图：比较若干数据系列的聚合值。

Excel 2010的图表一般包含以下6个元素：图表标题、图表区、绘图区、坐标轴、数据系列、图例。有些表还包含数据表，三维图表中三维背景由基座和背景墙组成，如图4-27所示。

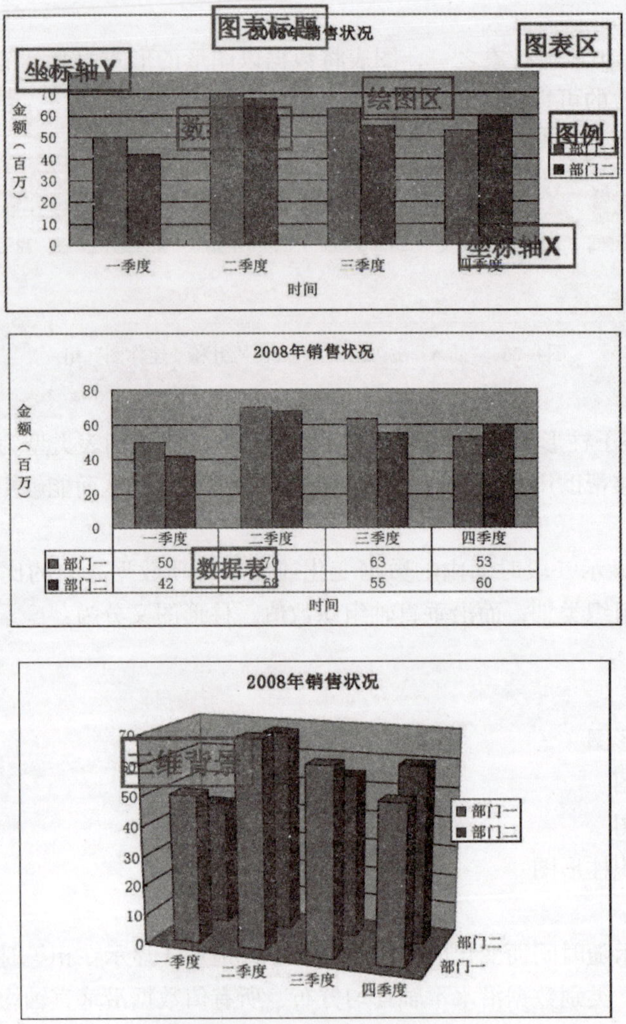

图4-27　Excel 2010图表元素

（2）创建并调整图表

在工作表中选择图表数据，在“插入”选项卡的“图表”组中，点击要使用的图表类型，工作表上出现图表。如果要将图表放在单独的工作表中，可以选中要移动位置的图表。在工具栏中“图表工具”上下文选项卡中出现“设计”“布局”和“格式”选项卡。在“设计”选项卡的“位置”组中，单击“移动图标”按钮。打开“移动图标”对话框（图4-28），在“选择放置图表的

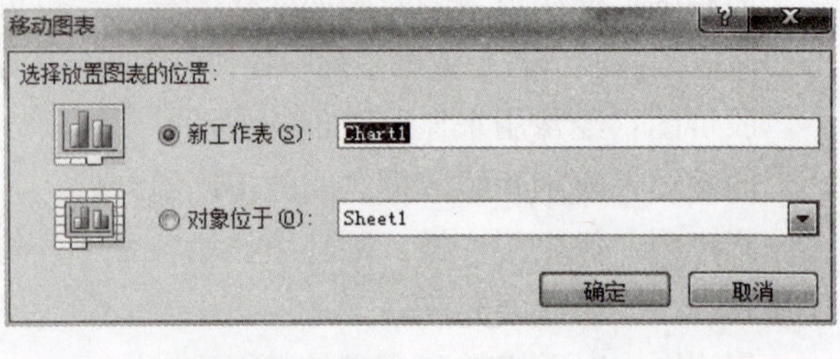

图4-28　移动图表对话框

位置”选项组中，选中“新工作表”单选按钮，这张创建的图表显示在只包含一个图表的工作表中。选中“对象位于”单选按钮，则创建的是嵌入式图表，并位于指定的工作表中。

调整图表大小，可以通过单击图表，拖动尺寸控制点，将其调整为所需大小。也可以在“格式”选项卡的大小组中设置形状高度和形状宽度值（图4–29）。

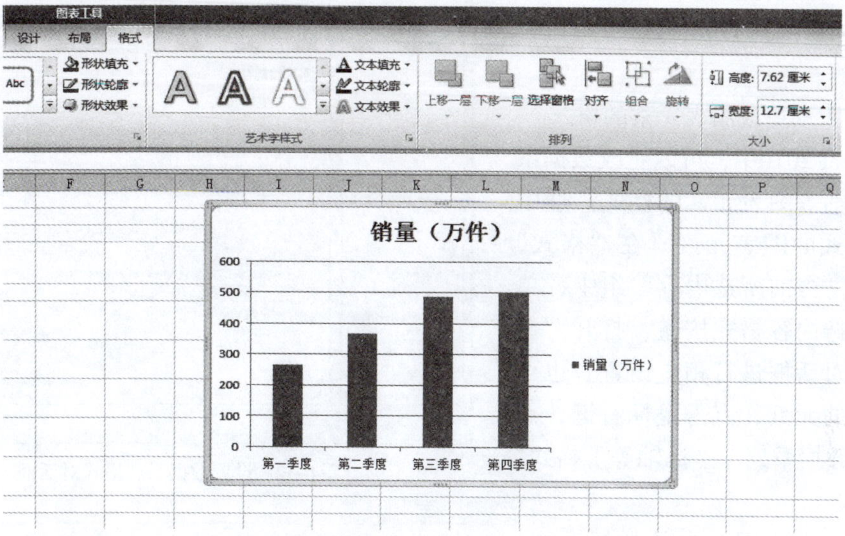

图4–29　调整图表大小

（3）应用预定义图表布局和图表样式

创建图表后，可以快速向图表应用预定义布局和图表样式。选中图表，在“设计”选项卡的“图表布局”组中，单击要使用的图表布局。在“图表样式”组中单击要使用的图表样式即可快速应用图表样式（图4–30）。

图4–30　预定义图表布局和图表样式

（4）手动更改图表元素的布局

如果需要手动更改图表元素的布局，需要单击要选择的图表元素，被选择的图表元素将被选择手柄标记。也可以单击图表，在“格式”选项卡的“当前所选内容”组中，单击图表元素下拉按钮后选择所需的图表元素即可。

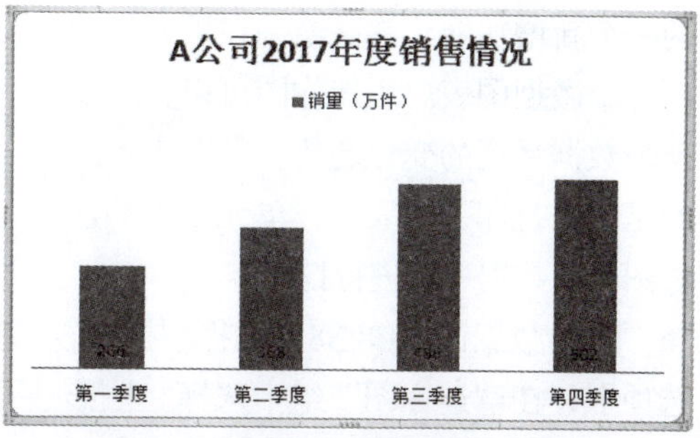

图4–31　手动更改图表元素的布局

选中图表元素后在“布局”选项卡的“标签”“坐标轴”或“背景”组中，选择相应的布局选项（图4–31）。

例如，在“图表工具”“设计”选项卡的“图表布局”组中选择“布局2”，则图表中的图例更改为在标题下方显示。在“布局”选项卡的“标签”组中点击“数据标签”，在下拉菜单中选择“周内侧”，则数据标签位置更改为在周内侧。

（5）手动更改图表元素的格式

在Excel 2010中，可以更改数据系列、坐标轴等图表元素的格式。选中要更改格式的图表元素，在“格式”选项卡的“当前所选内容”组中，单击设置所选内容格式按钮，打开“设置格式”对话框进行相应设置。也可选中对应的元素，点击鼠标右键，点击“设置数据系列（坐标轴等）格式”进行设置。

例如，选中图表中的数据系列，点击右键，在弹出的菜单中选择“设置数据系列格式”命令，弹出“设置数据系列格式”对话框（图4-32）。在“系列选项”选项卡的“分类间距”组中更改间距为200%，在“填充”选项卡中，选择“纯色填充”，颜色选择绿色，透明度选择20%。在边框颜色中选择实线，“深蓝，文字2”。在“边框样式”中选择宽度2磅。更改后的图表效果如图4-33所示。

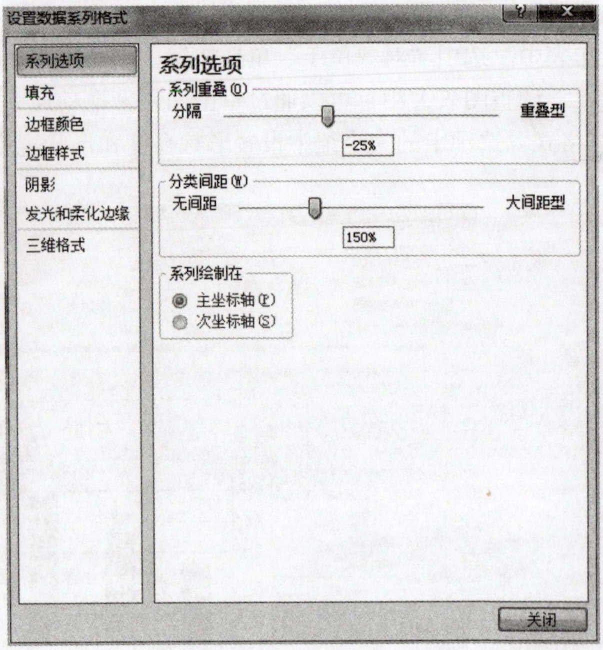

图4-32 设置数据系列格式对话框

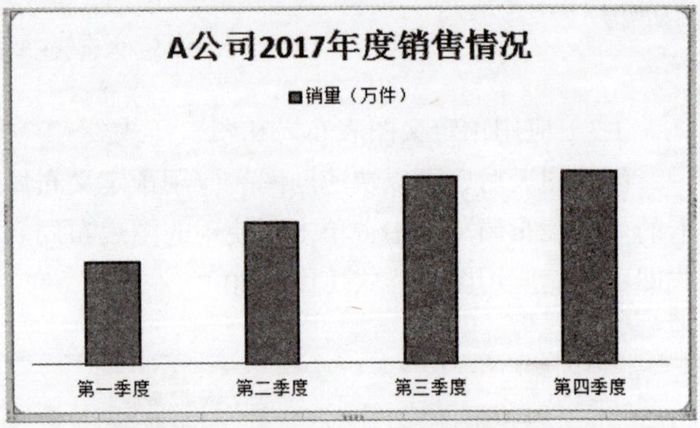

图4-33 设置数据系列格式后的效果

（6）迷你图

迷你图（Sparklines）是Excel 2010中的一个新增功能，它是绘制在单元格中的一个微型图表。用迷你图可以直观地反映数据系列的变化趋势。与图表不同的是，当打印工作表时，单元格中的迷你图会与数据一起进行打印。

选中数据区域C8:N8，选择“插入”选项卡，在“迷你图”组中选择“柱形图”，弹出“创建迷你图”对话框，在

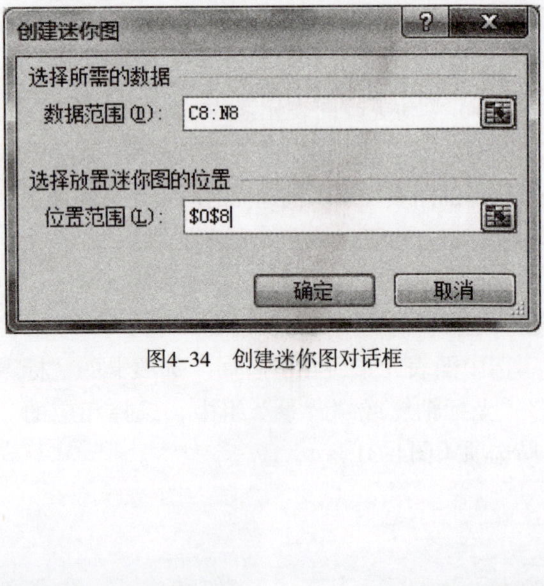

图4-34 创建迷你图对话框

“位置范围”后选择放置迷你图的单元格$0$8，点击确定，完成创建迷你图（图4-34）。

点击含有迷你图的单元格，标题栏出现“迷你图设计”功能区。在功能区内可以编辑数据、更改迷你图类型、样式，设置迷你图颜色和坐标轴等，如图4-35、图4-36所示。

A公司2017年度各组销售情况

季度	1月	2月	3月	4月	5月	6月	7月	8月	9月	10月	11月	12月
第1组	266	253	270	289	303	350	402	415	246	231	189	150
第2组	291	273	310	289	329	296	360	412	365	257	209	243
第3组	243	260	246	267	273	329	377	387	220	207	163	260
第4组	334	362	339	353	365	412	486	423	312	291	302	214
第5组	361	347	320	378	394	421	462	432	337	326	282	264
第6组	252	298	258	283	360	342	320	401	237	225	180	206

图4-35　迷你图

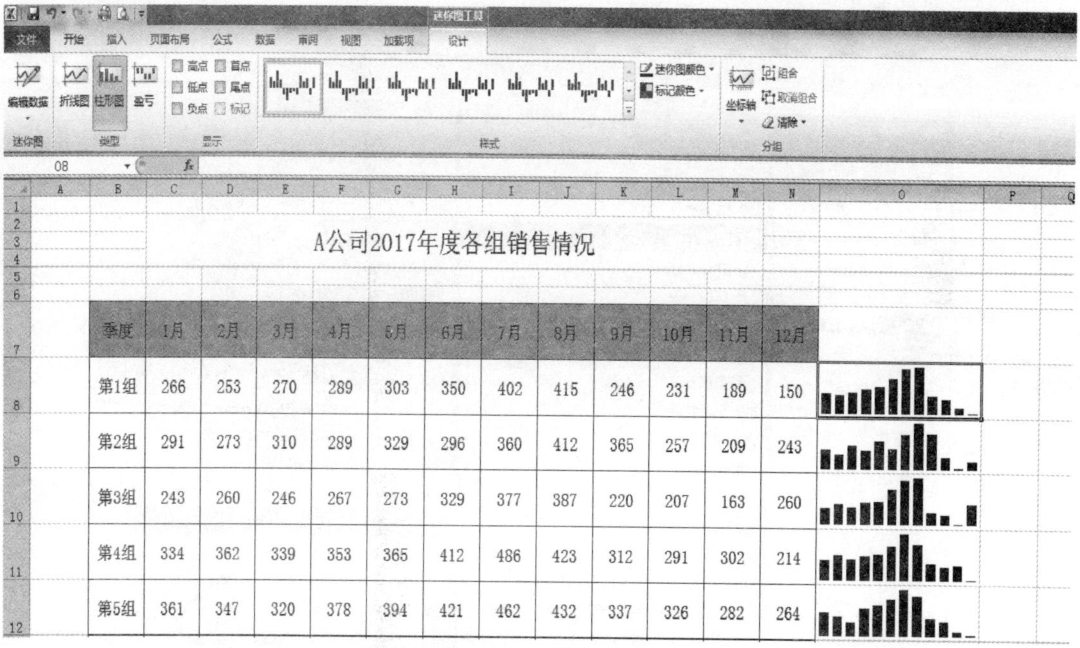

A公司2017年度各组销售情况

季度	1月	2月	3月	4月	5月	6月	7月	8月	9月	10月	11月	12月
第1组	266	253	270	289	303	350	402	415	246	231	189	150
第2组	291	273	310	289	329	296	360	412	365	257	209	243
第3组	243	260	246	267	273	329	377	387	220	207	163	260
第4组	334	362	339	353	365	412	486	423	312	291	302	214
第5组	361	347	320	378	394	421	462	432	337	326	282	264

图4-36　迷你图工具

第五单元　PowerPoint 2010演示文稿制作

5.1 PowerPoint 2010概述

PowerPoint 2010（简称PPT 2010）是微软公司办公软件Office 2010中的重要组成部分，PPT 2010可以制作出带有图片、表格、图标以及动画效果的电子演示文稿，这些文稿由幻灯片组成。幻灯片可以在屏幕上一页页地播放，就像老师上课时在黑板上写字，用它来配合讲解能达到较好的效果。本单元将介绍PPT 2010中文版的各项操作方法。

5.2 PowerPoint 2010的启动和退出

（1）启动 PowerPoint 2010

同其他的办公软件一样，启动PowerPoint 2010的方法主要有以下几种方式：

- 方式一：单机Windows任务栏的“开始”菜单，选择“所有程序”→“Microsoft Office”→“Microsoft PowerPoint 2010”，如图5-1所示。

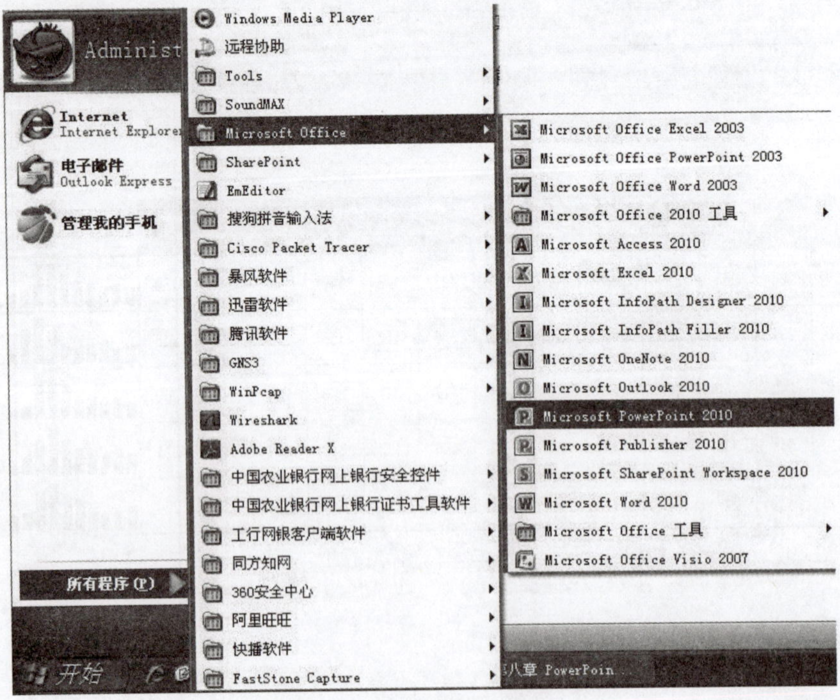

图5-1　通过开始菜单启动

- 方式二：双击桌面上PowerPoint 2010软件快捷方式图标，如图5-2所示。
- 方式三：双击扩展名为.pptx的PowerPoint 2010演示文稿文件，进而对文稿进一步操作。

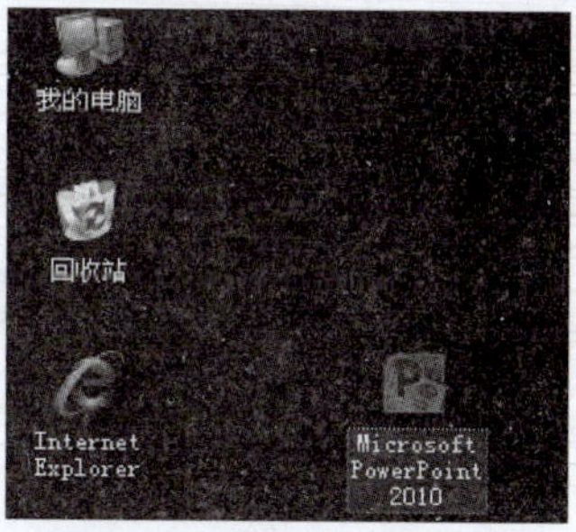

图5-2　双击快捷方式启动

（2）PowerPoint 2010 的退出

退出PowerPoint 2010的方法很简单，可以通过以下几种方式。

- 单击PowerPoint 2010窗口右上角的“关闭”按钮；
- 单击“文件”菜单，选择“退出”命令；
- 利用快捷键Alt + F4。

5.3 PowerPoint 2010的主界面

启动PowerPoint 2010后即可以看到如图5-3所示的主界面。此界面与低版本PPT文稿制作软件有很多相似之处，但功能更为全面，主要由以下几部分组成。

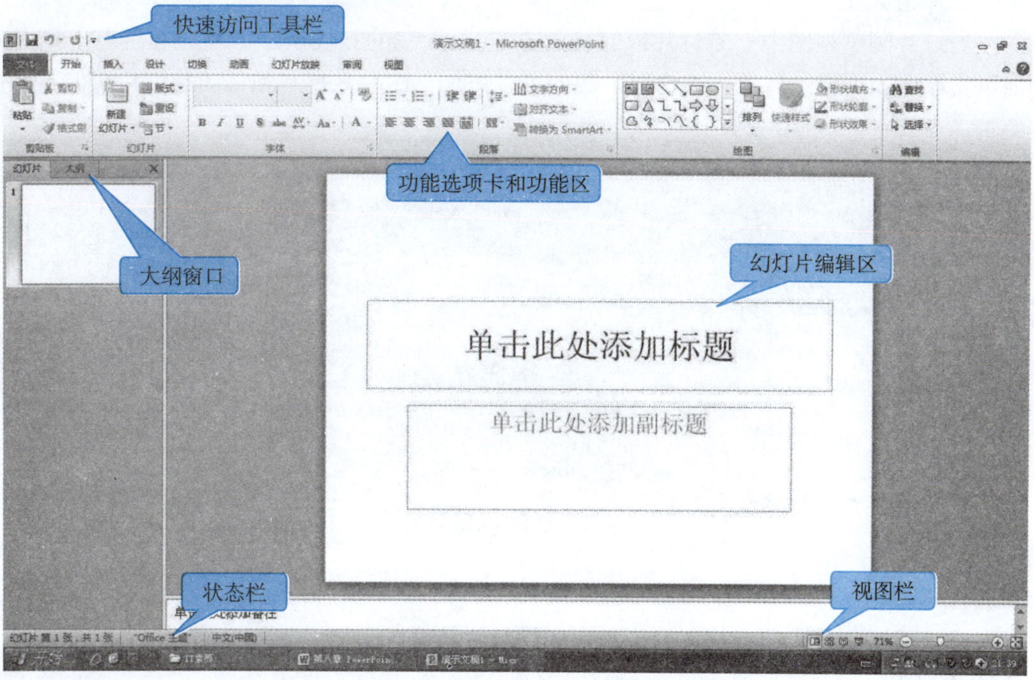

图5-3　PowerPoint 2010主界面

- 快速访问工具栏
- 功能选项卡和功能区
- 幻灯片编辑区
- 幻灯片/大纲窗口
- 状态栏和视图栏

5.4 PowerPoint 2010的视图方式

PowerPoint 2010提供了4种视图，分别是普通视图、幻灯片浏览视图、幻灯片放映视图和备注页视图。其中普通视图与幻灯片浏览视图是最常用的视图，下面介绍视图的作用与切换方法。

（1）视图的切换

- 可以通过点击窗口下方的视图模式轻松实现切换，如图5-4所示，四个按钮依次是普通视图、幻灯片浏览、阅读、幻灯片放映。

图5-4　视图切换按钮

- 可以通过视图菜单进行切换，如图5-5所示。

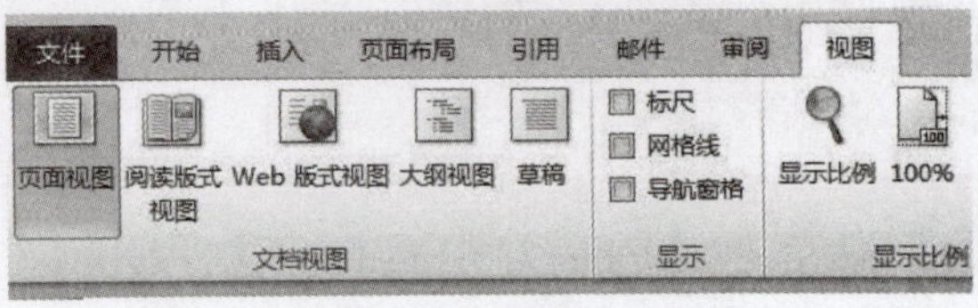

图5-5　视图菜单

（2）各种视图的作用

- 普通视图

普通视图是最常用的、系统默认视图，启动PowerPoint后，看到的就是普通视图。

- 幻灯片浏览视图

在幻灯片浏览视图中，幻灯片以缩略的方式显示，如图5-6所示。可以在屏幕上同时看到演示文稿中的所有幻灯片的缩略图。我们可以添加、删除、复制和移动幻灯片，但不能进行编辑。

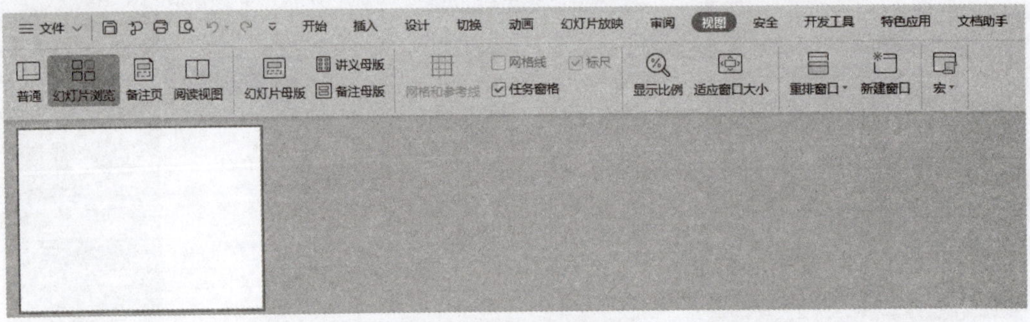

图5-6　幻灯片浏览视图

- 备注页视图

备注页视图是供讲演者使用的，每一张幻灯片都可以有相应的备注。

- 阅读视图

阅读视图是在计算机屏幕上像幻灯机放映那样动态地播放幻灯片，是实际播放演示文稿的视图。

5.5 创建演示文稿

PowerPoint提供了几种创建新演示文稿的基本方式：创建空白演示文稿、根据样本创建文稿、使用模板创建文稿、使用已安装的主题创建等。

在PowerPoint中，单击“文件”菜单，选择“新建”命令，显示了几种创建的方式，如图5-7所示。

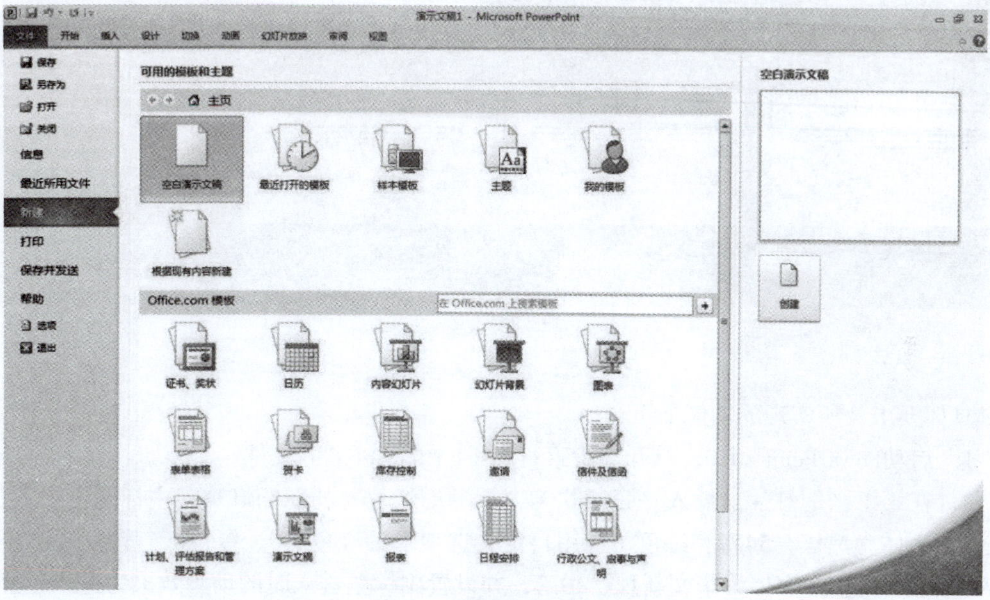

图5-7　新建演示文稿方式

5.6 案例分析

任务一　利用PowerPoint制作演示文稿一

一、任务目的

1. 掌握PowerPoint的运行方式和幻灯片制作的基本知识。
2. 了解PowerPoint基本操作界面的组成。
3. 掌握幻灯片的插入、删除以及主题的设置方法。
4. 掌握插入文字、标题以及日期时间和页码的方法。
5. 掌握设置幻灯片切换效果的方法。
6. 掌握幻灯片的制作和放映过程。
7. 掌握幻灯片的保存方法。

二、任务内容

木实验所需素材存放在Task1文件夹中，打开Task1文件夹中的Web.pptx文件，参考图5-8所示的样张，按照下列要求对文档进行修饰并保存。

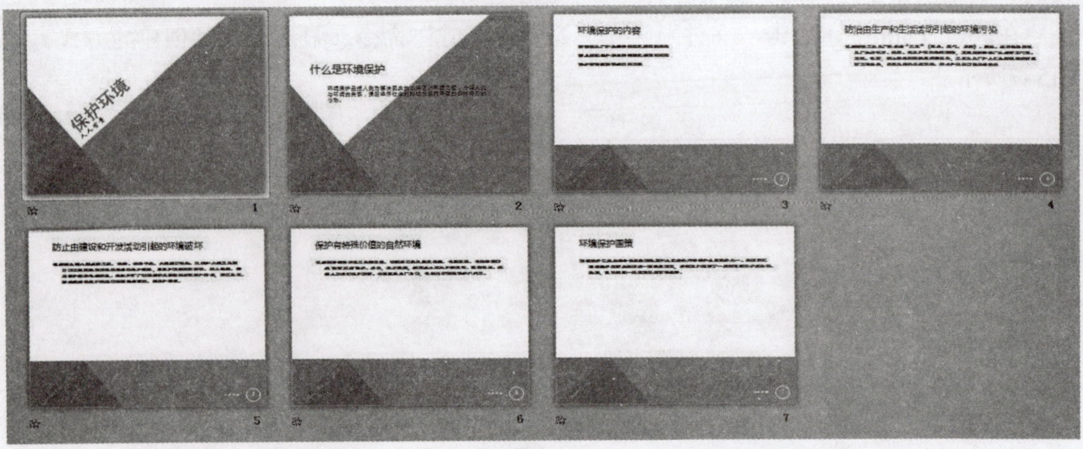

图5-8　任务一参考样张

具体要求及所实现的功能如下：

1. 启动PowerPoint 2010，打开实验素材Task1中的Web.pptx文件。

2. 在第 1 张幻灯片前插入一张版式为“标题幻灯片”的新幻灯片，主标题输入“保护环境”，字体为黑体、54磅、红色（请用自定义选项卡的红色250、绿色0、蓝色0），副标题输入“人人有责”，字体为华文新魏、40磅，并设置副标题进入时的动画效果为进入、旋转。

3. 为所有幻灯片应用设计主题“角度”。

4. 除标题幻灯片外，设置其他所有幻灯片显示自动更新的日期（样式为“××××年××月××日”）和幻灯片编号，并在除标题幻灯片外的其他幻灯片中插入页脚“保护环境”。

5. 设置所有幻灯片的切换效果为“百叶窗”。

6. 从头开始观看所有幻灯片的放映效果。

7. 将制作好的演示文稿以文件名“Web”、文件类型“PowerPoint演示文稿(.pptx)”保存在Task1目录中。

三、任务步骤

1. 启动PowerPoint 2010，打开实验素材Task1中的Web.pptx文件。

（1）单击“开始”菜单，在“所有程序”中依次选择“Microsoft Office”→“Microsoft PowerPoint 2010”命令。

（2）选择“文件”选项卡，在其弹出的任务窗格中选择“打开”选项，在弹出的“打开”对话框中选择查找范围，打开实验素材Task1中的Web.pptx文件。

2. 在第 1 张幻灯片前插入一张标题幻灯片。

（1）在“开始”选项卡下的“幻灯片”组中，单击“新建幻灯片”按钮，在弹出的“默认设计模板”任务窗格中选择“标题幻灯片”模板，便可自动生成一个版式为“标题幻灯片”的新幻灯片，分别如图5-9和图5-10所示。

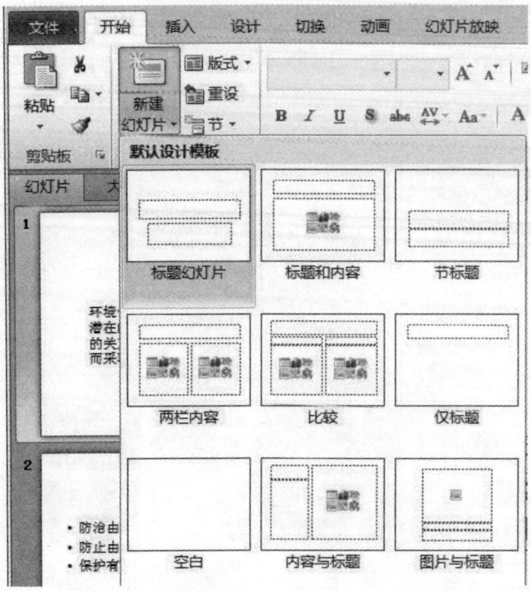

图5-9　“默认设计模板”

（2）在图5-10中的“单击此处添加标题”处输入主标题“保护环境”，在“开始”选项卡下的“字体”组中，设置字体黑体、54磅，并根据题目要求在字体颜色下拉列表框中选择“其他颜色”，在弹出的“颜色”对话框中，按图5-11所示分别输入红、绿、蓝各个分量的值，完成后单击“确定”按钮。

（3）用上述同样方法在图5-10的“单击此处添加副标题”处输入副标题“人人有责”，设置字体为华文新魏、40磅。

（4）选中副标题“人人有责”，在“动画”选项卡下的“动画”组中，单击动画列表框右侧的“其他”下拉按钮，在出现的如图5-12所示的任务窗格中选择“进入”下的“旋转”。

动画效果设置完成后，在“动画”选项卡下的“预览”组中，单击“预览”按钮，可以查看所设置的动画效果，并随时进行调整，直到满意为止。

3. 为所有幻灯片应用设计主题“角度”。

在“设计”选项卡下的“主题”组中，单击主题列表框右侧的“其他”下拉按钮，

图5-10　标题幻灯片

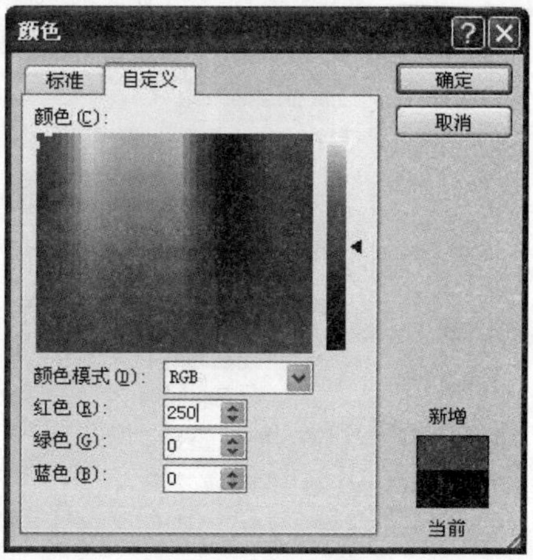

图5-11　自定义颜色

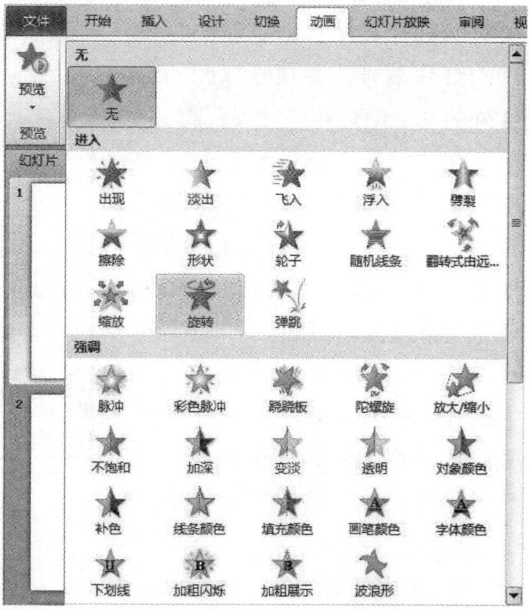

图5-12　动画效果设置

在出现的“所有主题”任务窗格中选择“角度”主题。选中“角度”主题，单击鼠标右键，在弹出的快捷菜单中选择“应用于所有幻灯片”命令，如图5-13所示，便可以看到所选主题对所有幻灯片的修饰效果。

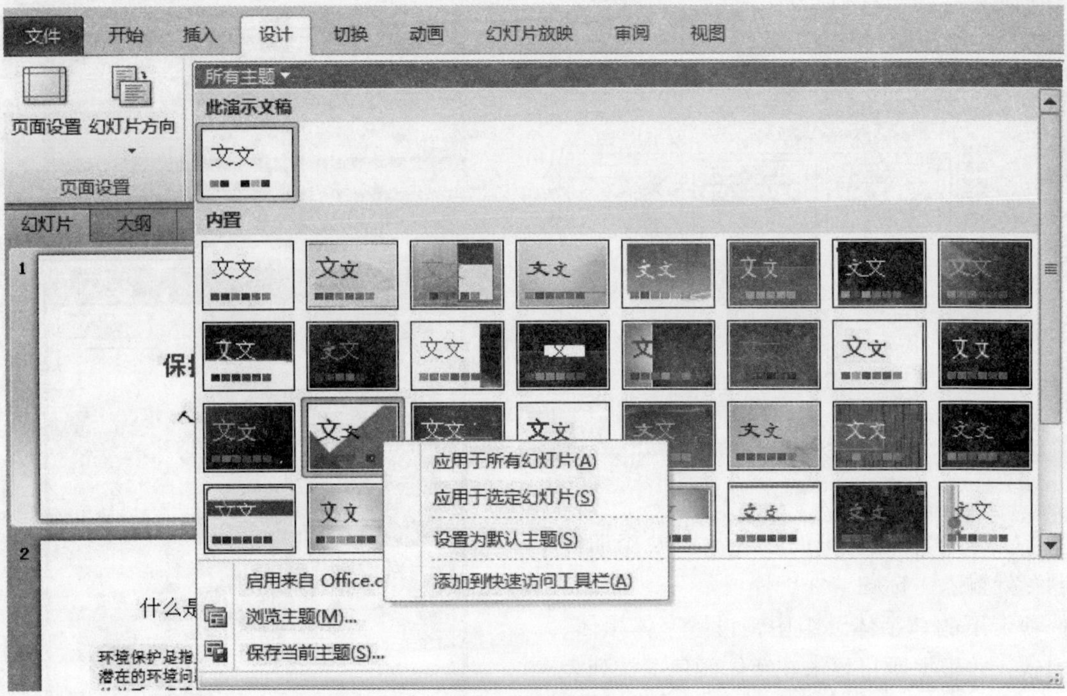

图5-13　主题设置

4．除标题幻灯片，设置其他所有幻灯片显示自动更新的日期和幻灯片编号，并在除标题幻灯片外的其他幻灯片中插入页脚。

在“插入”选项卡下的“文本”组中，单击“页眉和页脚”按钮，在弹出的“页眉和页脚”对话框中，选中“日期和时间”复选框以及其下面的“自动更新”单选按钮，在下拉列表框中选中“××××年××月××日”样式，同时按图5-14所示的内容设置其他各项，设置完毕后，单击“全部应用”按钮。

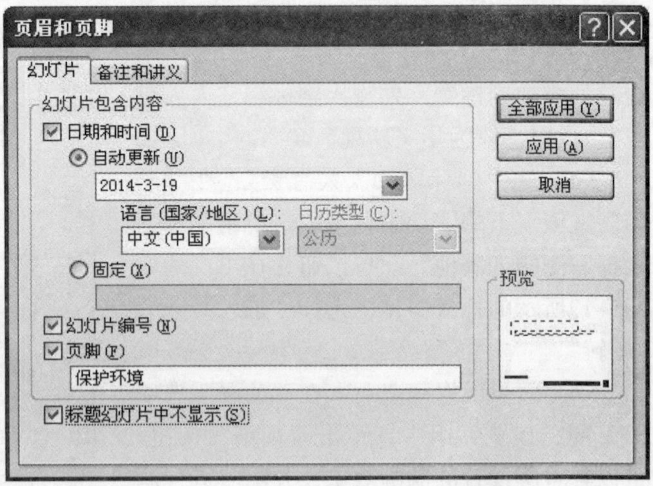

图5-14　设置页眉页脚

5．设置所有幻灯片的切换效果。

在“切换”选项卡下的“切换到此幻灯片”组中，单击最右端的“其他”按钮，在弹出的如图5–15所示的任务窗格中，选择“华丽型”下的“百叶窗”效果；单击“计时”组中的“全部应用”按钮，将会使每张幻灯片具有相同的切换效果，如图5–16所示；同时可以单击“预览”组中的“预览”按钮，查看所设置的切换效果。

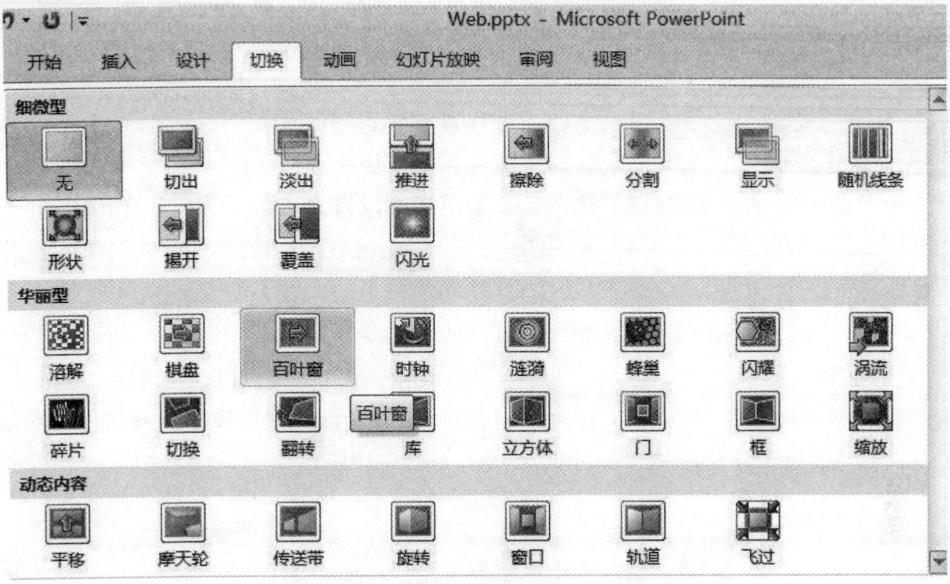

图5–15 设置幻灯片切换效果

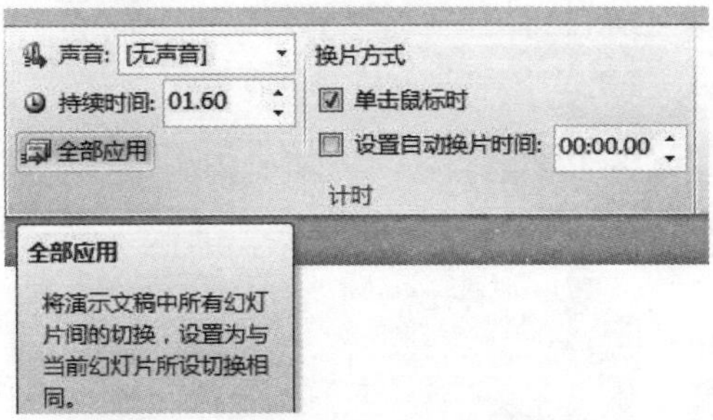

图5–16 所有幻灯片应用切换效果

6. 观看放映效果。

在“幻灯片放映”选项卡下的“开始放映幻灯片”组中，单击“从头开始”按钮，如图5–17所示，即可以从头开始查看所有幻灯片的放映效果。同样也可按【F5】键观看放映效果，按【Esc】键结束放映。

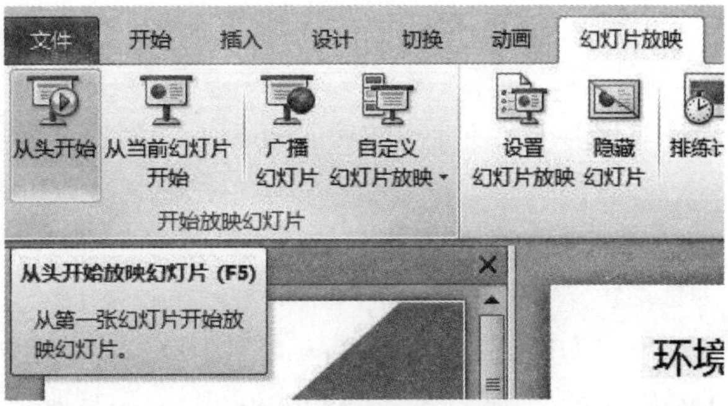

图5–17 设置放映方式

7. 保存制作好的演示文稿。

在“文件”选项卡下的任务窗格中选择“另存为”命令，如图5–18所

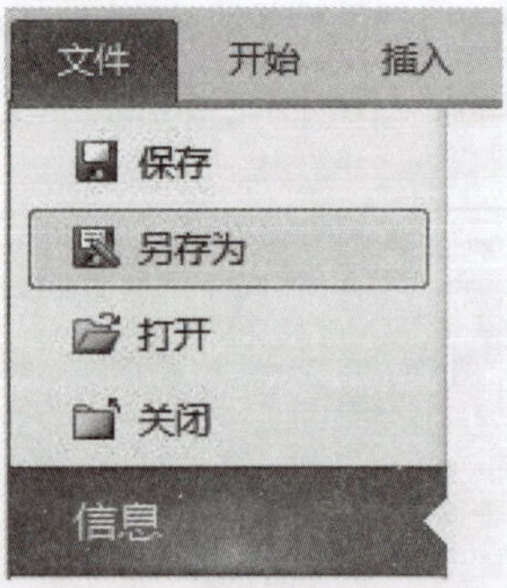

图5-18 保存文件

示，在弹出的“另存为”对话框中，保存位置选择“Task1文件夹”，输入文件名“Web”，文件类型选择“PowerPoint演示文稿(.pptx)”，单击“保存”按钮。

任务二 利用PowerPoint制作演示文稿二

一、任务目的

1. 掌握幻灯片背景样式的设置方法。
2. 掌握母版的设置方法。
3. 掌握超文本链接的设置方法。
4. 掌握图片、剪贴画、影片、声音等多媒体对象的插入方法。
5. 掌握幻灯片动画效果的设置方法。
6. 掌握幻灯片放映的高级技巧。

二、任务内容

本实验所需素材存放在Task2文件夹中，打开Task2文件夹中的Web.pptx文件，对演示文稿Web.pptx文件进行个性化设置，操作结果样张如图5-19所示。

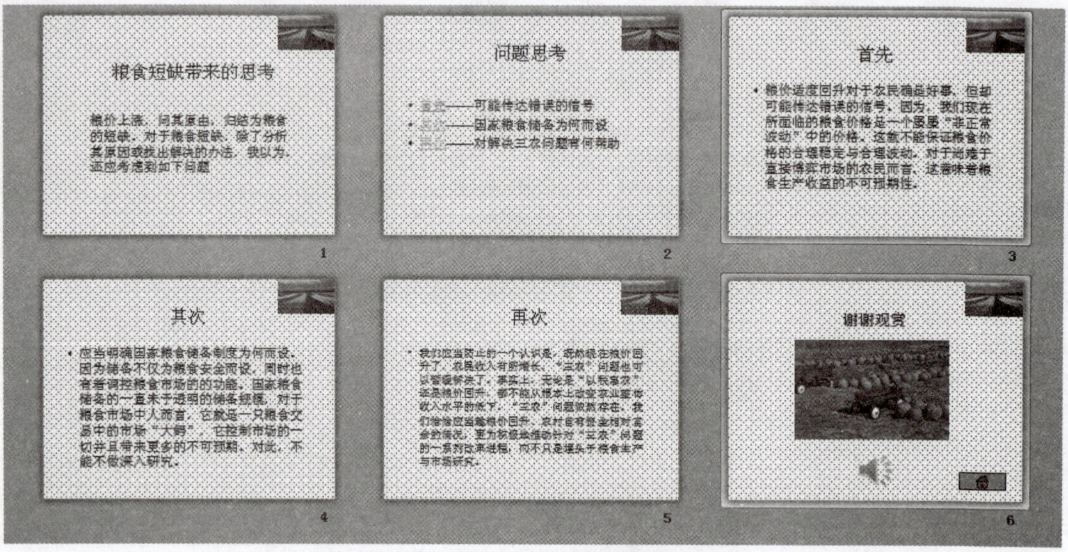

图5-19 任务二参考样张

具体要求及所实现的功能如下：

1. 打开Task2文件夹中的幻灯片文件Web.pptx。

2. 将所有幻灯片的背景样式设置为“图案填充”中的“点式菱形”，同时将前景色设置为标准色“红色”。

3. 应用幻灯片的母版功能，在母版上放置一个标志性小图标（图片来自于实验素材Task2文件夹，文件名为Picture.jpg），参考样张，调整图片的大小和位置，使得此图片出现在每张幻灯片上的顶层。

4．在第二张幻灯片中，为文字“首先”“其次”和“再次”建立超链接，分别指向相应标题的幻灯片。

5．在幻灯片最后增加一张新的幻灯片，选择版式为“标题和内容”，在标题处输入文字“谢谢观赏!”，在文本处插入Office收藏集中的“旅游”类剪贴画，并为其插入背景音乐（音乐文件来自于实验素材Task2，文件名为music.mid）。

6．在新增加的最后一张幻灯片的右下角插入一个“第一张”动作按钮，超链接指向第1张幻灯片。

7．设置所有幻灯片的放映方式为“循环放映，按ESC键终止”。

8．将制作好的演示文稿以文件名“Web”、文件类型“PowerPoint演示文稿(.pptx)”保存在Task2目录中。

三、任务步骤

1．打开Task2文件夹中所提供的幻灯片文件Web.pptx。

2．设置所有幻灯片的背景样式以及前景色。

（1）在“设计”选项卡下的“背景”组中，单击“背景样式”按钮，在弹出的如图5-20所示的任务窗格中选择“设置背景格式”，在弹出的“设置背景格式”对话框左窗格中选择“填充”标签页，在其右窗格对应的选项中单击“图案填充”单选按钮，在出现的任务窗格中选择“点式菱形”，如图5-21所示。

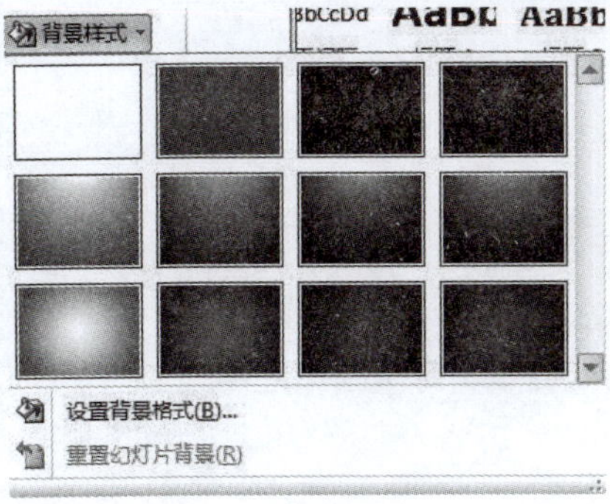

图5-20　设置背景样式

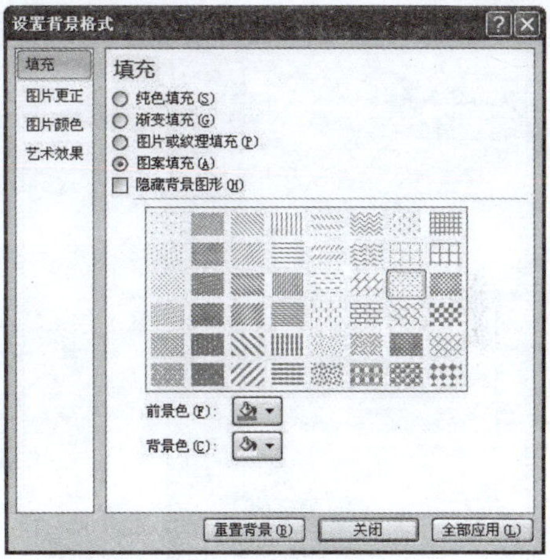

图5-21　设置背景格式

（2）在图5-21中单击“前景色”下拉按钮，在弹出的任务窗格中选择“标准色”中的“红色”，如图5-22所示。

（3）为了使所有幻灯片都具有相同的背景格式，只需要在图5-22中单击“全部应用”按钮，设置完成后单击“关闭”按钮，即可在所有幻灯片中看见设置的背景填充效果。

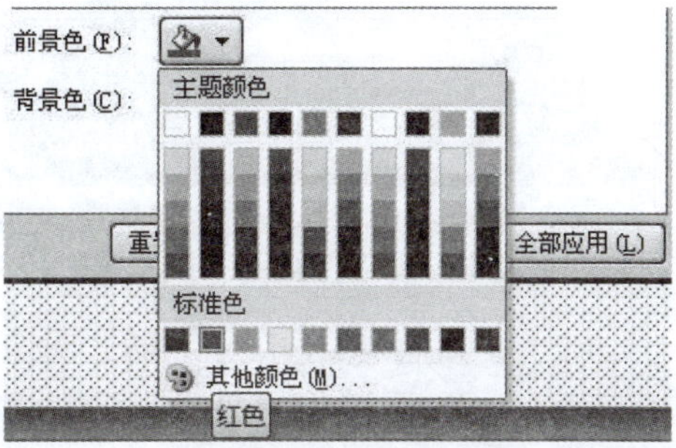

图5-22　设置前景色

3．应用幻灯片的母版功能，在母版上放置

一个标志性小图标，使得图片在每张幻灯片上都出现。

（1）在“视图”选项卡下的“母版视图”组中，单击“幻灯片母版”按钮，弹出一个标准的母版版式，分别如图5-23、图5-24所示。

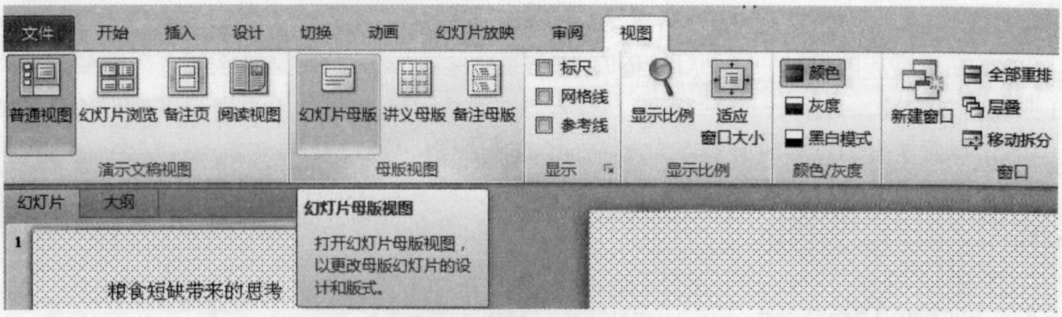

图5-23　幻灯片母版功能

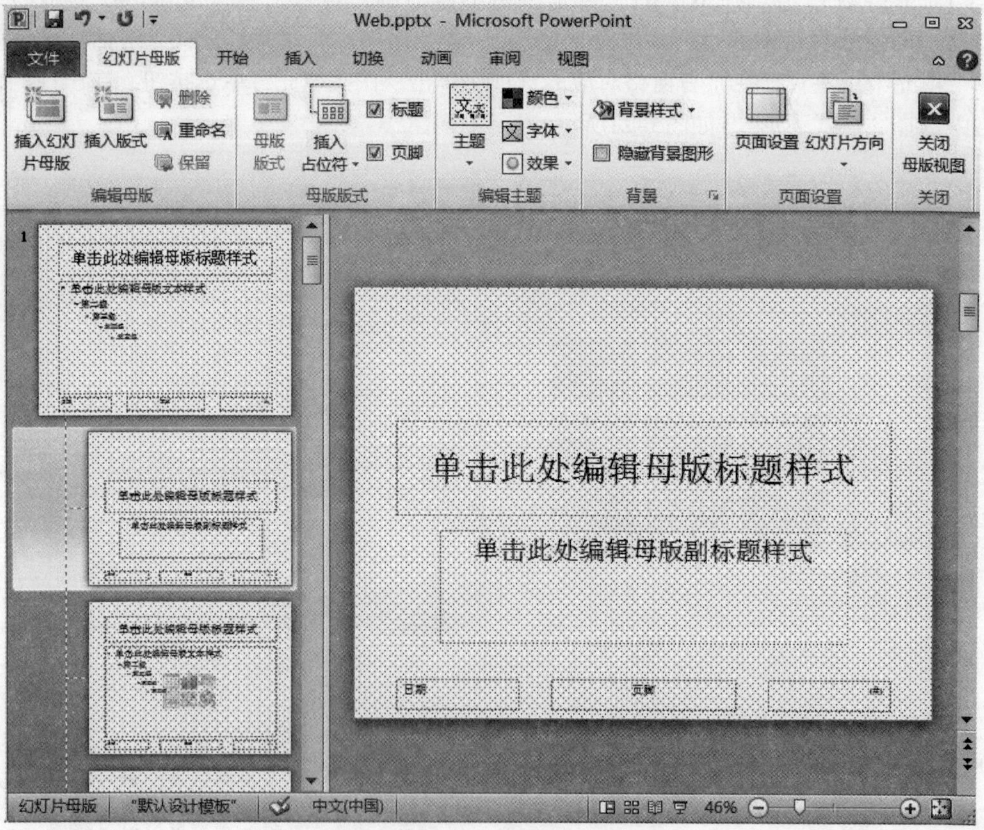

图5-24　母版模式

（2）在“插入”选项卡下的“图像”组中，单击“图片”按钮，在弹出的“插入图片”对话框中选择Task2中的“Picture.jpg”文件，单击“插入”按钮完成对图片的插入，如图5-25所示。

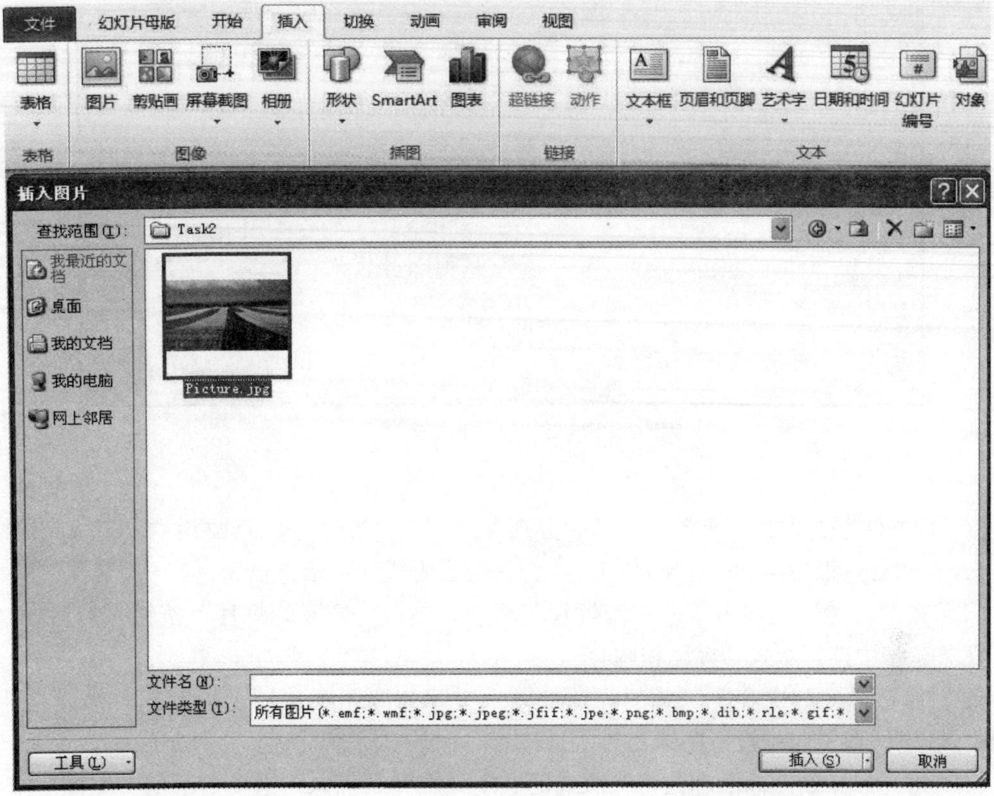

图5-25　插入图片

(3) 选中所插入的图片，单击鼠标右键，在弹出的快捷菜单中单击“置于顶层”命令（图5-26），并参考样张修改图片的大小，调整其在幻灯片中的位置。

(4) 设置完成后，单击“关闭”组中的“关闭母版视图”按钮，关闭母版。

回到当前的幻灯片视图中，可以发现除标题幻灯片外，每张幻灯片的标题格式都做了相应改变，插入的图片在每张幻灯片上都出现。

4. 为第2张幻灯片中的3个词建立超链接，分别指向相应标题的幻灯片。

(1) 选中第2张幻灯片中的文字“首先”，单击鼠标右键，在弹出的快捷菜单中选择“超链接”命令，如图5-27所示。

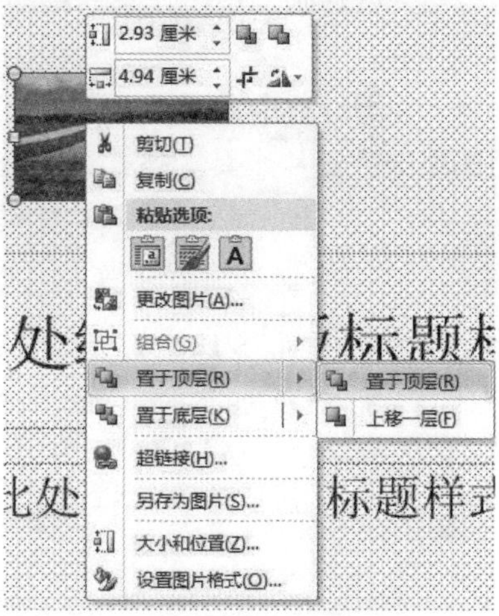

图5-26　图片设置

(2) 在弹出的“插入超链接”对话框中，单击左栏中“本文档中的位置”标签页，选择“幻灯片标题”下的第3张幻灯片，如图5-27所示。

(3) 单击图5-27中的“确定”按钮，即完成了建立超链接的操作。

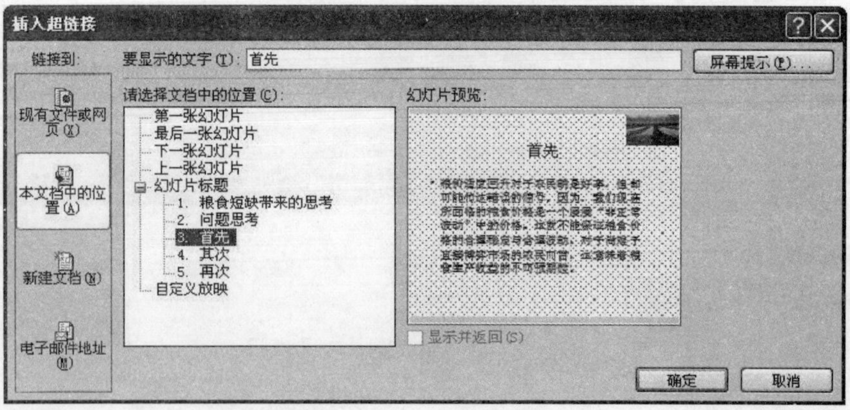

图5-27　插入超链接

（4）以同样方法重复（1）至（3）步，分别为“其次”“再次”等其他两个词语建立超链接。

5. 在幻灯片最后增加一张新的幻灯片，并设置版式和背景音乐。

（1）在“开始”选项卡下的“幻灯片”组中，单击“新建幻灯片”按钮，然后在“版式”任务窗格中选择版式“标题和内容”。

（2）在“标题和内容”版式的标题处输入文字“谢谢观赏！”，按图5-28所示分别在“字体”和“段落”组中设置字体为黑体、35磅，并居中对齐。

（3）将光标移到“标题和内容”版式的文本处，在“插入”选项卡下的“图像”组中，单击“剪贴画”按钮，在窗口最右端弹出“剪贴画”任务窗格，然后在“搜索文字”文本框中输入主题“收获”，单击“搜索”按钮，将会搜索出符合此主题的相关剪贴画，单击任意一幅即可添加到此幻灯片中，如图5-29所示。

（4）在幻灯片中选中插入的图片或剪贴画时，会出现一个新的选项卡“图片工具 / 格式”，在此选项卡下的“调整”组

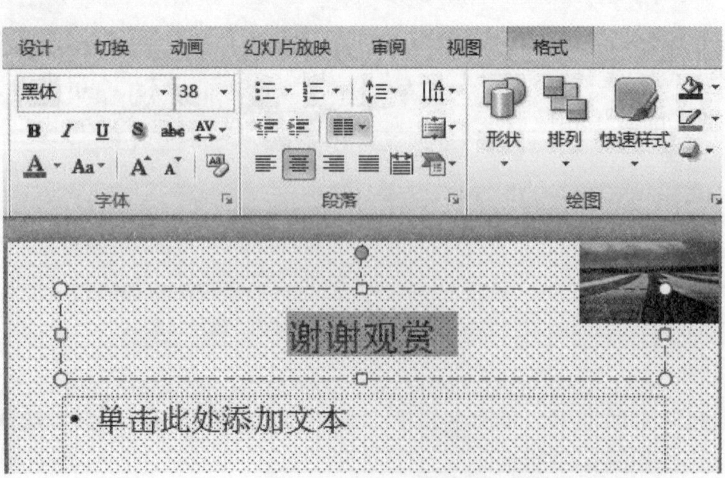

图5-28　设置字体

图5-29　搜索剪贴画

中，单击“颜色”按钮，如图5-30所示，在弹出的任务窗格的“颜色饱和度”选项中选择“饱和度：200%”，如图5-31所示。

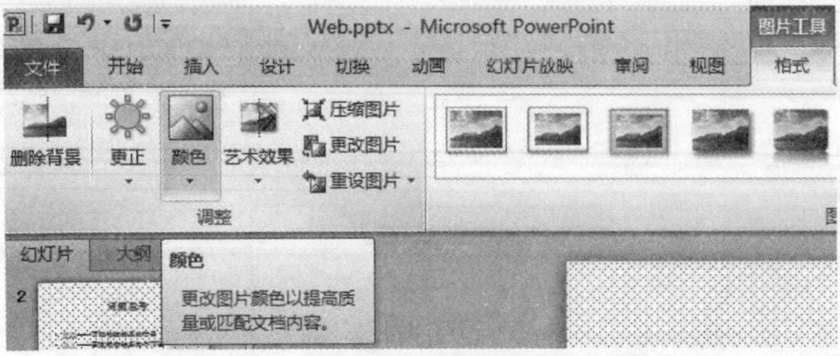

图5-30 颜色按钮

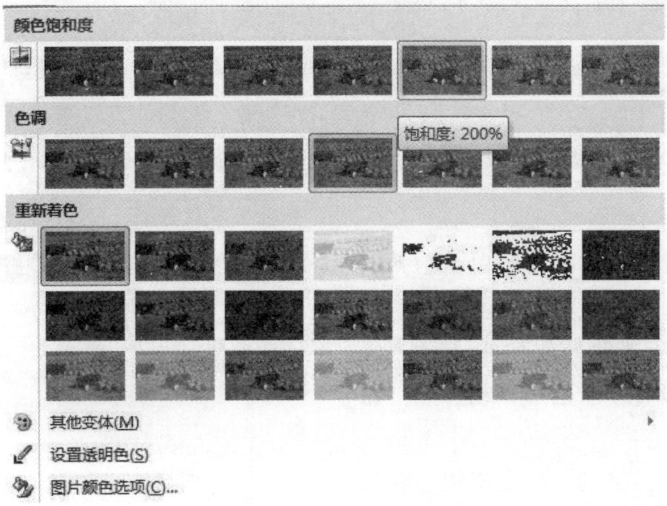

图5-31 图片颜色调整

（5）在“插入”选项卡下的“媒体”组中，单击“音频”按钮，在弹出的快捷菜单中选择“文件中的音频”命令，如图5-32所示，然后在弹出的“插入音频”对话框中选择要插入的声音文件（来自于实验素材Task2，文件名为music.mid），单击“插入”按钮，这时即可在幻灯片页面看见一个音频图标，按样张调整其在幻灯片中的位置，如图5-33所示。

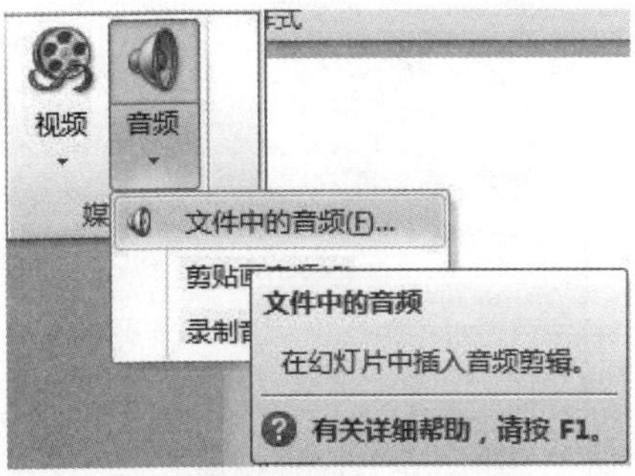

图5-32 插入音频文件

图5-33 音频图标

6．在新增加的最后一张幻灯片的右下角插入一个“第一张”动作按钮，超链接指向第1张幻灯片。

（1）在“插入”选项卡下的“插图”组中，单击“形状”按钮，在弹出的任务窗格中单击“动作按钮”选项中的“动作按钮：第一张”选项，如图5-34、图5-35所示。

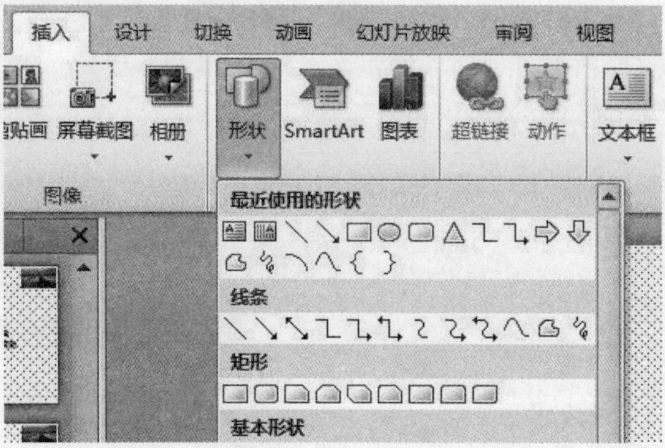

图5-34　插入形状

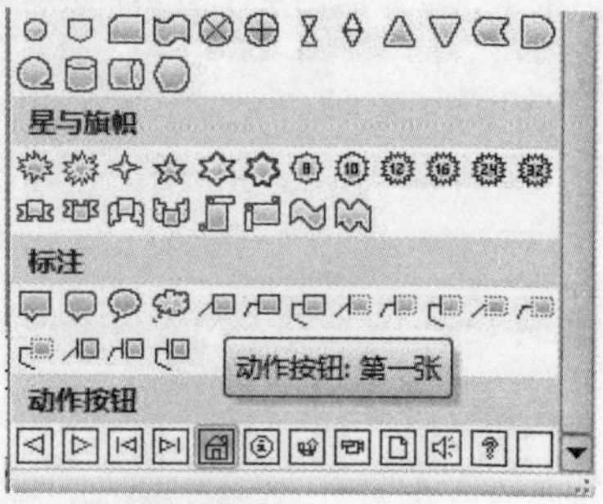

图5-35　设置动作按钮

（2）将光标移动到幻灯片窗口中，光标会变成十字形状，按下鼠标左键的同时在窗口中拖动，画出所选的动作按钮，释放鼠标，此时“动作设置”对话框自动打开，如图5-36所示。

（3）单击“超链接到”单选按钮，在其下拉列表框中选择“第一张幻灯片”，单击“确定”按钮，即可将这个动作按钮链接到第1张幻灯片上。

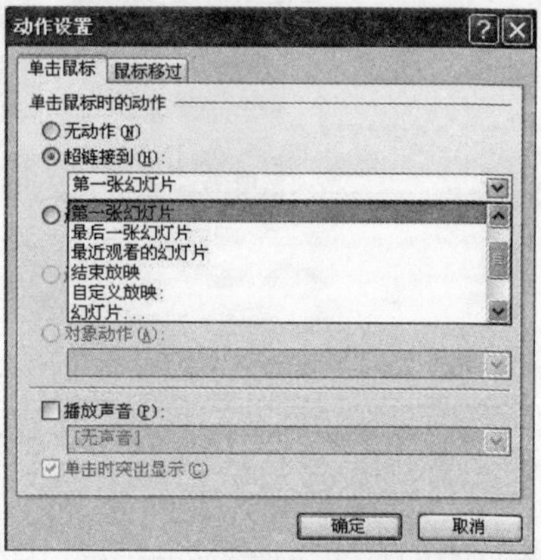

图5-36　“动作设置”对话框

7．设置所有幻灯片的放映方式为“循环放映，按ESC键终止”。

在“幻灯片放映”选项卡下的“设置”组中，单击“设置幻灯片放映”按钮，弹出如图5-37所示的“设置放映方式”对话框，根据题目要求在此对话框的“放映选项”选项中选择“循环放映，按ESC键终止”复选按钮，在“换片方式”选项中单击“手动”单选按钮，最后单击“确定”按钮，即完成放映方式的设置。

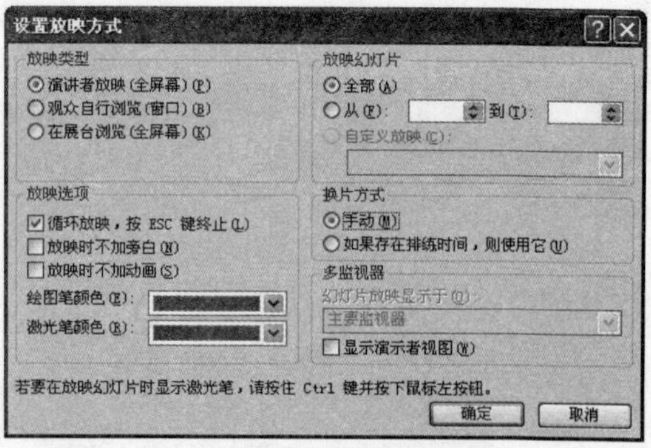

图5-37　“设置放映方式”对话框

8．保存演示文稿。

在“文件”选项卡下，选择“另存为”命令，在弹出的“另存为”对话框中，保存位置选择“Task2文件夹”，输入文件名“Web”，文件类型选择“PowerPoint演示文稿(.pptx)”，单击“保存”按钮。

任务三 利用PowerPoint制作演示文稿三

一、任务目的

1．掌握幻灯片模板的设置方式。

2．掌握填充效果的设置方法。

3．掌握超文本链接的设置方法。

4．掌握图片、剪贴画、影片、声音等多媒体对象的插入方法。

5．掌握幻灯片动画效果的设置方法。

6．掌握幻灯片放映的高级技巧。

二、任务内容

本实验所需素材存放在Task3文件夹中，打开Task3文件夹中的Web.pptx文件，对演示文稿Web.pptx文件进行操作，操作结果样张如图5-38所示。

图5-38 参考样张

1．为所有幻灯片应用“Task3”文件夹中的主题Moban.potx。

2．在第一张幻灯片的右侧插入图片tea.jpg，设置图片的高度为7厘米，然后取消锁定图片纵横比，并按样张将其移动到幻灯片适当位置。

3．利用幻灯片母版将所有幻灯片标题的格式设置为楷体、44号字、加粗、倾斜。

4．将所有幻灯片背景填充效果设置为“信纸”纹理。

5．将第3张幻灯片和第4张幻灯片交换位置。

6．除标题幻灯片外，设置其余幻灯片显示幻灯片编号及自动更新的日期（样式为“××××年××月××日星期×”）。

7．除标题幻灯片外，在其他幻灯片中插入页脚：茶道文化介绍。

8．在第11张幻灯片的右下角插入文字“RETURN”，为其创建超链接，指向首张幻灯片。

9．设置所有幻灯片切换效果为溶解、单击鼠标时换页、伴有风铃声。

10．将制作好的演示文稿以文件名“Exercise”、文件类型“PowerPoint演示文稿（.pptx）”保存。

三、任务步骤

打开Task3文件夹中所提供的幻灯片文件Web.pptx。

1．为所有幻灯片应用主题Moban.potx。

（1）在“设计”选项卡下的“主题”组中，单击主题列表框右侧的“其他”下拉按钮，在出现的对话框任务窗格中选择“浏览主题”选项，如图5-39所示。

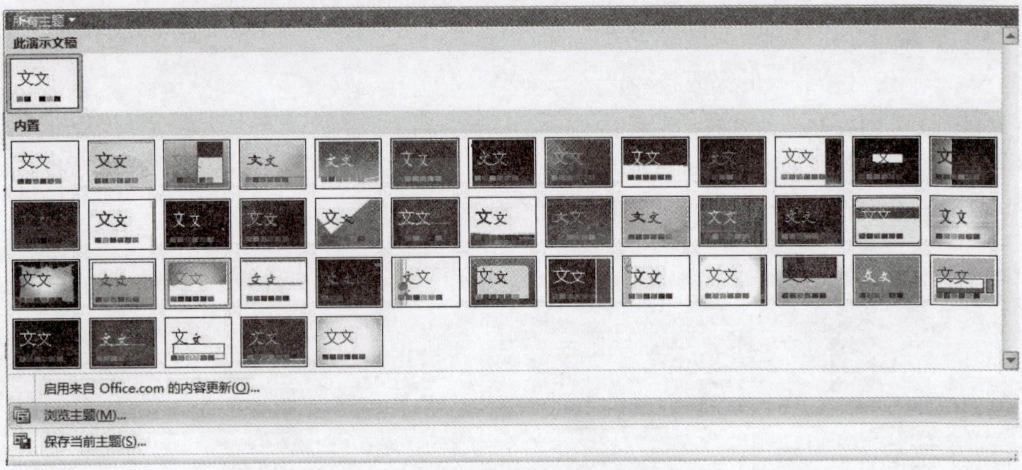

图5-39　主题对话框

（2）在弹出的浏览主题对话框中，找到Task3文件夹所在位置，选择主题Moban.potx，点击应用，如图5-40所示。

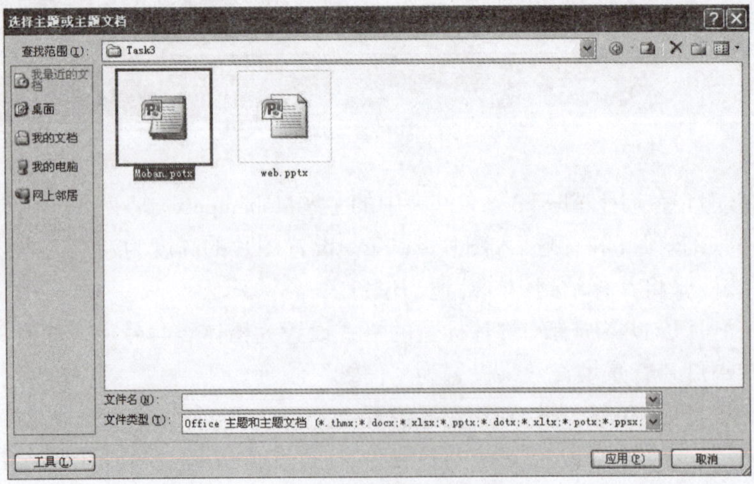

图5-40　选择主题

2. 插入图片tea.jpg，并为其设置格式。

（1）选中第1张幻灯片，在“插入”选项卡下的“图像”组中单击“图片”按钮。

（2）在“插入图片”对话框的“查找范围”中选择Task3中的“tea.jpg”文件，单击“插入”按钮，即完成了对所选图片的插入，如图5-41所示。

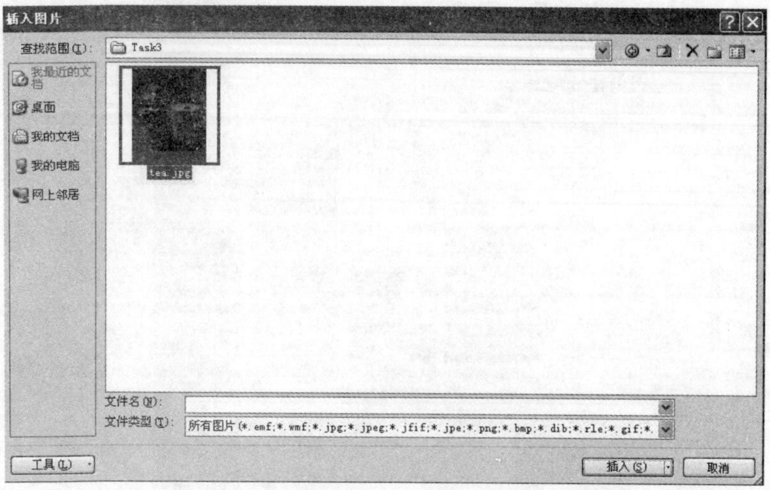

图5-41 插入图片

（3）选中所插入的图片，单击鼠标右键，在弹出的快捷菜单中选择“设置图片格式”命令，在弹出的如图5-42所示的“设置图片格式”对话框中，在标签“大小”中，在“尺寸和旋转”下，将“高度”改为“7厘米”；在“缩放比例”下，取消选中“锁定纵横比”复选框，最后单击“关闭”按钮即完成了对图片的设置。

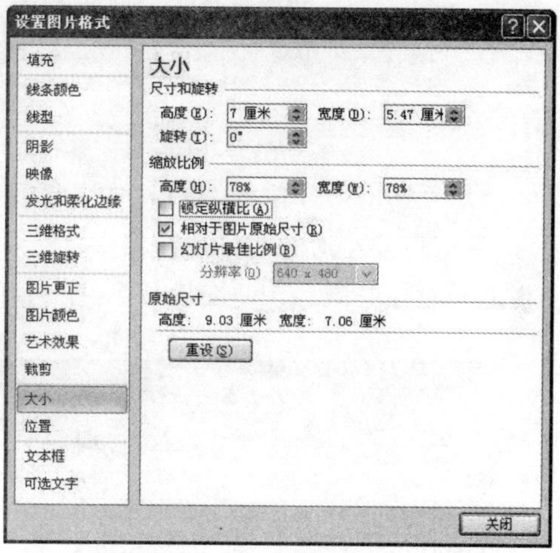

图5-42 设置图片格式

3. 利用母版，设置所有幻灯片标题的格式。

在“视图”选项卡下的“母版视图”组中，单击“幻灯片母版”按钮，弹出一个标准的母版版式，在母版幻灯片中将幻灯片标题的格式设置为楷体、44号字、加粗、倾斜，如图5-43所示。

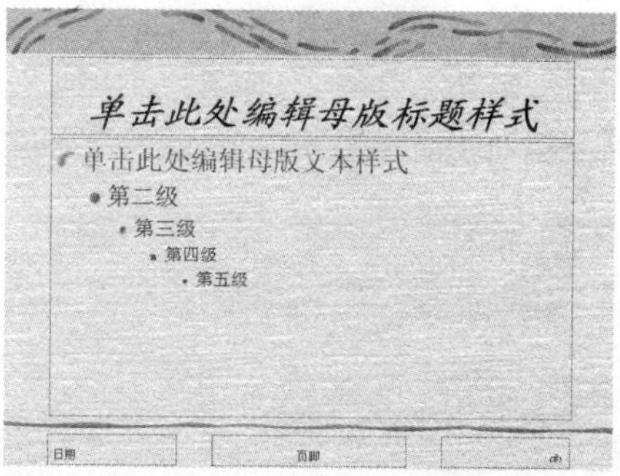

图5-43 幻灯片母版设置

4. 设置幻灯片背景。

在“设计”选项卡下的“背景”组中，单击“背景样式”按钮，在弹出的任务窗格中选择“设置背景格式”，在弹出的“设置背景格式”对话框左窗格中选择“填充”标签页，在其右窗格对应的选项中单击“图片或纹理填充”单选按钮，在纹理下拉菜单中选择“信纸”，如图5-44所示，点击应用全部按钮完成设置。

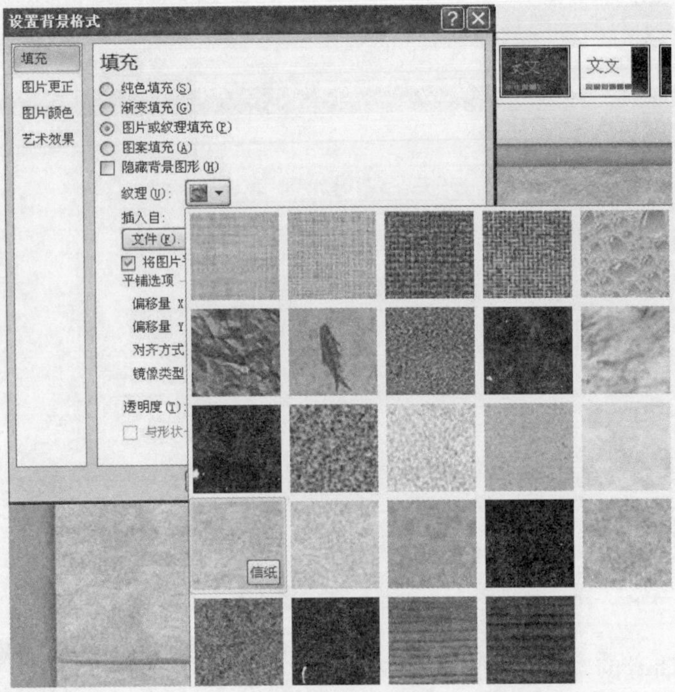

图5-44　纹理填充

5. 互换幻灯片位置。

在幻灯片左边的幻灯片窗格中，选中第4张幻灯片，向上拖动鼠标，当移动到第2张和第3张之间时松开鼠标，便交换了第3张幻灯片和第4张幻灯片的位置，如图5-45所示。

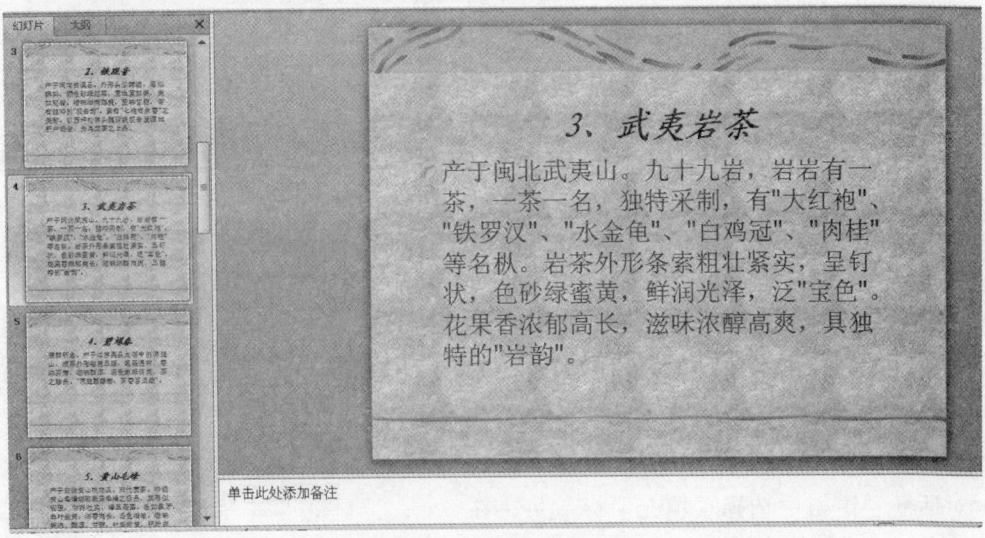

图5-45　交换幻灯片位置

6．除标题幻灯片外，设置其余幻灯片显示幻灯片编号及自动更新的日期（样式为“××××年××月××日星期×”）。

在“插入”选项卡下的“文木”组中，单击“页眉和页脚”按钮，在弹出的“页眉和页脚”对话框中，选中“日期和时间”复选框以及其下面的“自动更新”单选按钮，在下拉列表框中选中“××××年××月××日”样式，同时按图5–46所示的内容设置其他各项，设置完毕后，单击“全部应用”按钮。

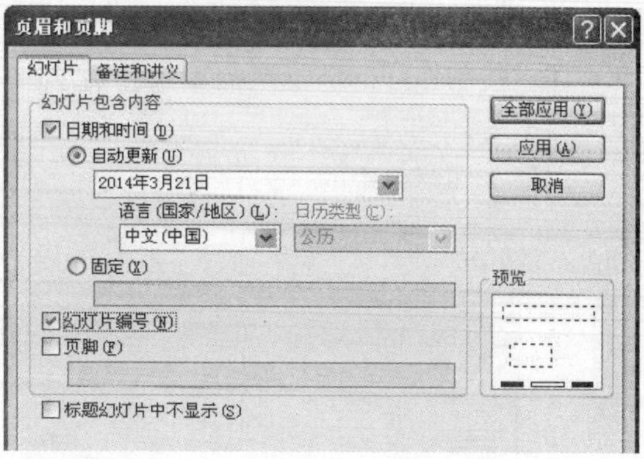

图5–46　页眉与页脚

7．除标题幻灯片外，在其他幻灯片中插入页脚：茶道文化介绍。

在第6步的基础上，在图5–46中下方勾选“页脚”与“标题幻灯片中不显示”两个选项，且在页脚中输入“茶道文化介绍”。

8．在第11张幻灯片的右下角插入文字“RETURN”，为其创建超链接，指向首张幻灯片。

在“插入”菜单中选择“文本框”，按住鼠标左键，在幻灯片右下角拖动适当位置，输入文字“RETURN”，选中文本框，右键点击“超链接”，选择链接到“本文档中的位置”，选中第一张幻灯片，如图5–47所示，点击确定。

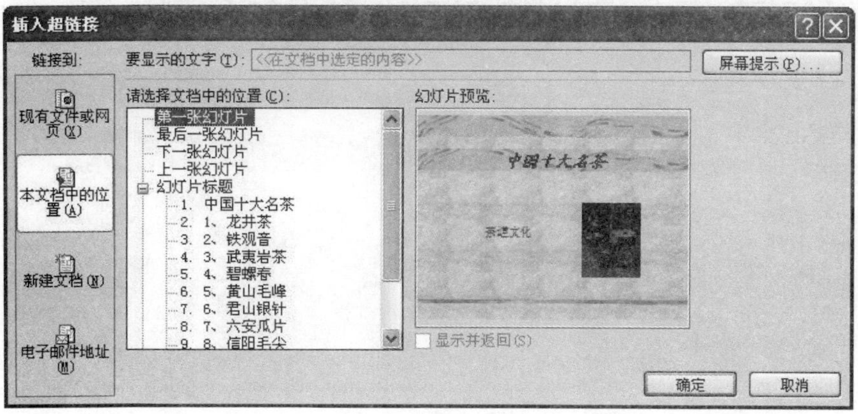

图5–47　超链接设置

9．设置所有幻灯片切换效果为溶解、单击鼠标时换页、伴有风铃声。

在“切换”选项卡下的“切换到此幻灯片”组中，单击最右端的“其他”按钮，在弹出的任务窗格中，选择“华丽型”下的“溶解”效果；在“计时”组中，声音的下拉菜单中选择“风铃”，勾选“单击鼠标时”复选框，单击“计时”组中的“全部应用”按钮，将会使每张幻灯片具有相同的切换效果，如图5–48所示；同时可以单击“预览”组中的

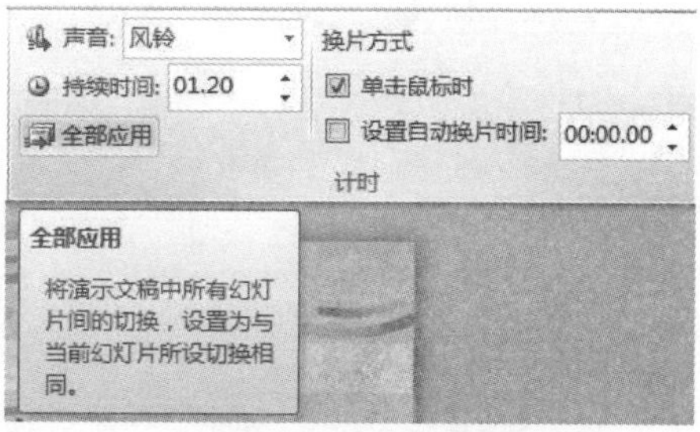

图5–48　切换效果设置

"预览"按钮，查看所设置的切换效果。

10. 将制作好的演示文稿以文件名"Exercise"、文件类型"PowerPoint演示文稿(.pptx)"保存。

选择文件菜单中的"另存为"，文件名命名为"Exercise"，保存类型选择"PowerPoint演示文稿(.pptx)"，点击保存按钮，如图5-49所示。

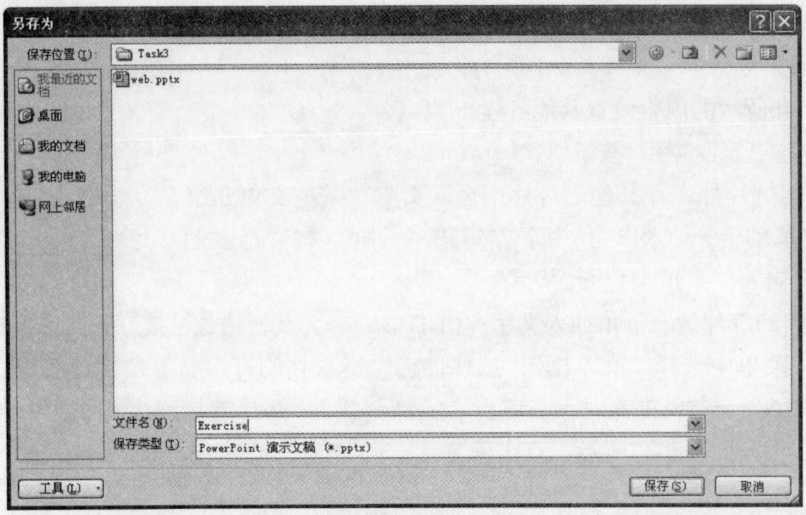

图5-49 保存文件

第六单元　计算机网络基础与应用

在信息时代，计算机网络是人们生活中必不可少的一部分。互联网全面渗透到经济社会的各个领域，应用创新迅猛推进，移动互联网、互动媒体、网络娱乐、电子商务等成为21世纪初发展最快、影响最广的领域，是经济发展及生活方式转变的新型平台和变革力量，推动着我国向信息社会发展。

6.1 计算机网络基础知识

6.1.1　计算机网络含义

计算机网络就是将分布在不同地理位置的具有独立工作能力的多台计算机、终端及其附属设备用通信设备和通信线路连接起来，并配置网络软件，以实现资源共享的系统。

所谓资源共享，即连接在网络上的用户可以共享网络中的各种资源，共享的内容是多方面的，可以是信息共享、软件共享，也可以是硬件共享。例如，我们可以利用计算机网络浏览网上信息、在线学习，利用软件进行网上购物，使用网络云盘保存我们自己的资源等。

资源共享的基础是网络通信与数据处理，因此在逻辑功能上计算机网络可以分为通信子网和资源子网两大部分，如图6–1所示。

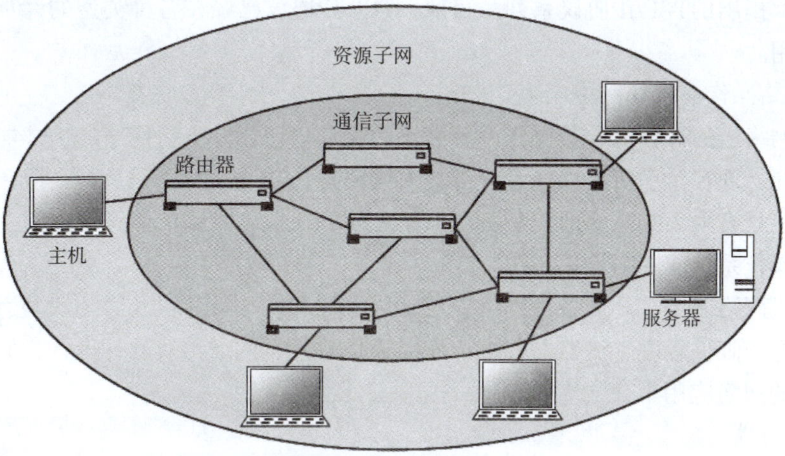

图6–1　计算网络结构

通信子网：由通信控制处理机、通信线路和其他网络通信设备组成，负责完成网络数据的传输、转发等通信处理任务。通信控制处理机负责将源主机报文准确发送到目的主机。通信控制处理机一般为路由器或交换机等通信设备。通信线路可如电话线、双绞线、同轴电缆、光缆、无线通信、微波与卫星通信等。

资源子网：由主机系统、终端、终端控制器、联网外设、各种软件资源与信息资源组成。资源子网负责全网的数据处理业务，向网络用户提供各种网络资源与网络服务。主机、服务器、智能终端是资源子网的主要组成单元。

6.1.2 计算机网络的组成

计算机网络是一个复杂的系统，一般来讲计算机网络系统主要由终端、数据通信线路与设备、网络协议、网络操作系统和网络应用软件以及服务器等组成。

（1）终端

这是网络的主体，终端不仅仅是计算机，随着家用电器的智能化和网络化，越来越多的家用电器如手机、电视机顶盒（不仅可以收看电视，而且可使电视机作为因特网的终端设备使用），甚至厨房卫生设备等也可接入计算机网络，它们都统称为网络终端设备。

（2）数据通信线路与设备

用于数据传输的双绞线、同轴电缆、光缆，以及为了有效而正确可靠地传输数据所必需的各种通信控制设备（如网卡、集线器、交换机、调制解调器、路由器等），它们构成了计算机与通信设备、计算机与计算机之间的数据通信链路。

（3）网络协议

为了使网络中的计算机能正确地进行数据通信和资源共享，计算机和通信控制设备必须共同遵循一组规则和约定，这些规则、约定或标准就称为网络协议，简称协议。为了帮助和指导各种计算机在世界范围内互联成网，国际标准化组织（ISO）于1977年提出了开放系统互连参考模型及一系列相关的协议。20世纪80年代中期以来飞速发展的因特网，它们采用的是美国国防部提出的TCP/IP协议系列。目前，TCP/IP协议已经在各种类型的计算机网络中得到了普遍采用。

（4）网络操作系统和网络应用软件

连接在网络上的计算机，其操作系统必须遵循通信协议，支持网络通信才能使计算机接入网络。因此，现在几乎所有操作系统都具有网路通信功能。特别是运行在服务器上的操作系统，它除了具有强大的网络通信和资源共享之外，还负责网络的管理工作，这种操作系统称为服务器操作系统或网络操作系统。

为了提供网络服务，开展各种网络应用，服务器和终端计算机还必须安装运行网络应用程序。例如电子邮件程序、浏览器程序、即时通信软件、网络游戏软件等，它们为用户提供了各种各样的网络应用。

（5）服务器

在计算机网络中，核心的组成部分是服务器。服务器是计算机网络中向其他计算机或网络设备提供服务的计算机，并按提供的服务被冠以不同的名称，如数据库服务器，邮件服务器等。常用的服务器有文件服务器、打印服务器、通信服务器、数据库服务器、邮件服务器、信息浏览服务器和文件下载服务器等。

6.1.3　计算机网络的形成与发展

1946年美国宾夕法尼亚大学科研人员研制成功世界上第一台数字计算机ENIAC（Electronic Numerical Integrator And Calculator），标志着计算机的诞生。计算机网络源于计算机与通信技术的结合，始于20世纪50年代，几十年来得到了飞速发展，大致经历了四个阶段：面向单机的网络互连模式、多区域主机网络互连模式、体系结构标准化网络和互联网普及应用阶段。

（1）面向单机的网络互连模式

最初，计算机以单机模式被广泛使用，一台计算机只能供一位用户使用，效率较低。后来，随着批处理技术发展和分时系统的应用，一台计算机逐渐可以为多位用户提供服务。此时，人们已不再局限于单机模式，而是将一个个计算机接连在一起，形成一个简单计算机网络（20世纪50年代中期到60年代中期）。连接多台计算机可以实现信息共享，同时还能在两台物理位置较远的机器之间即时传递消息。此时网络的特点是以一台计算机为中心，用户通过与主机有通信线路相连的终端设备使用计算机资源。终端设备本身并不具有数据处理能力，只是相当于被延长了的输入输出设备。

如图6-2中，用户不必再去中心机房，只需要在自己的终端输入程序和数据，通过终端与中心机房相连的通信线路，数据就会被传送到计算机上进行运算和处理，得到结果便会反馈给用户，显示在终端设备上。这好比一个人的神经系统，一个人身上的所有感觉都经由神经传递到大脑。

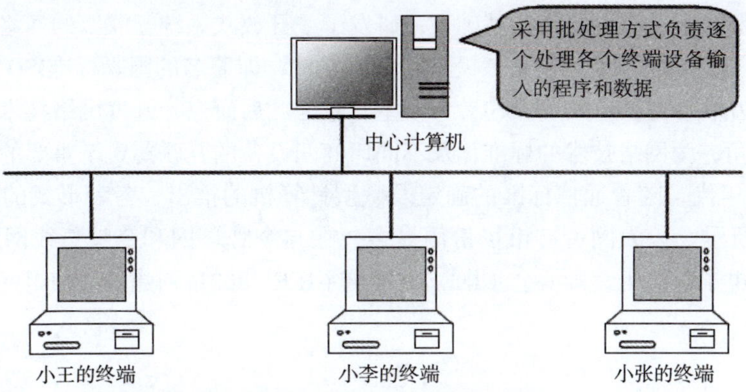

图6-2　面向单机的网络互连模式

（2）多区域主机网络互连模式

随着面向单机模式网络的不断发展，越来越多的高校和企业开始拥有计算机。20世纪60年代末至70年代末，人们开始尝试将多个网络互相连接组成更大的网络，通过通信网络完成不同的任务（图6-3），这种网络逐渐发展为互联网为公众所使用。连接到互联网以后，计算机之间的通信不再局限于公司或部门内部，而是能够与互联网中的任一台计算机进行通信。

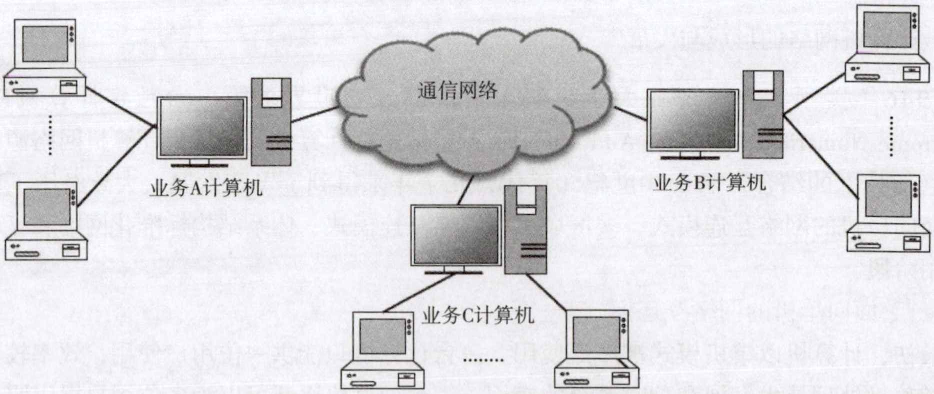

图6-3　多区域主机网络互连模式

这个阶段网络的典型代表是ARPA Net。20世纪60年代后期由美国国防部提供经费，许多大学和公司参与，共同进行多主机互联的计算机网络研究。到1969年一个只有4个节点的实验网络投入运行。ARPA Net后来连接了数以百计的计算机，范围从美国到欧洲，跨越了大半个地球。ARPA Net是被公认的第一个真正意义上的计算机网络，是现代网络和Internet的雏形。这个阶段的网络也存在不少弊端。它们主要由科研单位、大学和计算机网络公司各自研制，缺乏统一的标准，实现大范围的连接是一件非常困难的事情。

（3）体系结构标准化网络

20世纪70年代，人们开始实验基于分组交换技术的计算机网络，并着手研究不同厂商的计算机之间相互通信的技术。1977年，国际标准化组织（ISO）为适应网络开放性和标准化趋势，在研究和分析已有网络结构基础上，研发了“开放式系统互联”的网络标准结构。并于1984年公布了“开放系统互连参考模型”正式文件，即著名的国际标准ISO 7498，通常称为“开放系统互联参考模型”，即OSI参考模型。它为此后研究、开发网络技术及产品提供了一个统一的视角，为网络技术的标准化及不同厂商间设备的互联奠定了重要的基础。

20世纪80年代，随着通信标准的确定及微型计算机的推出，各种形式的局域网纷纷出现，如图6-4所示。以太网占有市场份额最多，在与令牌环网和令牌总线网络的竞争中胜出。随后国际电子电器工程师协会（IEEE）推出了IEEE 802系列建议通信组网标准。

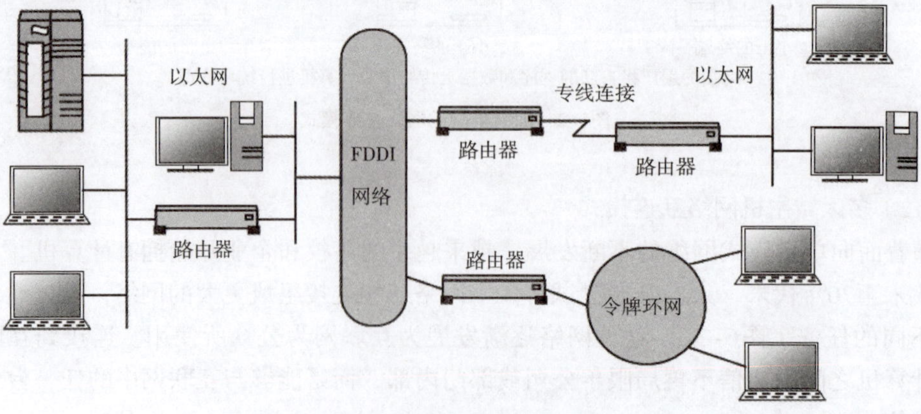

图6-4　网络标准化时代的网络

（4）互联网普及应用

20世纪80年代末，计算机技术、通信技术迅猛发展并进一步融合。局域网技术发展成熟，成为计算机网络结构的基本单元，光纤作为主要的传输介质大量使用。整个网络就像一个对用户透明的、庞大的计算机系统，E-mail、Web、在线聊天、娱乐、游戏等网络服务犹如雨后春笋般出现，信息网络、互联网已经渗透到我们的生活中，这就是直到现在的第四代计算机网络时期。

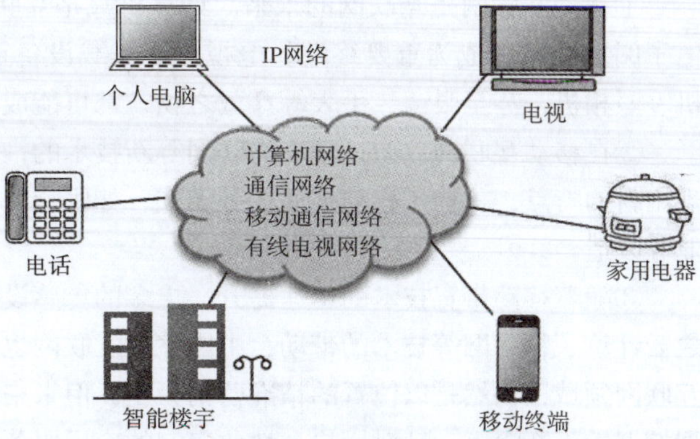

图6-5　三网融合与移动互联网的普及

互联网的普及和发展对通信领域也产生了巨大的影响。许多应用不同的通信技术也逐步与互联网融合。如，目前广泛使用的网络有电话网络、计算机网络和有线电视网络。随着技术的不断发展，新的业务不断出现，作为其载体的各类网络也在不断地融合，目前广泛使用的三类网络正逐渐向单一的统一IP网络发展，也就是所说的“三网融合”。

IP协议将成为各种网络的“共同语言”，实现所谓的Everything over IP。目前，通过互联网，特别是移动互联网，不仅可以实现计算机之间的通信，还可以实现电话通信、电视播放，并且已经扩展到了手机、家用电器、智能楼宇等多个方面，如图6–5所示。

6.1.4　下一代网络发展趋势

下一代网络将以IPv6为核心，实现更大的扩展性，更快的端到端的传输速率，无线接入带宽更大，网络及流量控制更为简单；网络安全与服务得到更好的保障，电子商务、电子银行等应用更为普遍；物联网成为可能，家具生活更加智能化，给用户带来真正的数字化生活。

（1）IPv6技术运用

IPv4的地址资源问题已经非常突出，物联网、移动互联应用都需要大量的互联网地址资源，IPv4地址为32位，而IPv6地址共有128位组成，有着广阔的地址空间，引入IPv6似乎是顺理成章的事情。但由于IPv6和IPv4不兼容，过渡不平滑，使用IPv6需更换设备，因此，目前产业界其实更倾向最大限度地挖掘IPv4的资源。尽管IPv6在发展中遇到一些阻力，但是没有人怀疑IPv4最终会过渡到IPv6。特别是我国拥有全世界最庞大的互联网用户群，地址资源的匮乏问题非常突出，接下来IPv6发展的战略规划及建立灵活多样的使用机制，将是推进下一代互联网应用发展的关键。

（2）移动互联网

随着智能手机的普及、3G及4G时代的到来及各种应用的推出，在产业链各方的推动下，互联网已经从电脑走向手机及其他移动设备，从办公室、书房走向口袋，移动互联网和有线互联网融合的速度加快。移动互联网相较于传统互联网有着巨大的优势，例如可实现及时沟通；随时可获取所需的信息；携带方便等。

①移动互联网是互联网的未来。计算机只是互联网的终端之一，智能手机、平板电脑、电子阅读器已经成为重要终端，电视机、车载设备正在成为终端，冰箱、微波炉、抽油烟机、照相机，甚至眼镜、手表等穿戴之物，都可能成为泛终端。

②在移动互联网、云计算、物联网等新技术的推动下，传统行业与互联网的融合正在呈现出新的特点，重构了移动端的业务模式，如医疗、教育、电子商务、交通、传媒等领域的业务改造。

③随着移动带宽技术的迅速提升，更多的传感设备、移动终端随时随地地接入网络，加之云计算、物联网等技术的带动，中国移动互联网也逐渐步入“大数据”时代。目前的移动互联网领域，仍然是以位置的精准营销为主，但未来随着大数据相关技术的发展，人们对数据挖掘的不断深入，针对用户个性化定制的应用服务和营销方式将成为发展趋势，它将是移动互联网的另一片蓝海。

（3）云计算技术

云计算模式的普及使网络资源得到最大化的运用，而这种网络化资源一定是全球性的。个人的终端配置再高、硬盘再大，计算能力和存储量始终是有限的。有了云计算这种模式，全世界的资源就可以为我所用，而且这些信息不在个人设备里，而在云端服务器里。云计算使得全球性的网络平台变成个人计算平台，成为网络通信的基础设施，如图6–6所示。

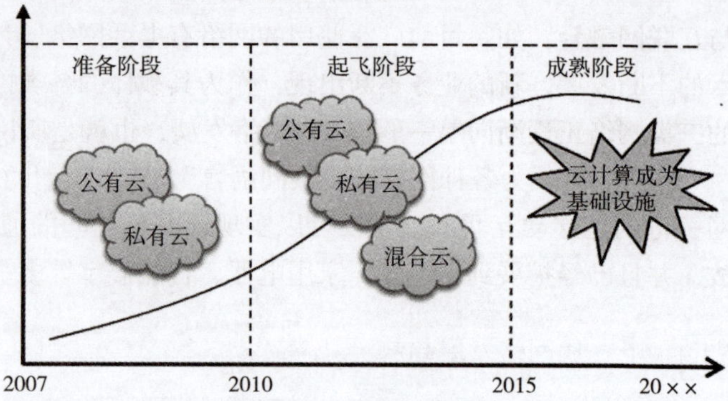

图6–6　云计算发展历程

6.1.5　计算机网络分类

为了更有针对性的研究和学习计算机网络，通常会对计算机网络进行分类。计算机网络的类型多种多样，从不同角度，按不同方法，可以将计算机网络分成各不相同的网络类型。例如：按覆盖范围、网络拓扑结构、传输方式和用途分类，还可按网络所采用的技术分类。

（1）按覆盖范围分

按地理覆盖范围对网络进行划分是目前最为常用的一种计算机网络分类方法。之所以如此，是因为地理覆盖范围的不同直接影响网络技术的实现与选择，即具有明显不同的网络特性，并在技术实现和选择上存在明显差异。

1）局域网（LAN）。

局域网（Local Area Network，LAN），是指在一个较小的范围（例如一栋大楼、一所学校）内的计算机、终端和外部设备通过高速通信线路相连接形成的网络，如图6–7所示。

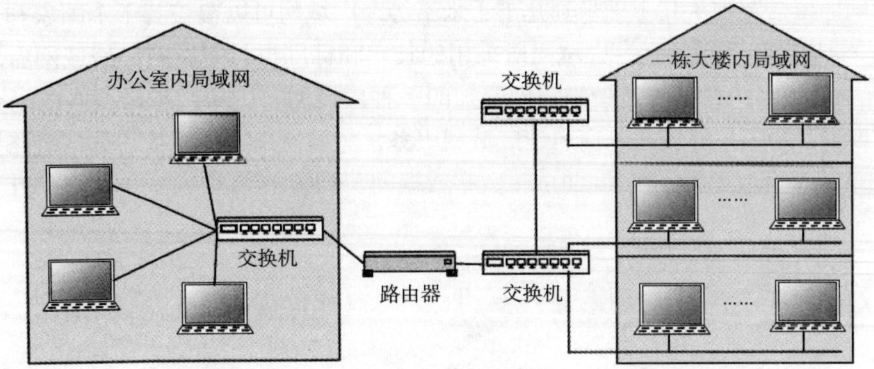

图6-7 局域网

自计算机网络诞生以来，局域网技术发展非常迅速，应用也日益广泛，是计算机网络中最为活跃的领域。从介质访问控制方法的角度来看，局域网又可分为共享式局域网和交换式局域网；从使用的传输介质又可以将局域网分为有线局域网和无线局域网。

局域网的技术特点主要表现在：首先，局域网覆盖有限的地理范围，适用于政府机关、校园、工厂等有限范围内的计算机、终端和各类信息处理设备联网的需求。其次，局域网通常具有较好的性能。具体表现在，局域网具有较高的数据传输速率（10Mbps ~ 10Gbps）和较低的误码率。最后，局域网一般属于一个单位所有，相对易于建立、管理和维护。

2）城域网（MAN）。

城市区域网络简称城域网（Metropolitan Area Network，MAN），覆盖范围为几千米到几十千米，是介于局域网和广域网之间的一种高速网络。城域网是在规模上对局域网的进一步扩展，用于局域网之间的连接。城域网被广泛用于城市范围内的企业、组织机构内部或相互之间的局域网互联，以实现大量用户之间的数据、语音、图形与视频等多种信息的传递。例如，将一个城市中所有大学的校园网互联起来的网络可以被称为教育城域网，如图6-8所示。

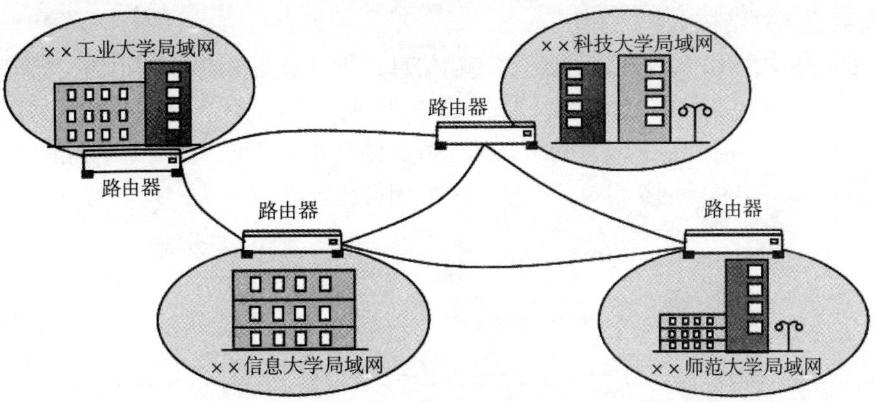

图6-8 ××城市教育城域网

3）广域网（WAN）。

广域网（Wide Area Network，WAN）又称远程网，其最为显著的特点是网络覆盖范围巨大。广域网的覆盖范围从几十千米到几千千米不等。广域网可以覆盖若干个国家和地区，甚至横跨几个洲，如图6-9所示。广域网所采用的技术和标准也与局域网、城域网有着很大的不同。Internet（因特网）就是最为我们熟知的一种广域网。广域网与局域网的一个主要区别就是需要向外界的广域网服务商申请广域网服务，然后使用通信设备的数据链路接入广域网，如ISDN（综合业务数字网）、DDN（数字数据网）和帧中继（Frame Relay，FR）等。

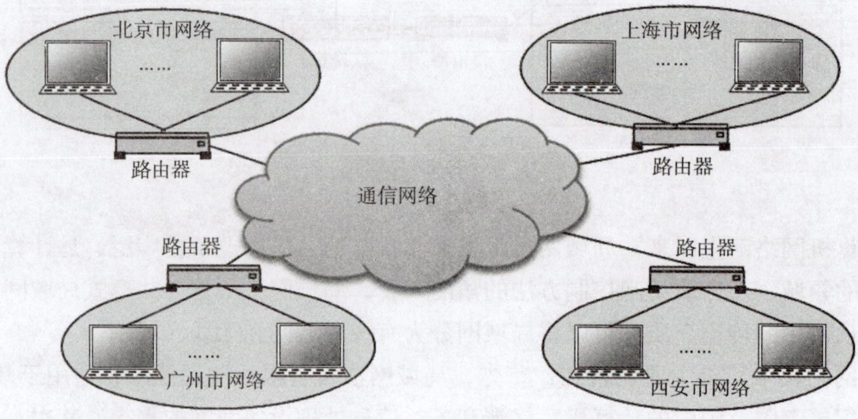

图6-9　广域网

（2）按拓扑结构分

在计算机网络中，为了便于对计算机网络结构进行研究或设计，通常把计算机、终端、通信处理机等设备抽象为点，把连接这些设备的通信线路抽象成线，并将由这些点和线所构成的拓扑称为计算机网络拓扑结构，简单说网络拓扑是由网络节点设备和通信介质构成的网络结构图。网络拓扑结构对网络采用的技术、网络的可靠性、网络的可维护性和网络的实施费用都有重大的影响。因此，无论对于计算机网络的技术实现（如网络通信协议的设计、传输介质的选择），还是在实际组网时，网络拓扑结构都是首要考虑的因素。常见的网络拓扑结构有总线型、星形、环型、树型和网状型。

1）总线型拓扑结构。

总线型拓扑中采用一条公共传输信道传输信息，所有节点均通过专门的连接器连到这个公共信道上，这个公共的信道称为总线，如图6-10所示。任何一个节点发送的数据都能通过总线进行传播，同时能被总线上的所有其他节点接收到。可见，总线型结构的网络是一种广播网络，一般用于局域网架设，但是现在一般用得比较少。

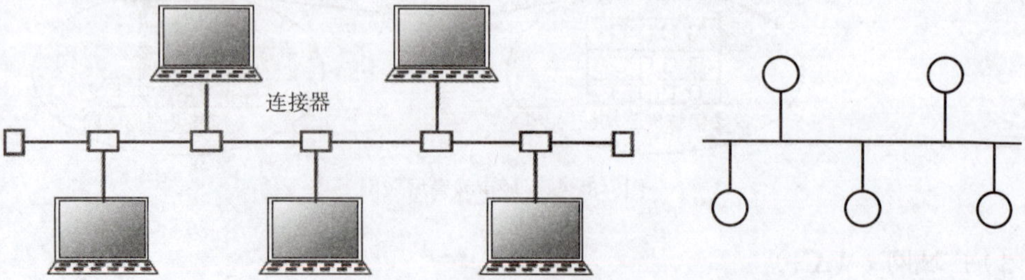

图6-10　总线型拓扑结构

总线型拓扑结构形式简单，节点易于扩充。相对来说维护比较困难，因为在排除介质故障时，要将错误隔离到某个网段比较困难。受故障影响的设备范围大，总线电缆出现故障或断开，整个网上的通信就无法进行了。

2）星形拓扑结构。

星形拓扑中有一个中心节点，其他各节点通过点对点线路与中心节点相连，形成辐射型结构，在物理形状上就像是星星，因此称为星形拓扑结构，如图6-11所示。星形拓扑结构中各节点间不能直接通信，需要通过中心节点转发，因此中心节点必须有较强的功能和较高的可靠性。中心节点设备一般有集线器、交换机等。星形拓扑是目前局域网主要的拓扑形式。

星形结构的优点是：结构简单，组网容易，控制相对简单，维护起来比较容易，受故障影响的设备少，能够较好地处理通信介质故障，只需把故障设备从网上移去就可处理故障。其缺点是：集中控制，中心节点负载过重，可靠性低，通信线路利用率低。

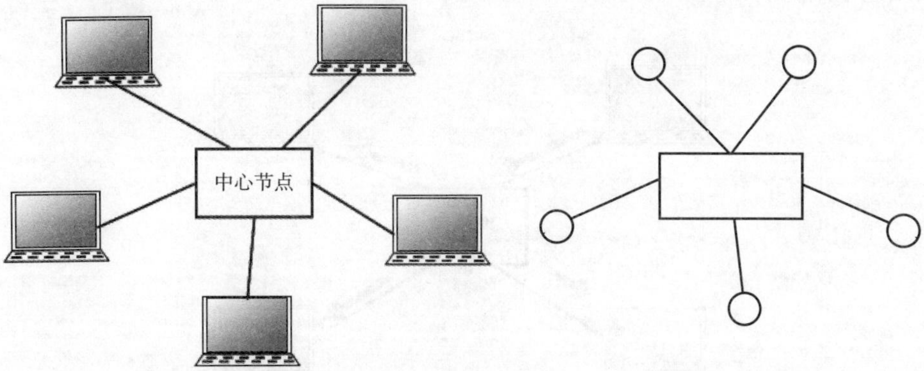

图6-11　星形拓扑结构

3）环型拓扑结构。

在环型拓扑中，各节点和通信线路连接形成一个闭合的环，如图6-12所示。环中的数据按照一个方向沿环逐个节点传输，或顺时针方向，或逆时针方向。发送端发出的数据，经环绕行一周后，回到发送端，并由发送端将该数据从环上删除。任何一个结点发出的数据都可以被环上的其他节点所接收。FDDI网络就是环型拓扑结构。

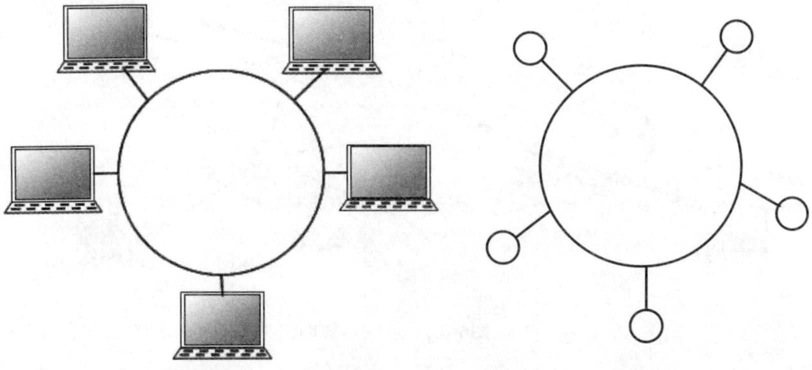

图6-12　环型拓扑结构

环型拓扑具有结构简单、易于实现、传输时延确定和路径选择简单等优点。但是，环型拓扑中任何一个节点及连接节点的通信线路都有可能导致网络瘫痪。并且在这种拓扑结构中，节点的加入和删除过程也比较复杂，需要复杂的维护机制。有的网络采用具有自愈功能的双环结构，一旦一个节点不工作，自动切换到另一环工作。此时，网络需对全网进行拓扑和访问控制机制的调整，因此较为复杂。

（3）按传输方式分

1）广播式网络。

广播式网络（Broadcast Network）是指网络中的计算机或设备共享一条通信信道，如图6-13所示。广播式网络在通信时具备两个特点：一是任何一台计算机发出的信息都能够被其他计算机收到，接收到信息的计算机根据信息报文中的目的地址来判断是进一步处理该收到的报文还是丢弃该报文；二是任何时间内只允许一个节点使用信道，从而在广播式网络中需要为信道争用提供相应解决机制。

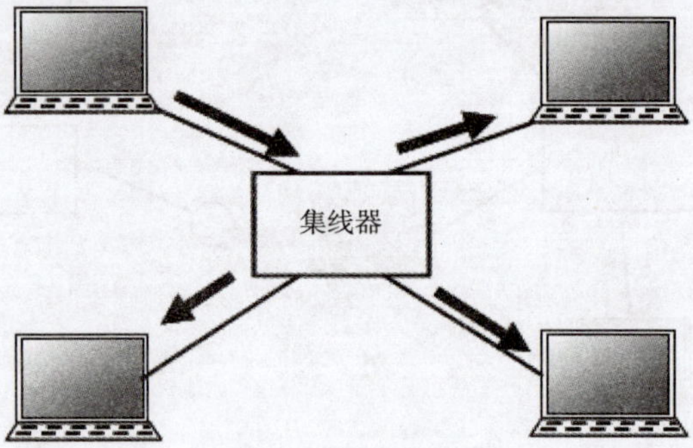

图6-13　广播式网络

2）点到点式网络。

点对点传播方式网是以点对点的连接方式，把各节点连接起来。节点间发送数据，只有固定的目的节点能够收到，其他的节点收不到。如在图6-14中，广域网中路由器之间的数据传输就是采用点到点的方式。这种传播方式主要用于广域网中。

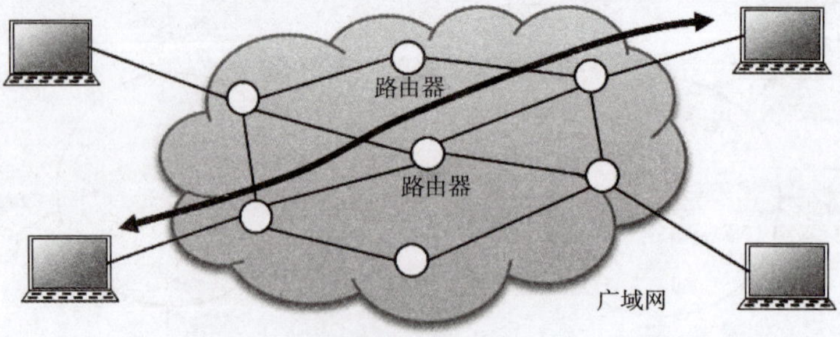

图6-14　点到点式网络

6.2 IE浏览器基础操作

6.2.1 弹出窗口设置

①打开IE，点击Internet选项，如图6-15所示。

②单击“隐私”选项卡，把“阻止弹出窗口”对勾去掉，点击“应用”，如图6-16所示。

【提示】如果安装了上网助手等，也要同时关闭这些第三方程序对IE弹出窗口的拦截，如：雅虎助手，QQ珊瑚工具栏，新浪点点通，卡卡上网助手等。

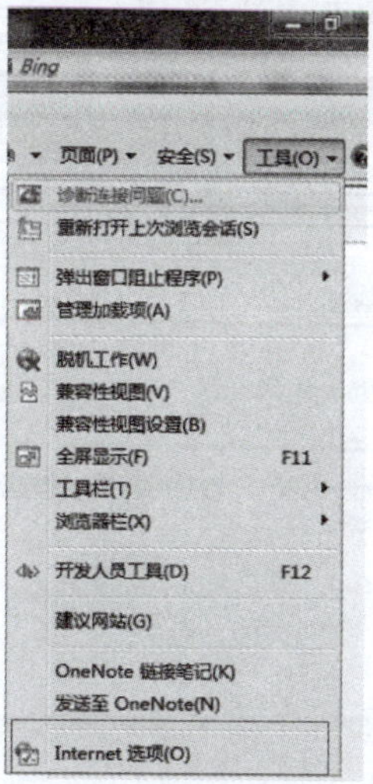

图6-15 Internet选项

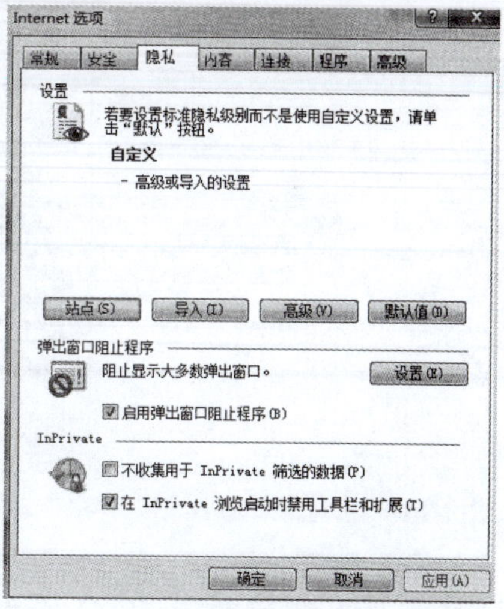

图6-16 禁止弹窗阻止

6.2.2 浏览历史记录设置

①打开IE浏览器，单击左上角“工具”下拉菜单，选择“Internet选项”，如图6-17所示。

【提示】若找不到“工具”菜单，则在浏览器选项卡空白处右击，勾选“菜单栏”，如图6-18所示，然后按照第一步操作。

②点击“浏览历史记录”下的“设置”，选择“每次访问网页时”，点“确定”即可，如图6-19、图6-20所示。

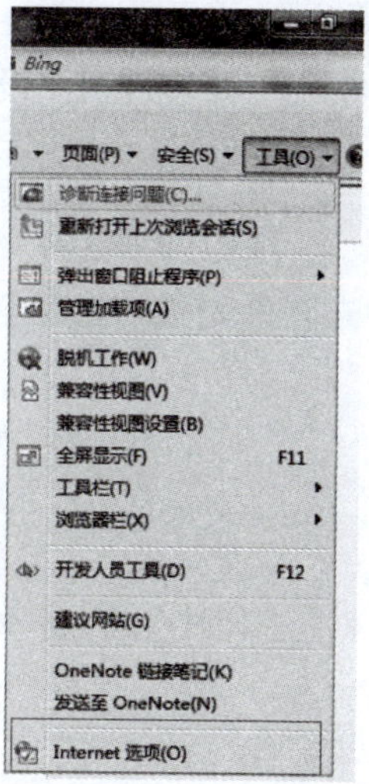

图6-17 Internet选项

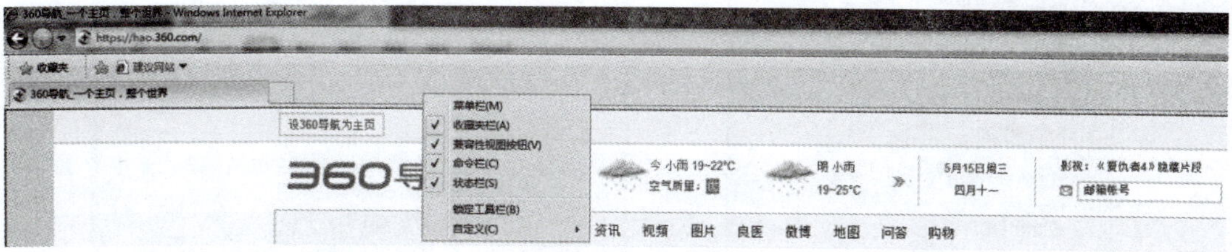

图6-18 菜单栏

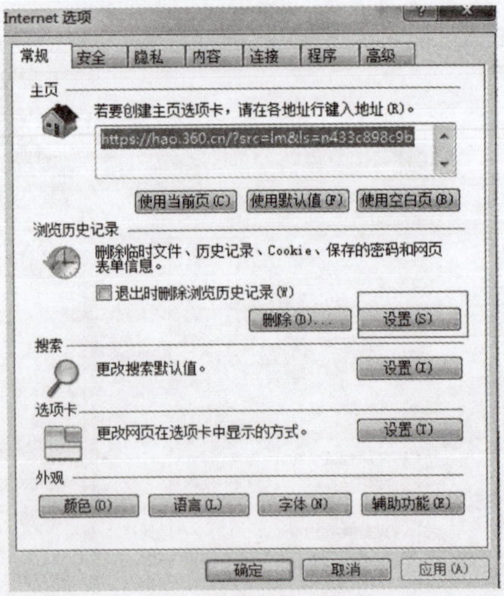

图6–19　设置

图6–20　自动刷新

6.2.3　兼容性视图设置

如果浏览器是IE8以上，需要打开浏览器兼容性，具体操作步骤如下：

①打开浏览器，点左上角的“工具”下拉菜单下的“兼容性视图设置”，如图6–21所示。

②勾选“在兼容性视图中显示所有网站”，点击“关闭”即可，如图6–22所示。

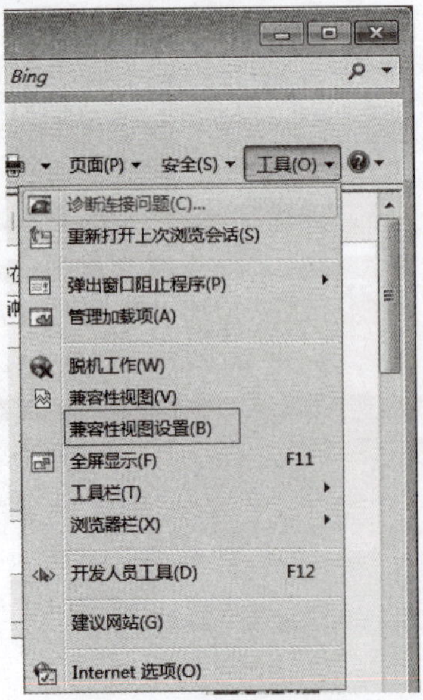

图6–21　兼容性视图设置

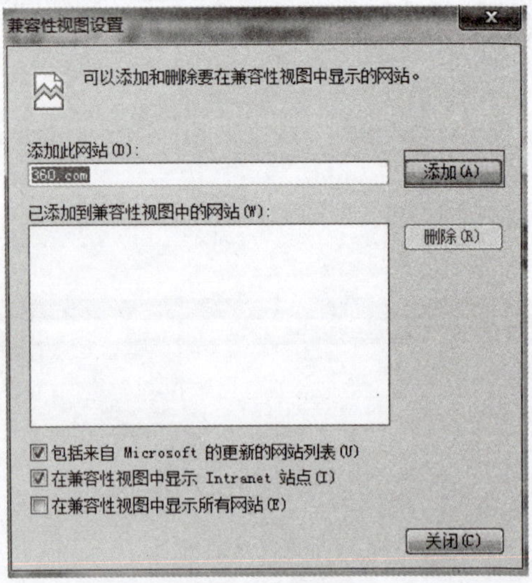

图6–22　添加网址

6.3 OUTLOOK 2010收发邮件

6.3.1 新建账号

第一次使用Outlook Express需要进行一些设置，比如建立一个账户：

步骤1：首先点击“开始→程序→Outlook Express”即可打开软件，然后执行“工具”菜单，在弹出的下一级菜单中选择“账户”命令（图6–23）。

图6–23 账户

步骤2：接着单击“邮件”标签，再单击“添加”按钮，这时你会发现有三项选择，分别是：邮件、新闻、目录服务，我们在级联菜单中选择“邮件”，便会出现“Internet连接向导”对话框，在这里输入你的姓名（图6–24），填好后单击“下一步”按钮。

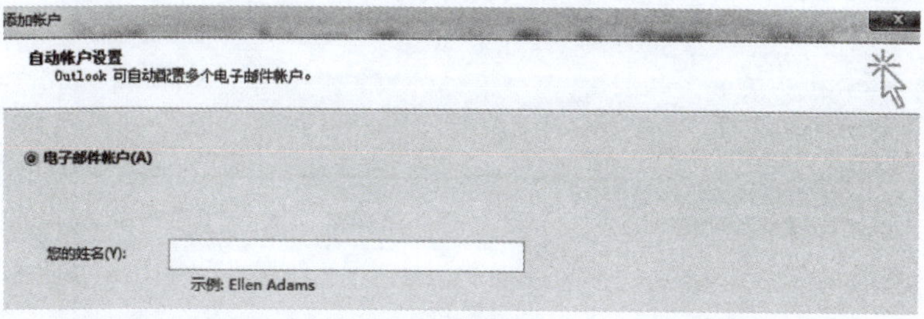

图6–24 添加

步骤3：接着会出现一个“电子邮件地址”文本框，在此文本框中填入我们的电子邮件地址（图6–25），注意一定要填写正确啊！否则你就无法获取到邮件了。

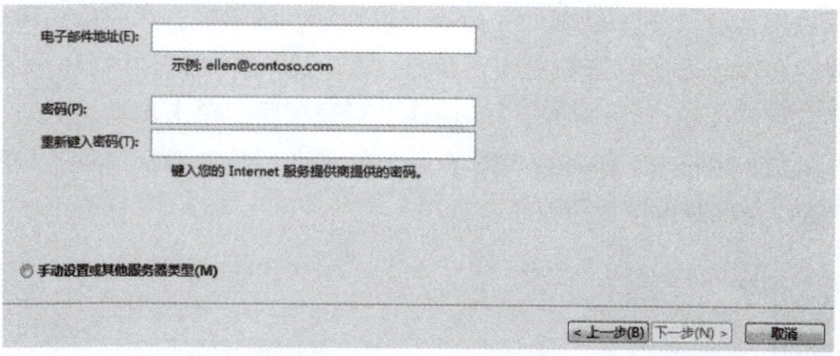

图6–25 电子邮件地址

步骤4，接下来则是对电子邮件服务器的设置，在服务器类型中选择POP3，然后在POP3的服务器框中输入pop.163.com，在SMTP框中输入：smtp.163.com（图6–26），接着点击“下一步”设置“账户名”和“密码”，在其对话框中依次填写信息即可，然后执行“下一步”（图6–27）。这样我们即可设置成功一个账号了。

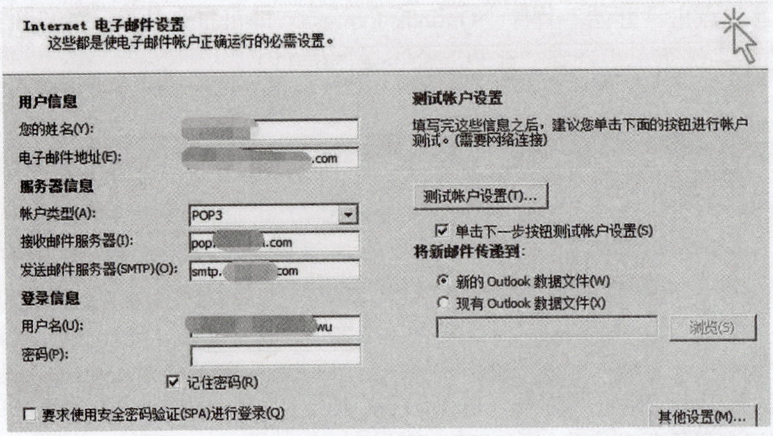

图6–26　设置POP

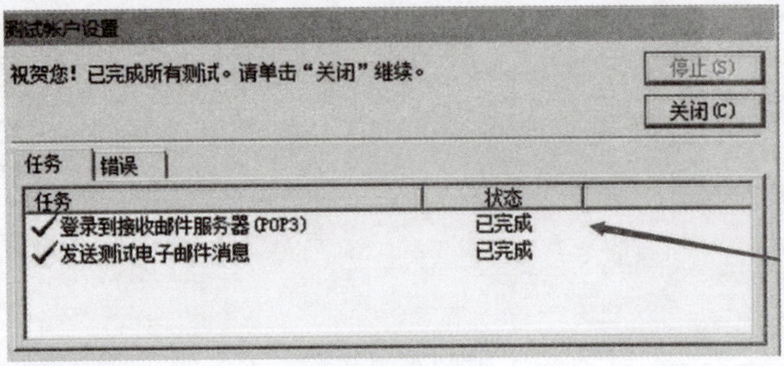

图6–27　用户名

6.3.2　收发电子邮件

账号建立之后，接下来就是收取和发送邮件了。比如给朋友写一封信，邮件地址是：“××@163.com”。先点击“邮件/新邮件”命令，得到邮件编辑框，在收信人和主题框中分别输入收信人的地址和你想发送此信的主题，在内容区中输入你的信件内容，如果需要添加附件的话，可以点击附件按钮进行添加附件。信件书写完毕后，单击工具栏上的“发送”按钮即可将邮件发送出去。接收电子邮件就更简单了，在启动Outlook Express后，只要单击“发送→接收”下的“接收全部邮件”就可以了。

6.3.3　添加和删除账号

（1）添加账号

选择“工具→账号”菜单命令后得到如图6–28所示的对话框，点击“添加→邮件”即可按前面讲的“新建账号”来添加账号。

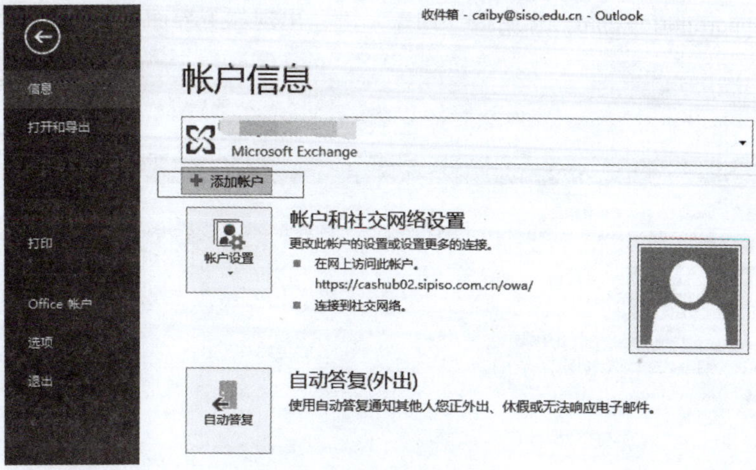

图6–28　添加账号

（2）删除账号

账号建立完毕之后我们还可以对账号的信息进行更改，选中属性即可进行更改，比如换服务器或者是更改信箱地址等。若想删除账号，那么在如图6–28所示的对话框中选中需要删除的账号，然后点击右边的“删除”，在出现的对话框中执行“是”即可删除。这样即可将邮件账号删除，对于其他账号的删除方法也是一样的，在删除之前一定要确定是否真的删除。

6.3.4　新建和删除邮箱

（1）建立新邮箱

回到新建的一个账号，在默认的情况下有如下的几个信箱类型，分别是：收信箱、发信箱、已经发送邮件、已删除邮件和草稿箱，也许感觉这些信箱比较单调，那么我们还可以进行编辑。选择其中的一个信箱，然后点击鼠标右键在弹出的下一级菜单中选择“新建文件夹”，在文件夹名称框中输入需要建立的文件夹名称，然后按下“确定”即可建立成功。这样在收信或者是管理邮件时可以将邮件放到指定的文件夹信箱中即可，这对于我们管理邮件有很大的帮助。

（2）删除邮箱

建立了账号，也许你感觉不是很好或者是想删除，该怎么办呢？选中刚才建立的邮箱，然后点击鼠标右键，在弹出的对话框中选择删除即可将所建立的邮箱删除。

6.4 杀毒软件安装

本书以Symantec Norton为例，举例说明杀毒软件的安装过程，如果机器上使用的是非

Symantec Norton的杀毒软件，必须先卸载已有的杀毒软件。卸载后，进入下面的正式安装步骤。

①在我的电脑中的地址栏中输入：https://support.norton.com，或者在IE浏览器中的地址栏输入：https://support.norton.com。然后按“回车”键，出现如下界面。

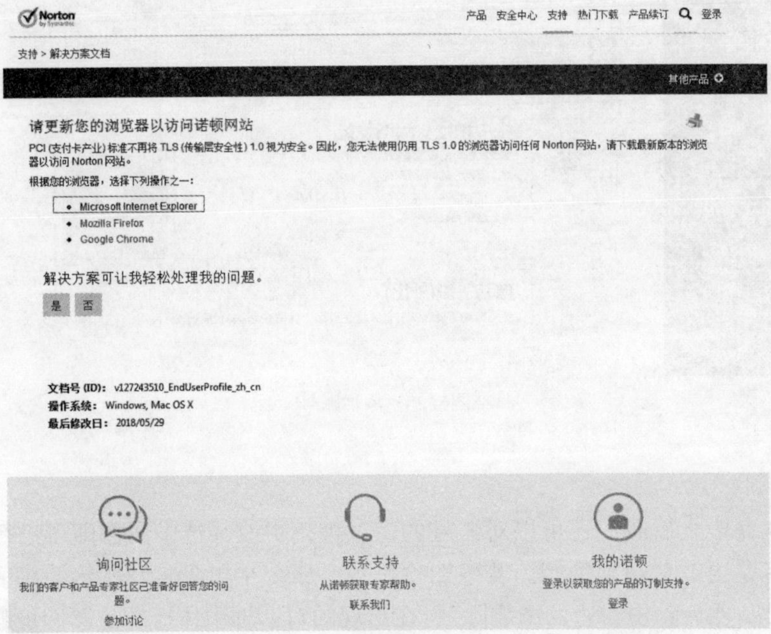

图6–29　步骤①

②点击上面界面中的“立即安装”。如果出现下面的界面，点击“是”，如果不出现，则直接到第三步。

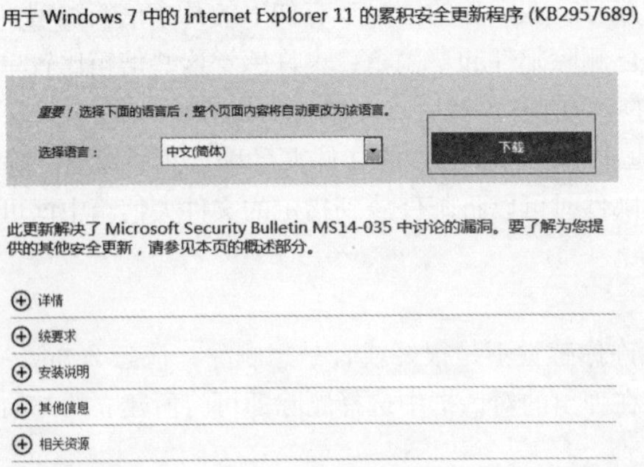

图6–30　步骤②

③出现下面界面时，点击“下一步”。

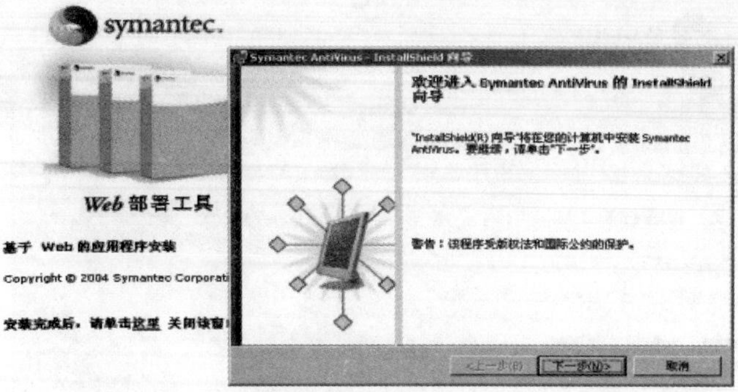

图6–31　步骤③

④当出现下面界面时，点击并选择“我接受……”选项后，点击“下一步”。

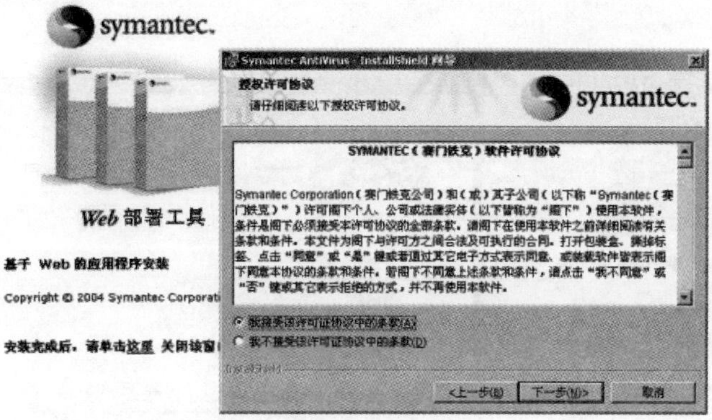

图6–32　步骤④

⑤当出现下面界面时，选择“完全”，然后点击“下一步”。

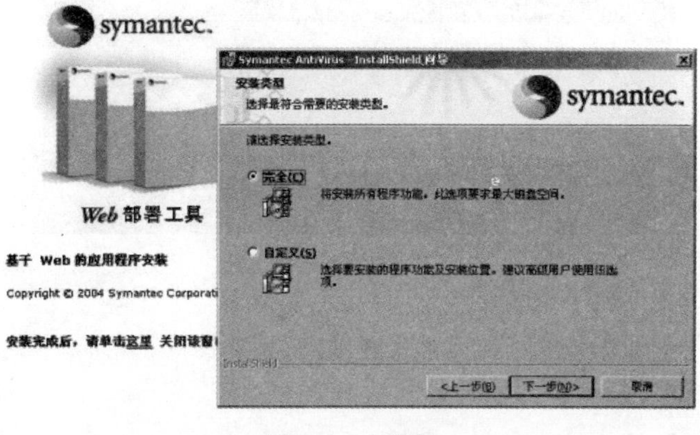

图6–33　步骤⑤

⑥当出现下面界面时，点击“安装”。

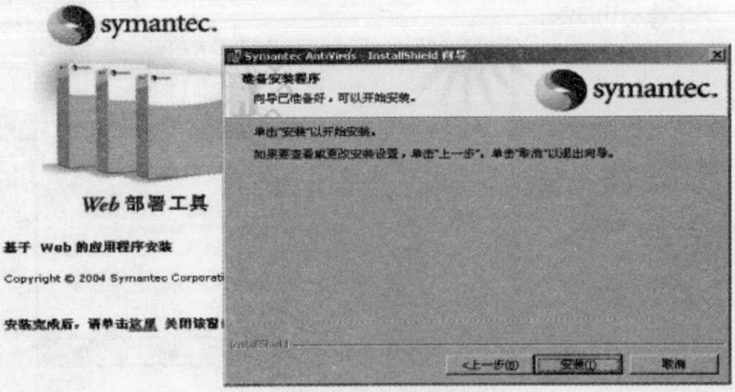

图6–34　步骤⑥

⑦当出现下面界面时，点击“完成”。

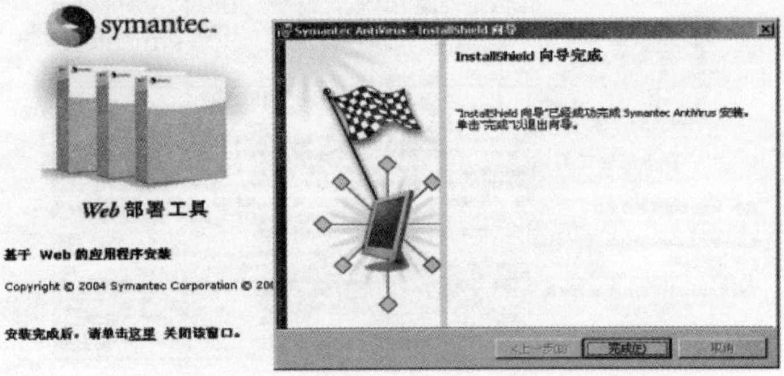

图6–35　步骤⑦

⑧出现下面界面，需要重新启动，点击“是”，重新启动即可。

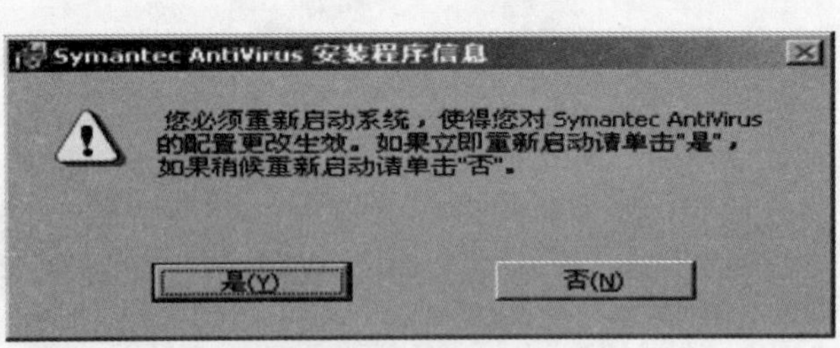

图6–36　步骤⑧

第三部分

全国计算机等级考试模拟试题及答案

模拟试题（一）及参考答案

一、选择题（20分）

1. 下列叙述中，正确的是________________。

A. CPU能直接读取硬盘上的数据　　B. CPU能直接存取内存储器

C. CPU由存储器、运算器和控制器组成　　D. CPU主要用来存储程序和数据

2. 1946年首台电子数字计算机ENIAC问世后，冯·诺依曼（Von Neumann）在研制EDVAC计算机时，提出两个重要的改进，它们是________________。

A. 引入CPU和内存储器的概念　　B. 采用机器语言和十六进制

C. 采用二进制和存储程序控制的概念　　D. 采用ASCII编码系统

3. 汇编语言是一种________________。

A. 依赖于计算机的低级程序设计语言　　B. 计算机能直接执行的程序设计语言

C. 独立于计算机的高级程序设计语言　　D. 面向问题的程序设计语言

4. 假设某台式计算机的内存储器容量为128MB，硬盘容量为10GB。硬盘的容量是内存容量的________________。

A. 40倍　　B. 60倍　　C. 80倍　　D. 100倍

5. 计算机的硬件主要包括：中央处理器（CPU）、存储器、输出设备和________________。

A. 键盘　　B. 鼠标　　C. 输入设备　　D. 显示器

6. 根据汉字国标GB 2312-1980的规定，二级次常用汉字个数是________________。

A. 3000个　　B. 7445个　　C. 3008个　　D. 3755个

7. 运算器的主要功能是进行________________。

A. 算术运算　　B. 逻辑运算　　C. 加法运算　　D. 算术和逻辑运算

8. Pentium（奔腾）微机的字长是________________。

A. 8位　　B. 16位　　C. 32位　　D. 64位

9. 下列关于ASCII编码的叙述中，正确的是________________。

A. 一个字符的标准ASCII码占一个字节，其最高二进制位总为1

B. 所有大写英文字母的ASCII码值都小于小写英文字母“a”的ASCII码值

C. 所有大写英文字母的ASCII码值都大于小写英文字母“a”的ASCII码值
D. 标准ASCII码表有256个不同的字符编码

10. 在CD光盘上标记有“CD-RW”字样，此标记表明这光盘________。
A. 只能写入一次，可以反复读出的一次性写入光盘
B. 可多次擦除型光盘
C. 只能读出，不能写入的只读光盘
D. RW是Read and Write的缩写

11. 一个字长为5位的无符号二进制数能表示的十进制数值范围是________。
A. 1~32　B. 0~31　C. 1~31　D. 0~32

12. 计算机病毒是指能够侵入计算机系统并在计算机系统中潜伏、传播，破坏系统正常工作的一种具有繁殖能力的________。
A. 流行性感冒病毒　B. 特殊小程序　C. 特殊微生物　D. 源程序

13. 在计算机中，每个存储单元都有一个连续的编号，此编号称为________。
A. 地址　B. 位置号　C. 门牌号　D. 房号

14. 在所列出的：1. 字处理软件，2. Linux，3. UNIX，4. 学籍管理系统，5. Windows Xp和6. Office 2003这六个软件中，属于系统软件的有________。
A. 1，2，3　B. 2，3，5　C. 1，2，3，5　D. 全部都不是

15. 一台微型计算机要与局域网连接，必须具有的硬件是________。
A. 集线器　B. 网关　C. 网卡　D. 路由器

16. 在下列字符中，其ASCII码值最小的一个是________。
A. 空格字符　B. 0　C. A　D. a

17. 十进制数100转换成二进制数是________。
A. 0110101　B. 01101000　C. 01100100　D. 01100110

18. 有一域名为bit.edu.cn，根据域名代码的规定，此域名表示________。
A. 政府机关　B. 商业组织　C. 军事部门　D. 教育机构

19. 若已知一汉字的国标码是5E38H，则其内码是________。
A. DEB8H　B. DE38H　C. 5EB8H　D. 7E58H

20. 在下列设备中，不能作为微机输出设备的是________。
A. 打印机　B. 显示器　C. 鼠标器　D. 绘图仪

二、基本操作题（10分）

1. 将考生文件夹下PASTE文件夹中的文件FLOPY.BAS复制到考生文件夹下JUSTY文件夹中。
2. 将考生文件夹下PARM文件夹中的文件HOLIER.DOC设置为只读属性。
3. 在考生文件夹下HUN文件夹中建立一个新文件夹CALCUT。
4. 将考生文件夹下SMITH文件夹中的文件COUNTING.WRI移动到考生文件夹下OFFICE文件夹中，并改名为IDEND.WRI。
5. 将考生文件夹下SUPPER文件夹中的文件WORD5.PPT删除。

三、字处理题（25分）

1. 在考生文件夹下，打开文档WORD1.DOCX，按照要求完成下列操作并以该文件名（WORD1.DOCX）保存文档。

【文档开始】

调查表明京沪穗网民主导“B2C”

根据蓝田市场研究公司对全国16个城市网民的调查表明，北京、上海、广州网民最近3个月有网上购物行为的人数比例分别为13.1%、5.3%、6.1%，远远高于全国平均水平的2.8%；与去年同期相比，北京、上海、广州三地最近3个月中有网上购物行为的人数比例为8.6%，比去年有近半幅的增长。尽管互联网的冬季仍未过去，但调查结果预示，京、沪、穗三地将成为我国互联网及电子商务的早春之地，同时是B2C电子商务市场的中心地位，并起着引导作用，足以引起电子商务界的关注。

调查还发现，网民中网上购物的行为与城市在全国的中心化程度有关，而与单纯的经济发展水平的关联较弱。深圳是全国人均收入最高的地区，大连也是人均收入较高的城市，但两城市网民的网上购物的人数比例分别只有1.1%、1.9%，低于武汉、重庆等城市。

蓝田市场研究公司通过两年的调查认为，影响我国B2C电子商务的发展的因素，除了经常提到的网络条件、网民数量、配送系统、支付系统等基础因素外，还要重视消费者的购物习惯、购物观念，后者的转变甚至比前者需要更长的时间和耐心。

【文档结束】

（1）将标题段（“调查表明京沪穗网民主导‘B2C’”）设置为小二号黑体、红色、居中，并添加黄色底纹，设置段后间距为1行。

（2）将正文各段（“根据蓝田市场研究公司……更长的时间和耐心。”）中所有的“互联网”替换为“因特网”；各段落内容设置为小五号宋体，各段落左、右各缩进0.5字符，首行缩进2字符，行距18磅。

2. 在考生文件夹下，打开文档WORD2.DOCX，按照要求完成下列操作并以该文件名（WORD2.DOCX）保存文档。

【文档开始】

考生号	数学	外语	语文
12144091A	78	82	80
12144084B	82	87	80
12144087C	94	93	86
12144085D	90	89	91

【文档结束】

（1）在表格最右边插入一空列，输入列标题“总分”，在这一列下面的各单元格中计算其左边相应3个单元格中数据的总和。

（2）将表格设置为列宽2.4厘米；表格外围框线为3磅单实线，表内线为1磅单实线；表内所有内容对齐方式为水平居中。

四、电子表格题（20分）

（1）打开工作簿文件EXCEL.XLSX，将工作表sheet1的A1：D1单元格合并为一个单元格，内容水平居中，计算“增长比例”列的内容，增长比例=（当年人数−去年人数）/去年人数，将工作表命名为“招生人数情况表”。

（2）选取“招生人数情况表”的“专业名称”列和“增长比例”列的单元格内容，建立“簇状圆锥图”，X轴上的项为专业名称，图表标题为“招生人数情况图”，插入到表的A7：F18单元格区域内。

	A	B	C	D
1	某大学各专业招生人数情况表			
2	专业名称	去年人数	当年人数	增长比例
3	计算机	289	436	
4	信息工程	240	312	
5	自动控制	150	278	

五、演示文稿题（15分）

打开考生文件夹下的演示文稿yswg.pptx，按照下列要求完成对此文稿的修饰并保存。

（1）使用演示文稿设计中的“活力”模板来修饰全文。全部幻灯片的切换效果设置成“平移”。

（2）在幻灯片文本处键入“踢球去！”文字，设置成黑体、倾斜、48磅。幻灯片的动画效果设置：剪贴画是“飞入”“自左侧”，文本为“飞入”“自右下部”。动画顺序为先剪贴画后文本。在演示文稿开始插入一张“仅标题”幻灯片，作为文稿的第一张幻灯片，主标题键入“人人都来锻炼”，设置为72磅。

六、浏览器（IE）的简单使用和电子邮件收发（10分）

某模拟网站的主页地址是：HTTP://LOCALHOST:65531/ExamWeb/INDEX.HTM，打开此主页，浏览“航空知识”页面，查找“运十运输机”的页面内容，并将它以文本文件的格式保存到考生目录下，命名为“y10ysj.txt”。

接收并阅读由xuexq@mail.neea.edu.cn发来的E-mail，并将随信发来的附件以文件名dqsj.txt保存到考生文件夹下。

答案

一、选择题

1. B【解析】选项A、B是CPU不能读取硬盘上的数据，但是能直接访问内存储器；C是CPU主要包括运算器和控制器，还包括若干个寄存器和高速缓冲存储器；选项D CPU是整个计算机的核心部件，主要用于控制计算机的操作。

2. C【解析】和ENIAC相比，EDVAC的重大改进主要有两方面：一是把十进制改成二进制，这可以充分发挥电子元件高速运算的优越性；二是把程序和数据一起存储在计算机内，这样就可以使全部运算成为真正的自动过程。

3. A【解析】汇编语言无法直接执行，必须翻译成机器语言程序才能执行，故选A。选项C汇编语言不能独立于计算机；选项D面向问题的程序设计语言是高级语言。

4. C【解析】1GB=1024MB=2^{10}MB，128MB=2^7MB，10GB=80*128MB。

5. C【解析】计算机硬件包括CPU、存储器、输入设备、输出设备。

6. C【解析】在国标码的字符集中，收集了一级汉字3755个，二级汉字3008个，图形符号682个。

7. D【解析】运算器的主要功能是对二进制数码进行算术运算或逻辑运算。

8. C【解析】Pentium是32位微机。

9. B【解析】选项A是ASCII码最高二进制位为0；选项B、C所有大写字母的ASCII码都小于小写字母a的ASCII码；选项D标准ASCII码表有128个不同的字符编码。

10. B【解析】CD-RW是可擦除型光盘，用户可以多次对其进行读/写。CD-RW的全称是CD-ReWritable。

11. B【解析】无符号二进制数的第一位可为0，所以当全为0时最小值为0，当全为1时最大值为2^5-1=31。

12. B【解析】计算机病毒是指编制或者在计算机程序中插入的破坏计算机功能或者破坏数据，影响计算机使用并且能够自我复制的一组计算机指令或者程序代码。

13. A【解析】计算机中，每个存储单元的编号称为单元地址。

14. B【解析】字处理软件、学籍管理系统、Office 2003属于应用软件。

15. C【解析】用于局域网的基本网络连接设备是网络适配器（网卡）。

16. A【解析】ASCII码（用十六进制表示）为：空格对应20，0对应30，A对应41，a对应61。

17. C【解析】十进制向二进制的转换采用“除二取余”法，100=2^6+2^5+2^2，所以二进制为01100100。

18. D【解析】选项A政府机关的域名为.gov；选项B商业组织的域名为.com；选项C军事部门的域名为.mil。

19. A【解析】汉字的内码=汉字的国标码+8080H，此题内码=5E38H+8080H=DEB8H。

20. C【解析】鼠标器是输入设备。

二、基本操作题

1. 复制文件

①打开考生文件夹下PASTE文件夹，选中FLOPY.BAS文件；

②选择【编辑】|【复制】命令，或按快捷键Ctrl+C；

③打开考生文件夹下JUSTY文件夹；

④选择【编辑】|【粘贴】命令，或按快捷键Ctrl+V。

2. 设置文件属性

①打开考生文件夹下PARM文件夹，选中HOLIER.DOC文件；

②选择【文件】|【属性】命令，或单击鼠标右键，弹出快捷菜单，选择“属性”命令，即可打开“属性”对话框；

③在“属性”对话框中勾选“只读”属性，单击“确定”按钮。

3. 新建文件夹

①打开考生文件夹下HUN文件夹；

②选择【文件】|【新建】|【文件夹】命令，或单击鼠标右键，弹出快捷菜单，选择【新建】|【文件夹】命令，即可建立一个新文件夹，此时文件（文件夹）的名字处呈现蓝色可编辑

状态，编辑名称为题目指定的名称CALCUT。

4. 移动文件和文件命名

①打开考生文件夹下SMITH文件夹，选中COUNTING.WRI文件；

②选择【编辑】|【剪切】命令，或按快捷键Ctrl+X；

③打开考生文件夹下OFFICE文件夹；

④选择【编辑】|【粘贴】命令，或按快捷键Ctrl+V；

⑤选中移动来的文件；

⑥按F2键，此时文件（文件夹）的名字处呈现蓝色可编辑状态，编辑名称为题目指定的名称IDEND.WRI。

5. 删除文件

①打开考生文件夹下SUPPER文件夹，选中要删除的WORD5.PPT文件；

②按Delete键，弹出确认对话框；

③单击“确定”按钮，将文件（文件夹）删除到回收站。

三、字处理题

1.（1）【解题步骤】

步骤1：通过“答题”菜单打开WORD1.DOCX文档，在【开始】功能区的【字体】分组中，单击“字体”按钮，弹出“字体”对话框，在“字体”选项卡中设置标题段字体。

步骤2：在【开始】功能区的【段落】分组中，单击“段落”按钮，弹出“段落”对话框，在“缩进和间距”选项卡中设置标题段对齐属性和段后间距。

步骤3：在【开始】功能区的【段落】分组中，单击“底纹”下拉三角按钮，在打开的底纹颜色面板中选择黄色，设置标题段底纹。

（2）【解题步骤】

步骤1：选中正文各段，在【开始】功能区的【编辑】分组中，单击“替换”按钮，弹出“查找和替换”对话框，在“替换”选项卡中，替换文字。

步骤2：选中正文各段，在【开始】功能区的【字体】分组中，单击“字体”按钮，弹出“字体”对话框，在“字体”选项卡中设置字体。

步骤3：选中正文各段，在【开始】功能区的【段落】分组中，单击“段落”按钮，弹出“段落”对话框。在“缩进和间距”选项卡中设置段落属性。

步骤4：保存文件。

2.（1）【解题步骤】

步骤1：通过“答题”菜单打开WORD2.DOCX文件，选中表格最后一列，在【布局】功能区的【行和列】分组中，单击“在右侧插入”按钮，并输入列标题“总分”。

步骤2：在【布局】功能区的【数据】分组中，单击“f_x公式”按钮，计算表格总分内容。

注：SUM（LEFT）中的LEFT表示对左方的数据进行求和计算，按此步骤反复进行，直到完成所有行的计算。

（2）【解题步骤】

步骤1：选中表格，在【布局】功能区的【表】分组中，单击“属性”按钮，弹出“表格属性”对话框，在“列”选项卡中设置列宽。

步骤2：选中表格，在【设计】功能区的【表格样式】分组中，单击“边框”下拉三角按钮，选择“外侧框线”选项，在【绘图边框】分组中设置表格外侧框线。

注：当设置好外侧框线的线型和宽度后，鼠标变为“小蜡笔”形状，沿外侧框线拖动小蜡笔便可以对外侧框线属性进行设置。按同样操作可设置内部框线属性。

步骤3：选中表格，在【布局】功能区的【对齐方式】分组中，单击“水平居中”按钮，设置表格内容对齐方式。

步骤4：保存文件。

四、电子表格题

（1）【解题步骤】

步骤1：选中A1：D1单元格，在【开始】功能区的【对齐方式】分组中，单击“合并后居中”下拉三角按钮，选择“合并后居中”选项设置单元格格式。

步骤2：选中单元格，在函数编辑框中插入函数，计算“增长比例”。

注：当鼠标指针放在已插入公式的单元格的右下角时，它会变为小十字“+”，按住鼠标左键拖动其到相应的单元格即可进行数据的自动填充。

步骤3：双击工作表重命名。按照题目要求输入工作表名，然后按题目要求保存文件。

（2）【解题步骤】

步骤1：选中单元格内容，在【插入】功能区的【图表】分组中，单击“其他图表”下拉三角按钮，选择“所有图表类型”选项，弹出“插入图表”对话框，在“柱形图”选项组中选择“簇状圆锥图”。

步骤2：选中并更改图表标题。

步骤3：用鼠标移动图到指定位置并调整图的大小。

注：将鼠标放在图片右下角，当鼠标指针变为“”时按住左键并拖动，才可以调整图片的放置区域。

步骤4：保存文件。

五、演示文稿题

（1）【解题步骤】

步骤1：通过“答题”菜单打开yswg.pptx文件，在【设计】功能区的【主题】分组中，下拉列表滚动条，选择“活力”主题，修饰全文。

步骤2：在【切换】功能区的【切换到此幻灯片】分组中，单击“其他”下拉三角按钮，在“动态内容”选项组中选择“平移”效果，设置幻灯片切换效果。

（2）【解题步骤】

步骤1：在幻灯片文本处输入要求的内容。

步骤2：选中“踢球去!”，在【开始】功能区的【字体】分组中，单击“字体”按钮，弹出“字体”对话框。在“字体”选项卡中，设置文本字体。

步骤3：选中“剪贴画”，在【动画】功能区的【动画】分组中，选择下拉列表中“飞入”效果；在【动画】分组中，单击“效果选项”按钮，选择“自左侧”选项，设置剪贴画的动画效果。

步骤4：选中文本，在【动画】功能区的【动画】分组中，选择下拉列表中“飞入”效果；在

【动画】分组中，单击“效果选项”按钮，选择“自右下部”选项，设置文本的动画效果。

步骤5：设置动画顺序。完成上述操作后的动画顺序正好与题意符合，如需更换动画顺序，在【动画】功能区的【计时】分组中，单击“对动画重新排序”下的三角按钮即可。

步骤6：鼠标移到第一张幻灯片之前，在【开始】功能区的【幻灯片】分组中，单击“新建幻灯片”下拉三角按钮，选中“仅标题”选项，插入新幻灯片。

步骤7：在幻灯片“单击此处添加标题”处按照要求输入标题“人人都来锻炼”。

步骤8：选中“人人都来锻炼”，在【开始】功能区的【字体】分组中，单击“字体”按钮，弹出“字体”对话框。在“字体”选项卡中设置标题字体。

步骤9：保存文件。

六、浏览器（IE）的简单使用和电子邮件收发

（略）

模拟试题（二）及参考答案

一、选择题（20分）

1. 世界上公认的第一台电子计算机诞生的时间是＿＿＿＿＿＿＿年。

   A. 1943　　B. 1946　　C. 1950　　D. 1951

2. 构成CPU的主要部件是＿＿＿＿＿＿＿。

   A. 内存和控制器　　B. 内存、控制器和运算器

   C. 高速缓存和运算器　　D. 控制器和运算器

3. 二进制数110001转换成十进制数是＿＿＿＿＿＿＿。

   A. 47　　B. 48　　C. 49　　D. 51

4. 假设某台式计算机内存储器的容量为1KB，其最后一个字节的地址是＿＿＿＿＿＿＿。

   A. 1023H　　B. 1024H　　C. 0400H　　D. 03FFH

5. 组成微型机主机的部件是＿＿＿＿＿＿＿。

   A. CPU、内存和硬盘　　B. CPU、内存、显示器和键盘

   C. CPU和内存　　D. CPU、内存、硬盘、显示器和键盘套

6. 已知英文字母m的ASCII码值为6DH，那么字母q的ASCII码值是＿＿＿＿＿＿＿。

   A. 70H　　B. 71H　　C. 72H　　D. 6FH

7. 一个字长为6位的无符号二进制数能表示的十进制数值范围是＿＿＿＿＿＿＿。

   A. 0~64　　B. 1~64　　C. 1~63　　D. 0~63

8. 下列设备中，可以作为微机输入设备的是＿＿＿＿＿＿＿。

   A. 打印机　　B. 显示器　　C. 鼠标器　　D. 绘图仪

9. 操作系统对磁盘进行读/写操作的单位是＿＿＿＿＿＿＿。

   A. 磁道　　B. 字节　　C. 扇区　　D. KB

10. 一个汉字的国标码需用2字节存储，其每个字节的最高二进制位的值分别为＿＿＿＿＿＿＿。

    A. 0，0　　B. 1，0　　C. 0，1　　D. 1，1

11. 下列各类计算机程序语言中，不属于高级程序设计语言的是＿＿＿＿＿＿＿。

    A. Visual Basic　　B. FORTAN语言

    C. Pascal语言　　D. 汇编语言

12. 在下列字符中，其ASCII码值最大的一个是＿＿＿＿＿＿＿。

    A. 9　　B. Z　　C. d　　D. X

13. 下列关于计算机病毒的叙述中，正确的是＿＿＿＿＿＿＿。

    A. 反病毒软件可以查杀任何种类的病毒

B．计算机病毒是一种被破坏了的程序

C．反病毒软件必须随着新病毒的出现而升级，提高查、杀病毒的功能

D．感染过计算机病毒的计算机具有对该病毒的免疫性

14．下列各项中，非法的Internet的IP地址是________。

A．202.96.12.14　　B．202.196.72.140

C．112.256.23.8　　D．201.124.38.79

15．用来存储当前正在运行的应用程序的存储器是________。

A．内存　　B．硬盘

C．软盘　　D．CD-ROM

16．计算机网络分为局域网、城域网和广域网，下列属于局域网的是________。

A．ChinaDDN网　　B．Novell网

C．Chinanet网　　D．Internet

17．下列设备组中，完全属于计算机输出设备的一组是________。

A．喷墨打印机，显示器，键盘　　B．激光打印机，键盘，鼠标器

C．键盘，鼠标器，扫描仪　　D．打印机，绘图仪，显示器

18．若已知一汉字的国标码是5E38H，则其内码是________。

A．DEB8H　　B．DE38H

C．5EB8H　　D．7E58H

19．把内存中数据传送到计算机的硬盘上去的操作称为________。

A．显示　　B．写盘

C．输入　　D．读盘

20．用高级程序设计语言编写的程序________。

A．计算机能直接执行　　B．具有良好的可读性和可移植性

C．执行效率高但可读性差　　D．依赖于具体机器，可移植性差

二、基本操作题（10分）

1．将考生文件夹下BROWN文件夹设置为隐藏属性。

2．将考生文件夹下BRUST文件夹移动到考生文件夹下TURN文件夹中，并改名为FENG。

3．将考生文件夹下FTP文件夹中的文件BEER.DOC复制到同一文件夹下，并命名为BEER2.DOC。

4．将考生文件夹下DSK文件夹中的文件BRAND.BPF删除。

5．在考生文件夹下LUY文件夹中建立一个名为BRAIN的文件夹。

三、字处理题（25分）

1．在考生文件夹下，打开文档WORD1.DOCX，按照要求完成下列操作并以该文件名（WORD1.DOCX）保存文档。

【文档开始】

我国实行渔业污染调查鉴定资格制度

农业部今天向获得《渔业污染事故调查鉴定资格证书》的单位和《渔业污染事故调查鉴定上岗证》的个人颁发了证书。这标志着我国渔业污染事故的鉴定调查工作走上了科学和规范化的轨道。

据了解，这次全国共有41个单位和440名技术人员分别获得了此类证书。

农业部副部长齐景发表示，这项制度的实施，为及时查处渔业污染事故提供了技术保障，为法院依法调解、审判和渔业部门及时处理渔业污染事故提供有效的科学依据，为广大渔民在发生渔业污染事故时及时找到鉴定单位、获得污染事故的损失鉴定和掌握第一手证据提供了保障，也为排污单位防治污染、科学合理地估算损失结果提供了科学、公正、合理的技术途径。

【文档结束】

（1）将标题段文字（“我国实行渔业污染调查鉴定资格制度”）设置为三号黑体、红色、加粗、居中并添加蓝色方框，段后间距设置为1行。

（2）将正文各段文字（“农业部今天向……技术途径。”）设置为四号仿宋，首行缩进2字符，行距为1.5倍行距。

（3）将正文第三段（“农业部副部长……技术途径。”）分为等宽的两栏。

2．在考生文件夹下，打开文档WORD2.DOCX，按照要求完成下列操作并以该文件名（WORD2.DOCX）保存文档。

【文档开始】

姓名	职称	职务	单位	电话号码	E-mail
李小可	副教授	主任	应用科技大学	010-82314400	xkli@bj163.com
许伟	工程师	车间主任	变压器工厂	021-62310987	xuwei@hotmail.com

【文档结束】

（1）删除表格的第3列（“职务”），在表格最后一行之下增添3个空行。

（2）设置表格列宽：第1列和第2列为2厘米，第3、4、5列为3.2厘米；将表格外部框线设置成蓝色，3磅，表格内部框线设置为蓝色，1磅；第一行加浅蓝底纹。

四、电子表格题（20分）

（1）打开工作簿文件EXCEL.XLSX，将工作表sheet1的A1：D1单元格合并为一个单元格，内容水平居中；计算“销售额”列的内容（销售额=销售数量*单价），将工作表命名为“图书销售情况表”。

	A	B	C	D
1	某书店图书销售情况表			
2	图书编号	销售数量	单价	销售额
3	0123	256	11.6	
4	1098	298	19.8	
5	2134	467	36.5	

（2）打开工作簿文件EXC.XLSX，对工作表“选修课程成绩单”内的数据清单的内容进行自动筛选（自定义），条件为“成绩大于或等于60并且小于或等于80”，筛选后的工作表还保存在EXC.XLS工作簿文件中，工作表名不变。

	A	B	C	D	E
1	系别	学号	姓名	课程名称	成绩
2	信息	991021	李新	多媒体技术	74
3	计算机	992032	王文辉	人工智能	87
4	自动控制	993023	张磊	计算机图形学	65
5	经济	995034	郝心怡	多媒体技术	86
6	信息	991076	王力	计算机图形学	91
7	数学	994056	孙英	多媒体技术	77
8	自动控制	993021	张在旭	计算机图形学	60
9	计算机	992089	金翔	多媒体技术	73
10	计算机	992005	扬海东	人工智能	90
11	自动控制	993082	黄立	计算机图形学	85
12	信息	991062	王春晓	多媒体技术	78
13	经济	995022	陈松	人工智能	69
14	数学	994034	姚林	多媒体技术	89
15	信息	991025	张雨涵	计算机图形学	62
16	自动控制	993026	钱民	多媒体技术	66
17	数学	994086	高晓东	人工智能	78
18	经济	995014	张平	多媒体技术	80
19	自动控制	993053	李英	计算机图形学	93
20	数学	994027	黄红	人工智能	68
21	信息	991021	李新	人工智能	87
22	自动控制	993023	张磊	多媒体技术	75
23	信息	991076	王力	多媒体技术	81
24	自动控制	993021	张在旭	人工智能	75
25	计算机	992005	扬海东	计算机图形学	67
26	经济	995022	陈松	计算机图形学	71
27	信息	991025	张雨涵	多媒体技术	68
28	数学	994086	高晓东	多媒体技术	76
29	自动控制	993053	李英	人工智能	79
30	计算机	992032	王文辉	计算机图形学	79

五、演示文稿题（15分）

打开考生文件夹下的演示文稿yswg.pptx，按照下列要求完成对此文稿的修饰并保存。

（1）在演示文稿开始处插入一张“只有标题”幻灯片，作为文稿的第一张幻灯片，标题键入“龟兔赛跑”，设置为：加粗、66磅；将第二张幻灯片的动画效果设置为：“切入”“自左侧”。

（2）使用演示文稿设计模板“复合”修饰全文。全部幻灯片的切换效果设置成“平移”。

答案

一、选择题

1. B【解析】世界上第一台名为ENIAC的电子计算机于1946年诞生于美国宾夕法尼亚大学。
2. D【解析】CPU主要由运算器和控制器组成。
3. C【解析】二进制转换为十进制：$2^5+2^4+2^0=49$。
4. D【解析】1KB=1024Bytes，内存地址为0～1023，用十六进制表示为0～03FFH。

5. C【解析】微型机的主机一般包括CPU、内存、I/O接口电路、系统总线。

6. B【解析】q的ASCII码（用十六进制表示）为：6D+4=71H。

7. D【解析】无符号二进制数的第一位可为0，所以当全为0时最小值为0，当全为1时最大值为$2^6-1=63$。

8. C【解析】打印机、显示器、绘图仪都属于输出设备。

9. C【解析】操作系统是以扇区为单位对磁盘进行读写操作。

10. A【解析】国标码两个字节的最高位都为0，机内码两个字节的最高位都为1。

11. D【解析】汇编语言属于低级语言。

12. C【解析】ASCII码（用十六进制表示）为：9对应39，Z对应5A，X对应58，d对应64。

13. C【解析】选项A反病毒软件并不能查杀全部病毒；选项B计算机病毒是具有破坏性的程序；选项D计算机本身对计算机病毒没有免疫性。

14. C【解析】IP地址是由4个字节组成的，习惯写法是将每个字节作为一段并以十进制数来表示，而且段间用“.”分隔。每个段的十进制范围是0~255，选项C中的第二个字节超出了范围，故答案选C。

15. A【解析】内存用来存储正在运行的程序和处理的数据。

16. B【解析】ChinaDDN网、Chinanet网、Internet为广域网。

17. D【解析】其中键盘、鼠标器、扫描仪属于输入设备。

18. A【解析】汉字的内码=汉字的国标码+8080H，此题内码=5E38H+8080H=DEB8H。

19. A【解析】把内存中数据传送到计算机硬盘中去，称为写盘。把硬盘上的数据传送到计算机中的内存中去，称为读盘。

20. B【解析】选项A高级语言必须要经过翻译成机器语言后才能被计算机执行；选项C高级语言执行效率低，可读性好；选项D高级语言不依赖于计算机，所以可移植性好，故B项正确。

二、基本操作题

1. 设置文件夹属性

①选中考生文件夹下BROWN文件夹；

②选择【文件】|【属性】命令，或单击鼠标右键，弹出快捷菜单，选择“属性”命令，即可打开“属性”对话框；

③在“属性”对话框中勾选“隐藏”属性，单击“确定”按钮。

2. 移动文件夹和文件夹命名

①选中考生文件夹下BRUST文件夹；

②选择【编辑】|【剪切】命令，或按快捷键Ctrl+X；

③打开考生文件夹下TURN文件夹；

④选择【编辑】|【粘贴】命令，或按快捷键Ctrl+V；

⑤选中移动来的文件夹；

⑥按F2键，此时文件（文件夹）的名字处呈现蓝色可编辑状态，编辑名称为题目指定的名称FENG。

3. 复制文件和文件命名

①打开考生文件夹下FTP文件夹，选中BEER.DOC文件；

②选择【编辑】|【复制】命令，或按快捷键Ctrl+C；

③选择【编辑】|【粘贴】命令，或按快捷键Ctrl+V；

④选中复制来的文件；

⑤按F2键，此时文件（文件夹）的名字处呈现蓝色可编辑状态，编辑名称为题目指定的名称BEER2.DOC。

4. 删除文件

①打开考生文件夹下DSK文件夹，选中要删除的BRAND.BPF文件；

②按Delete键，弹出确认对话框；

③单击“确定”按钮，将文件（文件夹）删除到回收站。

5. 新建文件夹

①打开考生文件夹下LUY文件夹；

②选择【文件】|【新建】|【文件夹】命令，或单击鼠标右键，弹出快捷菜单，选择【新建】|【文件夹】命令，即可生成新的文件夹，此时文件（文件夹）的名字处呈现蓝色可编辑状态，编辑名称为题目指定的名称BRAIN。

三、字处理题

1.（1）【解题步骤】

步骤1： 通过“答题”菜单打开WORD1.DOCX文件，按题目要求设置标题段字体。选中标题段，在【开始】功能区的【字体】分组中，单击“字体”按钮，弹出“字体”对话框。在“字体”选项卡中，设置“中文字体”为“黑体”，设置“字号”为“三号”，设置“字形”为“加粗”，设置“字体颜色”为“红色”，单击“确定”按钮。

步骤2： 按题目要求设置标题段对齐属性。选中标题段，在【开始】功能区的【段落】分组中，单击“居中”按钮。

步骤3： 按题目要求设置标题段段后间距。选中标题段，在【开始】功能区的【段落】分组中，单击“段落”按钮，弹出“段落”对话框。单击“缩进和间距”选项卡，在“间距”选项组中设置“段后”为“1行”，单击“确定”按钮。

步骤4： 按题目要求设置标题段边框属性。

（2）【解题步骤】

步骤1： 按照题目要求设置正文字体。选中正文各段，在【开始】功能区的【字体】分组中，单击“字体”按钮，弹出“字体”对话框。在“字体”选项卡中，设置“中文字体”为“仿宋”，设置“字号”为“四号”，单击“确定”按钮。

步骤2： 按题目要求设置正文段落属性。选中正文各段，在【开始】功能区的【段落】分组中，单击“段落”按钮，弹出“段落”对话框。单击“缩进和间距”选项卡，在“缩进”选项组中，选择“首行缩进”选项，设置磅值为“2字符”；在“间距”选项组中，设置“行距”为“1.5倍行距”，单击“确定”按钮。

（3）【解题步骤】

步骤1： 按照题目要求为段落设置分栏。

步骤2： 保存文件。

2.（1）【解题步骤】

步骤1： 通过“答题”菜单打开WORD2.DOCX文件，按题目要求删除表格第3列。

步骤2： 按照题目要求在表格最后1行下插入3个空行。

注：重复步骤2，直到出现3个空行。

（2）【解题步骤】

步骤1： 按照题目要求设置表格列宽。选中表格第1列和第2列，在【布局】功能区的【单元格大小】分组中，单击“表格属性”下拉三角按钮，弹出“表格属性”对话框。单击“列”选项卡，并指定宽度为“2厘米”，单击“确定”按钮。按照同样的操作设置第3、第4、第5列为“3.2厘米”。

步骤2： 按题目要求设置表格外侧框线和内部框线属性。选中表格，在【设计】功能区的【表格样式】分组中，单击“边框”下拉三角按钮，在【绘图边框】分组中设置“笔画粗细”为“3磅”，设置“笔颜色”为“蓝色”，此时鼠标变为“小蜡笔”形状，沿着边框线拖动设置外部边框的属性。

注：选择相应的线型和宽度后，鼠标变为“小蜡笔”形状，沿边框线拖动小蜡笔便可以对外侧框线属性进行设置。按同样操作设置内部框线为“1磅”“蓝色”。

步骤3： 按照题目要求设置单元格底纹为浅蓝。

步骤4： 保存文件。

四、电子表格题

（1）【解题步骤】

步骤1： 通过“答题”菜单打开EXCEL.XLSX文件，选中A1：D1单元格，在【开始】功能区的【对齐方式】分组中，单击“合并后居中”下拉三角按钮，选择“合并后居中”选项合并单元格，并使内容居中。

步骤2： 计算“销售额”列，单击D3单元格，然后在fx函数编辑框中插入公式“=B3*C3”，并按回车键，完成计算后，单击D3单元格，将鼠标移动到D3单元格的右下角，按住鼠标左键向下拖动即可计算出其他行的值。

注：当鼠标指针放在已插入公式的单元格的右下角时，它会变为小十字“+”，按住鼠标左键拖动其到相应的单元格即可进行数据的自动填充。

步骤3： 为工作表重命名，双击Sheet1并输入“图书销售情况表”。

步骤4： 保存文档。

（2）【解题步骤】

步骤1： 通过“答题”菜单打开EXC.XLSX文件，按要求对表格进行自动筛选。

步骤2： 保存文件。

五、演示文稿题

（1）【解题步骤】

步骤1： 通过“答题”菜单打开yswg.pptx文件，按照要求插入新幻灯片。鼠标移到第一张幻灯片之前，在【开始】功能区的【幻灯片】分组中，单击“新建幻灯片”按钮，选择“仅标题”选项。新插入的幻灯片作为第一张幻灯片。

步骤2： 在第一张幻灯片的“单击此处添加标题”处输入“龟兔赛跑”。

步骤3： 按题目要求设置字体。选中标题“龟兔赛跑”，在【开始】功能区的【字体】分组中，单击“字体”按钮，弹出“字体”对话框。在“字体”选项卡中，设置“大小”为“66磅”，设置“字体样式”为“加粗”，单击“确定”按钮。

步骤4：按照题目要求设置剪贴画的动画效果。选中第二张幻灯片图片，在【动画】功能区的【动画】分组中，单击“其他”下拉三角按钮，选择“更多进入效果”选项，弹出“更改进入效果”对话框。在“基本型”选项组中选择“切入”效果。在【动画】分组中，单击“效果选项”按钮，选择“自左侧”选项，单击“确定”按钮。

（2）【解题步骤】

步骤1：按照题目要求设置幻灯片模板。选中全部幻灯片，在【设计】功能区的【主题】分组中，单击“其他”下拉三角按钮，选择“复活”主题，修饰全文。

步骤2：按照题目要求设置幻灯片的切换效果。选中所有幻灯片，在【切换】功能区的【切换到此幻灯片】分组中，单击“其他”下拉三角按钮，在“动态内容”选项组中选择“平移”效果。

步骤3：保存文件。

模拟试题（三）及参考答案

一、选择题（20分）

1. 下列软件中，属于应用软件的是________。
   A. Windows XP　　B. UNIX　　C. Linux　　D. WPS Office 2003
2. 已知英文字母m的ASCII码值为109，那么英文字母p的ASCII码值是________。
   A. 112　　B. 113　　C. 111　　D. 114
3. 控制器的功能是________。
   A. 指挥、协调计算机各部件工作　　B. 进行算术运算和逻辑运算
   C. 存储数据和程序　　D. 控制数据的输入和输出
4. 计算机的技术性能指标主要是指________。
   A. 计算机所配备的语言、操作系统、外部设备
   B. 硬盘的容量和内存的容量
   C. 显示器的分辨率、打印机的性能等配置
   D. 字长、运算速度、内/外存容量和CPU的时钟频率
5. 在数制的转换中，正确的叙述是________。
   A. 对于相同的十进制整数（>1），其转换结果的位数的变化趋势随着基数R的增大而减少
   B. 对于相同的十进制整数（>1），其转换结果的位数的变化趋势随着基数R的增大而增加
   C. 不同数制的数字符是各不相同的，没有一个数字符是一样的
   D. 对于同一个整数值的二进制数表示的位数一定大于十进制数字的位数
6. 用高级程序设计语言编写的程序，要转换成等价的可执行程序，必须经过________。
   A. 汇编　　B. 编辑　　C. 解释　　D. 编译和链接
7. 计算机系统软件中最核心的是________。
   A. 语言处理系统　　B. 操作系统　　C. 数据库管理系统　　D. 诊断程序
8. 下列关于计算机病毒的说法中，正确的是________。
   A. 计算机病毒是一种有损计算机操作人员身体健康的生物病毒
   B. 计算机病毒发作后，将造成计算机硬件永久性的物理损坏
   C. 计算机病毒是一种通过自我复制进行传染的，破坏计算机程序和数据的小程序
   D. 计算机病毒是一种有逻辑错误的程序
9. 能直接与CPU交换信息的存储器是________。
   A. 硬盘存储器　　B. CD-ROM　　C. 内存储器　　D. 软盘存储器
10. 下列叙述中，错误的是________。
    A. 把数据从内存传输到硬盘的操作称为写盘
    B. WPS Office 2003属于系统软件

C. 把高级语言源程序转换为等价的机器语言目标程序的过程叫编译

D. 计算机内部对数据的传输、存储和处理都使用二进制

11. 以下关于电子邮件的说法，不正确的是________。

A. 电子邮件的英文简称是E-mail

B. 加入因特网的每个用户通过申请都可以得到一个“电子信箱”

C. 在一台计算机上申请的“电子信箱”，以后只有通过这台计算机上网才能收信

D. 一个人可以申请多个电子信箱

12. RAM的特点是________。

A. 海量存储器

B. 存储在其中的信息可以永久保存

C. 一旦断电，存储在其上的信息将全部消失，且无法恢复

D. 只用来存储中间数据

13. 一个汉字的内码与它的国标码之间的差是________。

A. 2020H　B. 4040H　C. 8080H　D. A0A0H

14. 1946年诞生的世界上公认的第一台电子计算机是________。

A. UNIVAC-I　B. EDVAC　C. ENIAC　D. IBM650

15. 正确的IP地址是________。

A. 202.112.111.1　B.202.2.2.2.2　C.202.202.1　D.202.257.14.13

16. 微机硬件系统中最核心的部件是________。

A. 内存储器　B. 输入输出设备　C. CPU　D. 硬盘

17. 1KB的准确数值是________。

A. 1024Bytes　B. 1000Bytes　C. 1024bits　D. 1000bits

18. DVD-ROM属于________。

A. 大容量可读可写外存储器　B. 大容量只读外部存储器

C. CPU可直接存取的存储器　D. 只读内存储器

19. 十进制数55转换成无符号二进制数等于________。

A. 111111　B. 110111　C. 111001　D. 111011

20. 下列设备组中，完全属于输入设备的一组是________。

A. CD-ROM驱动器，键盘，显示器　B. 绘图仪，键盘，鼠标器

C. 键盘，鼠标器，扫描仪　D. 打印机，硬盘，条码阅读器

二、Windows 操作系统的使用（10分）

1. 将考生文件夹下INTERDEV文件夹中的文件JIMING.MAP删除。
2. 在考生文件夹下IOSEF文件夹中建立一个名为MYPROG的新文件夹。
3. 将考生文件夹下WARM文件夹中的文件ZOOM.PRG复制到考生文件夹下BUMP文件夹中。
4. 将考生文件夹下SEED文件夹中的文件CHIRIST.AVE设置为隐藏和只读属性。

5. 将考生文件夹下KENT文件夹中的文件MONITOR.CDX移动到考生文件夹下KUNTER文件夹中，并改名为CONSOLE.CDX。

三、字处理题（25分）

1. 在考生文件夹下，打开文档WORD1.DOCX，按照要求完成下列操作并以该文件名（WORD1.DOCX）保存文档。

【文档开始】

首届中国网罗媒体论坛在青岛开幕

6月22日，首届中国网罗媒体论坛在青岛隆重开幕。来自全国近150家网罗媒体的代表聚会青岛，纵论中国网罗事业发展大计。本次论坛是中国网罗媒体首次举行的高层次、大规模的专业论坛，是近年来中国网罗媒体规模最大的一次的盛会。

中国网罗媒体论坛，是在《2000全国新闻媒体网罗传播研讨会》上，由中华全国新闻工作者协会发出建议，全国数十家新闻媒体网站共同发起设立的，宗旨是推进中国网罗媒体的建设和发展。

论坛的主题是网罗与媒体，按照江泽民总书记关于加强互联网新闻宣传的重要指示，按照中宣部和国务院新闻办对网罗新闻宣传的要求，总结经验、沟通理论与实践等方面的心得，通过交流与合作，进一步提高网罗新闻宣传工作的水平，进一步加强网罗媒体的管理和自律。

与会嘉宾将研讨中国网罗媒体在已有的初步框架的基础上如何进一步发展，如何为建设有中国特色的社会主义网罗新闻宣传体系打下一个坚实的基础。在本次论坛上，还将探讨网罗好新闻的评选办法等。

【文档结束】

（1）将文中所有错词“网罗”替换为“网络”；将标题段文字（“首届中国网络媒体论坛在青岛开幕”）设置为三号黑体、红色、加粗、居中并添加波浪下划线。

（2）将正文各段文字（“6月22日，……评选办法等。”）设置为12磅宋体；第一段首字下沉，下沉行数为2，距正文0.2厘米；除第一段外的其余各段落左、右各缩进1.5字符，首行缩进2字符，段前间距1行。

（3）将正文第三段（“论坛的主题是……管理和自律。”）分为等宽两栏，其栏宽为17字符。

2. 在考生文件夹下，打开文档WORD2.DOCX，按照要求完成下列操作并以该文件名（WORD2.DOCX）保存文档。

【文档开始】

	一季度	二季度	三季度	四季度
海淀区连锁店	1024	2239	2569	3890
西城区连锁店	1589	3089	4120	4500
东城区连锁店	1120	2498	3001	3450
通州区连锁店	890	1109	2056	3002

【文档结束】

（1）在表格顶端添加一表标题“利民连锁店集团销售统计表”，并设置为小二号楷体、加粗、居中。

（2）在表格底部插入一空行，在该行第一列的单元格中输入行标题“小计”，其余各单元格中填入该列各单元格中数据的总和。

四、电子表格题（20分）

（1）打开工作簿文件EXCEL.XLSX，将工作表sheet1的A1：F1单元格合并为一个单元格，内容水平居中，计算“季度平均值”列的内容，将工作表命名为“季度销售数量情况表”。

	A	B	C	D	E	F
1	某企业产品季度销售数量情况表					
2	产品名称	第一季度	第二季度	第三季度	第四季度	季度平均值
3	T-11	256	342	654	487	
4	H-87	298	434	398	345	
5	F-34	467	454	487	546	

（2）选取“季度销售数量情况表”的“产品名称”列和“季度平均值”列的单元格内容，建立“簇状柱形图”，X轴上的项为产品名称，图表标题为“季度销售数量情况图”，插入到表的A7：F18单元格区域内。

五、演示文稿题（15分）

打开考生文件夹下的演示文稿yswg.pptx，按照下列要求完成对此文稿的修饰并保存。

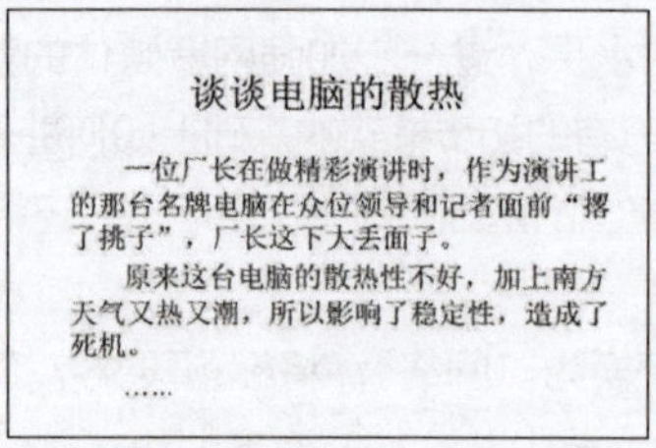

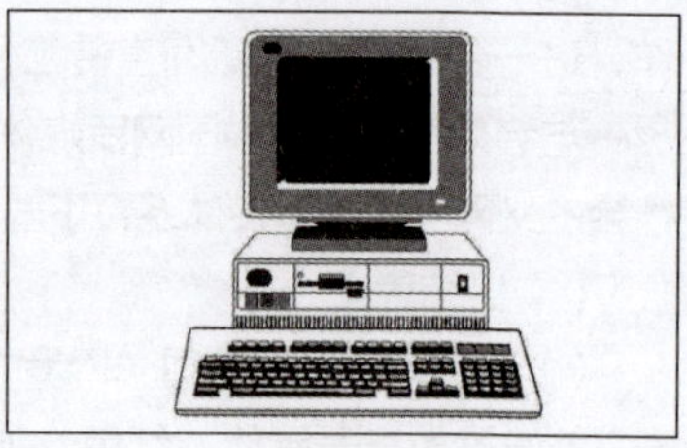

（1）将第一张幻灯片版式改变为“垂直排列标题与文本”，文本部分的动画效果设置为“棋盘”“下”，然后将这张幻灯片移成第二张幻灯片。

（2）整个演示文稿设置成“都市”模板；将全部幻灯片切换效果设置成“切出”。

六、浏览器（IE）的简单使用和电子邮件收发（10分）

某模拟网站的主页地址是：HTTP://LOCALHOST:65531/ExamWeb/INDEX.HTM，打开此主页，浏览“航空知识”页面，查找“水轰5（SH-5）”的页面内容，并将它以文本文件的格式保存到考生目录下，命名为“sh5hzj.txt”。

接收并阅读由xuexq@mail.neea.edu.cn发来的E-mail，并按E-mail中的指令完成操作。

✓ 答案

一、选择题

1. D【解析】Windows XP、UNIX、Linux是系统软件。

2. A【解析】m的ASCII码值为109，因为字母的ASCII码值是连续的，109+3=112，即p的ASCII码值为112。

3. A【解析】选项A指挥、协调计算机各部件工作是控制器功能；选项B进行算术运算与逻辑运算是运算器的功能。

4. D【解析】微型计算机的主要技术性能指标包括字长、时钟主频、运算速度、存储容量、存取周期等。

5. A【解析】在数制转换中，基数越大，位数越少。当为0、1时，位数可以相等。

6. D【解析】高级语言程序编译成目标程序，通过链接将目标程序链接成可执行程序。

7. B【解析】系统软件主要包括操作系统、语言处理系统、系统性能检测和实用工具软件等，其中最主要的是操作系统。

8. C【解析】计算机病毒是指编制或者在计算机程序中插入的破坏计算机功能或者破坏数据，影响计算机使用并且能够自我复制的一组计算机指令或者程序代码。选项A计算机病毒不是生物病毒，选项B计算机病毒不能永久性破坏硬件。

9. C【解析】CPU只能直接访问存储在内存中的数据。

10. B【解析】WPS Office 2003是应用软件。

11. C【解析】在一台计算机上申请的电子信箱，不必一定要通过这台计算机收信，通过其他的计算机也可以。

12. C【解析】RAM有两个特点，一个是可读/写性，一个是易失性，即断开电源时，RAM中的内容立即消失。

13. C【解析】汉字的内码=汉字的国标码+8080H。

14. C【解析】1946年世界上第一台名为ENIAC的电子计算机诞生于美国宾夕法尼亚大学。

15. A【解析】IP地址是由4个字节组成的，习惯写法是将每个字节作为一段并以十进制数来表示，而且段间用“.”分隔。每个段的十进制数范围为0～255。

16. C【解析】CPU是计算机的核心部件。

17. A【解析】1KB=2^{10}Bytes=1024Bytes。

18. B【解析】DVD是外接设备，Rom是只读存储，故合起来就是只读外部存储器。

19. B【解析】55=$2^5+2^4+2^2+2^1+2^0$，所以55的二进制为110111。

20. C【解析】显示器、绘图仪、打印机属于输出设备。

二、基本操作题

1. 删除文件

①打开考生文件夹下INTERDEV文件夹，选中要删除的JIMING.MAP文件；

②按Delete键，弹出确认对话框；

③单击“确定”按钮，将文件（文件夹）删除到回收站。

2. 新建文件夹

①打开考生文件夹下IOSEF文件夹；

②选择【文件】|【新建】|【文件夹】命令，或单击鼠标右键，弹出快捷菜单，选择【新建】|【文件夹】命令，即可生成新的文件夹，此时文件（文件夹）的名字处呈现蓝色可编辑状态，编辑名称为题目指定的名称MYPROG。

3. 复制文件

①打开考生文件夹下WARM文件夹，选中ZOOM.PRG文件；

②选择【编辑】|【复制】命令，或按快捷键Ctrl+C；

③打开考生文件夹下BUMP文件夹；

④选择【编辑】|【粘贴】命令，或按快捷键Ctrl+V。

4. 设置文件属性

①打开考生文件夹下SEED文件夹，选中CHIRIST.AVE文件；

②选择【文件】|【属性】命令，或单击鼠标右键，弹出快捷菜单，选择“属性”命令，即可打开“属性”对话框；

③在“属性”对话框中勾选“隐藏”属性和“只读”属性，单击“确定”按钮。

5. 移动文件和文件命名

①打开考生文件夹下KENT文件夹，选中MONITOR. CDX文件；

②选择【编辑】|【剪切】命令，或按快捷键Ctrl+ X；

③打开考生文件夹下KUNTER文件夹；

④选择【编辑】|【粘贴】命令，或按快捷键Ctrl+V；

⑤选中移动来的文件；

⑥按F2键，此时文件（文件夹）的名字处呈现蓝色可编辑状态，编辑名称为题目指定的名称CONSOLE.CDX。

三、字处理题

1.（1）【解题步骤】

步骤1： 通过“答题”菜单打开WORD1.DOCX文件，按题目要求替换文字。选中全部文本（包括标题段），在【开始】功能区的【编辑】分组中，单击“替换”按钮，弹出“查找和替换”对话框，在“替换”选项卡中，设置“查找内容”为“网罗”，设置“替换为”为“网络”，单击“全部替换”按钮，稍后弹出消息框，单击“确定”按钮，关闭对话框。

步骤2： 按题目要求设置标题段字体。选中标题段，在【开始】功能区的【字体】分组中，单击“字体”按钮，弹出“字体”对话框。在“字体”选项卡中，设置“中文字体”为“黑体”，设置“字号”为“三号”，设置“字形”为“加粗”，设置“字体颜色”为“红色”，设置“下划线线型”为“波浪线”，单击“确定”按钮。

步骤3： 按题目要求设置标题段对齐属性。选中标题段，在【开始】功能区的【段落】分组中，单击“居中”按钮。

（2）【解题步骤】

步骤1： 按照题目要求设置正文字体。选中正文各段，在【开始】功能区的【字体】分组中，单击“字体”按钮，弹出“字体”对话框。在“字体”选项卡中，设置“中文字体”为“宋体”，设置“字号”为“12磅”，单击“确定”按钮。

步骤2： 按照题目要求设置首字下沉。

步骤3： 按照题目要求设置正文段落属性。选中正文除第一段外的其余各段，在【开始】功能区的【段落】分组中，单击“段落”按钮，弹出“段落”对话框。单击“缩进和间距”选项卡，在“缩进”选项组中，设置“左侧”为“1.5字符”，设置“右侧”为“1.5字符”；在“特殊格式”选项组中，选择“首行缩进”选项，设置磅值为“2字符”；在“间距”选项组中，设置“段前”为“1行”，单击“确定”按钮。

（3）【解题步骤】

步骤1： 按照题目要求为段落设置分栏。选中正文第三段，在【页面布局】功能区的【页面设置】分组中，单击“分栏”按钮，选择“更多分栏”选项，弹出“分栏”对话框。选择“预设”选项组中的“两栏”选项，在“宽度和间距”选项组中设置“宽度”为“17字符”，勾选“栏宽相等”，单击“确定”按钮。

步骤2： 保存文件。

2.（1）【解题步骤】

步骤1： 通过“答题”菜单打开WORD2.DOCX文件，在表格顶端输入表格标题。

步骤2： 按照题目要求设置表格标题字体。选中表格标题，在【开始】功能区的【字体】分组中，单击“字体”按钮，弹出“字体”对话框。在“字体”选项卡中，设置“中文字体”为“楷体”，设置“字号”为“小二”，设置“字形”为“加粗”，单击“确定”按钮。

步骤3： 按照题目要求设置表格标题对齐属性。选中表格标题，在【开始】功能区的【段落】分组中，单击“居中”按钮。

（2）【解题步骤】

步骤1： 按照题目要求为表格插入行。选中表格最后一行的单元格，在【布局】功能区的【行和列】分组中，单击“在下方插入”按钮，插入一行，并按题目要求在表格最后一行输入行标题“小计”。

步骤2： 按照题目要求利用公式计算表格内容。单击“小计”行的第二列，在【布局】功能区的【数据】分组中，单击“f_x公式”按钮，弹出“公式”对话框，在“公式”编辑框中插入“=SUM（ABOVE）”，单击“确定”按钮。

注：“SUM（ABOVE）”中的“ABOVE”表示对上方的数据进行求和计算，按此步骤反复进行，直到完成所有列的计算。

步骤3： 保存文件。

四、电子表格题

（1）【解题步骤】

步骤1： 通过“答题”菜单打开EXCEL.XLSX文件，选中A1：F1单元格，在【开始】功能区的【对齐方式】分组中，单击“合并后居中”按钮，合并单元格并使内容居中。

步骤2： 计算“季度平均值”列内容。在函数输入框中插入公式“=AVERAGE（B3：E3）”，并按回车键，将鼠标移动到F3单元格的右下角，按住鼠标左键不放向下拖动即可计算出其他行的值。

注：当鼠标指针放在已插入公式的单元格的右下角时，它会变为小十字“+”，按住鼠标左键拖动其到相应的单元格即可进行数据的自动填充。

步骤3： 双击现有名称，输入新名称“季度销售数量情况表”。

（2）【解题步骤】

步骤1： 按照要求建立“簇状柱形图”。选中“产品名称”列和“季度平均值”列的单元格内容，在【插入】功能区的【图表】分组中，单击“创建图表”按钮，弹出“插入图表”对话框。在“柱形图”选项组中选择“簇状柱形图”，单击“确定”按钮，即可插入图表。

步骤2： 按照题目要求设置图表标题。在插入的图表中，选中图表标题，改为“季度销售数量情况图”。

步骤3： 调整图的大小并移动到指定位置。选中图表，按住鼠标左键单击图表不放并拖动，将其拖动到A7：F18单元格区域内。

注：不要超过这个区域。如果图表过大，无法放下，可以将鼠标放在图表的右下角，当鼠标指针变为“↘”时，按住左键拖动可以将图表缩小到指定区域内。

步骤4：保存文件。

五、演示文稿题

（1）【解题步骤】

步骤1：通过“答题”菜单打开yswg.pptx文件，按照题目要求设置幻灯片版式。选中第一张幻灯片，在【开始】功能区的【幻灯片】分组中，单击“版式”按钮，选择“垂直排列标题与文本”选项。

步骤2：按照题目要求设置剪贴画的动画效果。选中文本，在【动画】功能区的【动画】分组中，单击“其他”下拉三角按钮，选择“更多进入效果”选项，弹出“更改进入效果”对话框。在“基本型”选项组中选择“棋盘”效果，单击“确定”按钮。在【动画】分组中，单击“效果选项”按钮，选择“下”效果。

步骤3：移动幻灯片。在普通视图下，按住鼠标左键，拖拽第一张幻灯片到第二张幻灯片即可。

（2）【解题步骤】

步骤1：按照题目要求设置幻灯片模板。选中幻灯片，在【设计】功能区的【主题】分组中，单击“其他”下拉三角按钮，选择“都市”主题。

步骤2：按照题目要求设置幻灯片的切换效果。选中幻灯片，在【切换】功能区的【切换到此幻灯片】分组中，单击“其他”下拉三角按钮，在“细微型”选项组中选择“切出”效果。

步骤3：保存文件。

六、浏览器（IE）的简单使用和电子邮件收发

（略）

模拟试题（四）及参考答案

一、选择题（20分）

1. 假设某台式计算机的内存储器容量为256MB，硬盘容量为20GB。硬盘的容量是内存容量的________。

A. 40倍　B. 60倍　C. 80倍　D. 100倍

2. 一个字长为8位的无符号二进制整数能表示的十进制数值范围是________。

A. 0~256　B. 0~255　C. 1~256　D. 1~255

3. 完整的计算机软件指的是________。

A. 程序、数据与相应的文档　B. 系统软件与应用软件
C. 操作系统与应用软件　D. 操作系统和办公软件

4. Internet网中不同网络和不同计算机相互通信的基础是________。

A. ATM　B. TCP/IP　C. Novell　D. X.25

5. 已知三个字符为：a、X和5，按它们的ASCII码值升序排序，结果是________。

A. 5，a，X　B. a，5，X　C. X，a，5　D. 5，X，a

6. 一个完整计算机系统的组成部分应该是________。

A. 主机、键盘和显示器　B. 系统软件和应用软件
C. 主机和它的外部设备　D. 硬件系统和软件系统

7. 运算器的主要功能是进行________。

A. 算术运算　B. 逻辑运算　C. 加法运算　D. 算术或逻辑运算

8. 已知一个汉字的国标码是5E38H，其内码应是________。

A. DEB8H　B. DE38H　C. 5EB8H　D. 7E58H

9. 存储计算机当前正在执行的应用程序和相应的数据的存储器是________。

A. 硬盘　B. ROM　C. RAM　D. CD-ROM

10. 下列关于计算机病毒的叙述中，错误的是________。

A. 计算机病毒具有潜伏性
B. 计算机病毒具有传染性
C. 感染过计算机病毒的计算机具有对该病毒的免疫性
D. 计算机病毒是一个特殊的寄生程序

11. 根据国标GB 2312-1980的规定，总计有各类符号和一二级汉字编码________。

A. 7145个　B. 7445个　C. 3008个　D. 3755个

12. 下列各存储器中，存取速度最快的是________。

A. CD-ROM　B. 内存储器　C. 软盘　D. 硬盘

13. 下列关于世界上第一台电子计算机ENIAC的叙述中，错误的是________。
   A. 它是1946年在美国诞生的
   B. 它主要采用电子管和继电器
   C. 它是首次采用存储程序控制使计算机自动工作
   D. 它主要用于弹道计算

14. 度量计算机运算速度常用的单位是________。
   A. MIPS　B. MHz　C. MB　D. Mbps

15. 在微机的配置中常看到“P42.4G”字样，其中数字“2.4G”表示________。
   A. 处理器的时钟频率是2.4GHz　B. 处理器的运算速度是2.4GIPS
   C. 处理器是Pentium4第2.4代　D. 处理器与内存间的数据交换速率是2.4GB/S

16. 计算机能直接识别的语言是________。
   A. 高级程序语言　B. 机器语言　C. 汇编语言　D. C++语言

17. 二进制数1001001转换成十进制数是________。
   A. 72　B. 71　C. 75　D. 73

18. 十进制数90转换成无符号二进制数是________。
   A. 1011010　B. 1101010　C. 1011110　D. 1011100

19. 在外部设备中，扫描仪属于________。
   A. 输出设备　B. 存储设备　C. 输入设备　D. 特殊设备

20. 标准ASCII码用7位二进制位表示一个字符的编码，其不同的编码共有________。
   A. 127个　B. 128个　C. 256个　D. 254个

二、基本操作题（10分）

1. 将考生文件夹下MUNLO文件夹中的文件KUB.DOC删除。
2. 在考生文件夹下LOICE文件夹中建立一个名为WENHUA的新文件夹。
3. 将考生文件夹下JIE文件夹中的文件BMP.BAS设置为只读属性。
4. 将考生文件夹下MICRO文件夹中的文件GUIST.WPS移动到考生文件夹下的MING文件夹中。
5. 将考生文件夹下HYR文件夹中的文件MOUNT.PPT在同一文件夹下再复制一份，并将新复制的文件改名为BASE.PPT。

三、字处理题（25分）

1. 考生文件夹下，打开文档WORD1.DOCX，按照要求完成下列操作并以该文件名（WORD1.DOCX）保存文档。

【文档开始】

信息安全影响我国进入电子社会

随着网络经济和网络社会时代的到来，我国的军事、经济、社会、文化各方面都越来越依赖于网络。与此同时，电脑网络上出现利用网络盗用他人账号上网，窃取科技、经济情报进行经济犯罪等电子攻击现象。

今年春天，我国有人利用要新闻组中查到的普通技术手段，轻而易举地从多个商业站点窃取到8万个信用卡号和密码，并标价26万元出售。

同传统的金融管理方式相比，金融电子化如同金库建在电脑里，把钞票存在数据库里，资金流动在电脑网络里，金融电脑系统已经成为犯罪活动的新目标。

据有关资料，美国金融界每年由于电脑犯罪造成的经济损失近百亿美元。我国金融系统发生的电脑犯罪也逐年上升趋势。近年来最大一起犯罪案件造成的经济损失高达人民币2100万元。

【文档结束】

（1）将文中所有“电脑”替换为“计算机”；将标题段文字（“信息安全影响我国进入电子社会”）设置为三号黑体、红色、倾斜、居中并添加蓝色底纹。

（2）将正文各段文字（“随着网络经济……高达人民币2100万元。”）设置为五号楷体；各段落左、右各缩进0.5字符，首行缩进2字符，1.5倍行距，段前间距0.5行。

（3）将正文第三段（“同传统的金融管理方式相比，……新目标。”）分为等宽两栏，栏宽18字符；给正文第四段（“据有关资料，……2100万元。”）添加项目符号■。

2．考生文件夹下，打开文档WORD2.DOCX，按照要求完成下列操作并以该文件名（WORD2.DOCX）保存文档。

【文档开始】

3902 班成绩表

姓名	计算机基础	高等数学	物理	平均成绩
魏延廷	64	50	53	
杜庆生	80	78	85	
周京生	76	86	91	
万里	70	40	62	

【文档结束】

（1）将表格上端的标题文字设置成三号、仿宋、加粗、居中；计算表格中各学生的平均成绩。

（2）将表格中的文字设置成小四号、宋体，对齐方式为水平居中；数字设置成小四号、Times New Roman体、加粗，对齐方式为中部右对齐；小于60分的平均成绩用红色表示。

四、电子表格题（20分）

（1）打开工作簿文件EXCEL.XLSX，将工作表sheet1的A1：C1单元格合并为一个单元格，内容水平居中，计算人数的“总计”行及“所占比例”列的内容（所占比例=人数/总计），将工作表命名为“员工年龄情况表”。

（2）取“员工年龄情况表”的“年龄”列和“所占比例”列的单元格内容（不包括“总计”行），建立“分离型圆环图”，数据标志为“百分比”，图表标题为“员工年龄情况图”，插入到表的A9：C19单元格区域内。

	A	B	C
1	某企业员工年龄情况表		
2	年龄	人数	所占比例
3	30以下	25	
4	30至40	43	
5	40至50	21	
6	50以上	12	
7	总计		

五、演示文稿题（15分）

打开考生文件夹下的演示文稿yswg.pptx，按照下列要求完成对此文稿的修饰并保存。

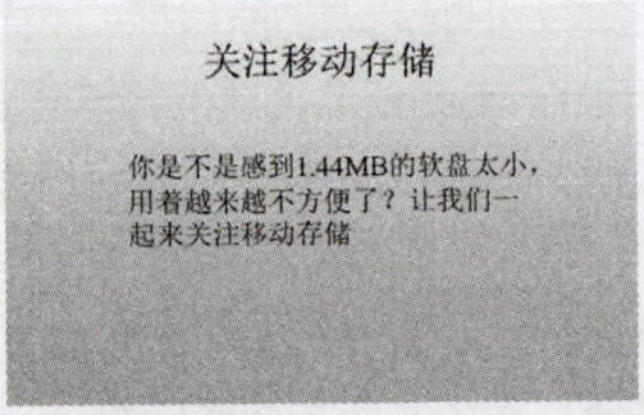

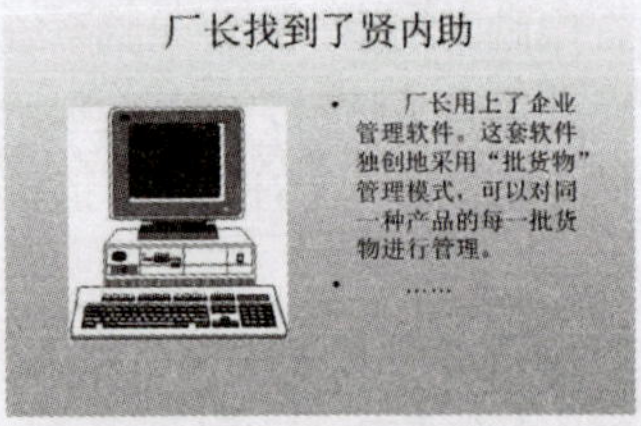

（1）将第二张幻灯片版式改变为“标题，内容与文本”，文本部分的动画效果设置为：“向内溶解”；在演示文稿的开始处插入一张“仅有标题”幻灯片，作为文稿的第一张幻灯片，标题键入“家电价格还会降吗?”，设置为：加粗、66磅。

（2）将第一张幻灯片背景填充预设颜色为“麦浪滚滚”，底纹样式为“线性向下”。全部幻灯片的切换效果设置成“形状”。

六、浏览器（IE）的简单使用和电子邮件收发（10分）

某模拟网站的主页地址是：HTTP://LOCALHOST:65531/ExamWeb/INDEX.HTM，打开此主页，浏览“科技小知识”页面，查找“无人飞机的分类”的页面内容，并将它以文本文件的格式保存到考生目录下，命名为“wrfj.txt”。

向部分门经理发一个E-mail，并将考生文件夹下的一个Word文档Sell.DOC作为附件一起发送，同时抄送给总经理。具体如下：

【收件人】zhangdeli@126.com

【抄送】wenjiangzhou@126.com

【主题】销售计划演示

【内容】“发去全年季度销售计划文档，在附件中，请审阅。”

✓ 答案

一、选择题

1. C【解析】1GB=1024MB=4*256MB，则20GB=80*256MB。

2. B【解析】无符号二进制数的第一位可为0，所以当全为0时最小值为0，当全为1时最大值为$2^8-1=255$。

3. B【解析】系统软件和应用软件组成了计算机软件系统的两个部分。

4. B【解析】TCP/IP协议主要是供已连接因特网的计算机进行通信的通信协议。

5. D【解析】ASCII码（用十六进制表示）为：a对应61，X对应58，5对应35。

6. D【解析】一个完整的计算机系统应该包括硬件和软件两部分。

7. D【解析】运算器的主要功能是对二进制数码进行算术运算或逻辑运算。

8. A【解析】汉字的内码=汉字的国标码+8080H，此题内码=5E38H+8080H=DEB8H。

9. C【解析】存储计算机当前正在执行的应用程序和相应数据的存储器是RAM，ROM为只读存储器。

10. C【解析】计算机病毒的特点有寄生性、破坏性、传染性、潜伏性、隐蔽性。

11. B【解析】在国标码的字符集中，收集了一级汉字3755个，二级汉字3008个，图形符号682个，一共是7445个。

12. B【解析】内存储器的存储速度最快。

13. C【解析】EDVAC出现时才使用存储程序。

14. A【解析】计算机的运算速度通常是指每秒钟所能执行的加法指令数目，常用MIPS表示。

15. A【解析】P代表奔腾系列，4代表此系列的第4代产品，2.4G是CPU的频率，单位是Hz。

16. B【解析】计算机只能直接识别机器语言。

17. D【解析】二进制转换为十进制：$2^6+2^3+2^0=73$。

18. A【解析】十进制转换为二进制：$2^6+2^4+2^3+2^1=90$，所以90的二进制表示为1011010。

19. C【解析】扫描仪属于输入设备。

20. B【解析】7位二进制编码，共有$2^7=128$个不同的编码值。

二、基本操作题

1. 删除文件

①打开考生文件夹下MUNLO文件夹，选中要删除的KUB.DOC文件；

②按Delete键，弹出确认对话框；

③单击“确定”按钮，将文件（文件夹）删除到回收站。

2. 新建文件夹

①打开考生文件夹下LOICE文件夹；

②选择【文件】|【新建】|【文件夹】命令，或单击鼠标右键，弹出快捷菜单，选择【新建】|【文件夹】命令，即可生成新的文件夹，此时文件（文件夹）的名字处呈现蓝色可编辑状态，编辑名称为题目指定的名称WENHUA。

3. 设置文件属性

①打开考生文件夹下JIE文件夹，选中BMP.BAS文件；

②选择【文件】|【属性】命令，或单击鼠标右键，弹出快捷菜单，选择“属性”命令，即可打开“属性”对话框；

③在“属性”对话框中勾选“只读”属性，单击“确定”按钮。

4. 移动文件

①打开考生文件夹下MICRO文件夹，选中GUIST.WPS文件；

②选择【编辑】|【剪切】命令，或按快捷键Ctrl+X；

③打开考生文件夹下MING文件夹；

④选择【编辑】|【粘贴】命令，或按快捷键Ctrl+V。

5. 复制文件和文件命名

①打开考生文件夹下HYR文件夹，选中MOUNT.PPT文件；

②选择【编辑】|【复制】命令，或按快捷键Ctrl+C；

③选择【编辑】|【粘贴】命令，或按快捷键Ctrl+V；

④选中复制来的文件；

⑤按F2键，此时文件（文件夹）的名字处呈现蓝色可编辑状态，编辑名称为题目指定的名称BASE.PPT。

三、字处理题

1.（1）【解题步骤】

步骤1：通过“答题”菜单打开WORD1.DOCX文件，按题目要求替换文字。选中正文各段，在【开始】功能区的【编辑】分组中，单击“替换”按钮，弹出“查找和替换”对话框，设置“查找内容”为“电脑”，设置“替换为”为“计算机”，单击“全部替换”按钮，稍后弹出消息框，提示完成6处替换，单击“确定”按钮。

步骤2：按题目要求设置标题段字体。选中标题段，在【开始】功能区的【字体】分组中，单击“字体”按钮，弹出“字体”对话框。在“字体”选项卡中，设置“中文字体”为“黑体”，设置“字号”为“三号”，设置“字形”为“倾斜”，设置“字体颜色”为“红色”，单击“确定”按钮。

步骤3：按题目要求设置标题段对齐属性。选中标题段，在【开始】功能区的【段落】分组中，单击“居中”按钮。

步骤4：按题目要求设置标题段底纹属性。选中标题段，在【开始】功能区的【段落】分组中，单击“底纹”下拉三角按钮，选择“蓝色”。

（2）【解题步骤】

步骤1：按照题目要求设置正文字体。选中正文各段，在【开始】功能区的【字体】分组中，单击“字体”按钮，弹出“字体”对话框。在“字体”选项卡中，设置“中文字体”为“楷体”，设置“字号”为“五号”，单击“确定”按钮。

步骤2：按题目要求设置正文段落属性。选中正文各段，在【开始】功能区的【段落】分组中，单击“段落”按钮，弹出“段落”对话框。单击“缩进和间距”选项卡，在“缩进”选项组中，设置“左侧”为“0.5字符”，设置“右侧”为“0.5字符”；在“特殊格式”选项组中，选择“首行缩进”选项，设置磅值为“2字符”；在“间距”选项组中，设置“段前”为“0.5行”，设置“行距”为“1.5倍行距”，单击“确定”按钮。

（3）【解题步骤】

步骤1：按照题目要求为段落设置分栏。选中正文第三段，在【页面布局】功能区的【页面设置】分组中，单击“分栏”按钮，选择“更多分栏”选项，弹出“分栏”对话框。选择“预设”选项组中的“两栏”选项，在“宽度和间距”选项组中设置“宽度”为“18字符”，勾选“栏宽相等”，单击“确定”按钮。

步骤2：选中正文第四段，按照要求添加项目符号。

步骤3：保存文件。

2.（1）【解题步骤】

步骤1：按题目要求设置表格标题字体。选中表格标题，在【开始】功能区的【字体】分组中，单击“字体”按钮，弹出“字体”对话框。在“字体”选项卡中，设置“中文字体”为“仿宋”，设置“字号”为“三号”，设置“字形”为“加粗”，单击“确定”按钮。

步骤2：按题目要求设置表格标题对齐属性。选中表格标题，在【开始】功能区的【段落】分组中，单击“居中”按钮。

步骤3：按照题目要求利用公式计算表格内容。单击“平均成绩”列的第二行，在【布局】功能区的【数据】分组中，单击“f_x公式”按钮，弹出“公式”对话框，在“公式”输入框中插入“=AVERAGE（LEFT）”，单击“确定”按钮。

注：“AVERAGE（LEFT）”中的“LEFT”表示对左方的数据进行求平均计算，按此步骤反复进行，直到完成所有行的计算。

（2）【解题步骤】

步骤1：按题目要求设置字体。选中表格中的文字，在【开始】功能区的【字体】分组中，单击“字体”按钮，弹出“字体”对话框。在“字体”选项卡中，设置“中文字体”为“宋体”，设置“字号”为“小四”，单击“确定”按钮。选中表格中的数字，按照同样的操作设置“西文字体”为“Times New Roman”，设置“字号”为“小四”，设置“字形”为“加粗”，单击“确定”按钮。

步骤2：按题目要求设置表格内容对齐方式。选中表格中的文字，在【布局】功能区的【对齐方式】分组中，单击“水平居中”按钮。选中表格中的数字，按照同样的操作设置表格中的数字为“中部右对齐”。

步骤3：选中“平均成绩”列中成绩小于60的单元格，在【开始】功能区的【字体】分组中，单击“字体”按钮，弹出“字体”对话框。在“字体”选项卡中，设置“字体颜色”为“红色”，单击“确定”按钮。

步骤4：保存文件。

四、电子表格题

（1）【解题步骤】

步骤1：通过“答题”菜单打开EXCEL.XLSX文件，选中A1：C1单元格，在【开始】功能区的【对齐方式】分组中，单击“合并后居中”按钮，合并单元格并使内容居中。

步骤2：计算“总计”行内容。在B7单元格中插入公式“=SUM（B3：B6）”，并按回车键。

步骤3：计算“所占比例”列内容。在C3单元格中插入公式“=B3/（$B$7）”，并按回车键，将鼠标移动到B3单元格的右下角，按住鼠标左键不放向下拖动即可计算出其他行的值。

注：当鼠标指针放在已插入公式的单元格的右下角时，它会变为小十字“+”，按住鼠标左键拖动其到相应的单元格即可进行数据的自动填充。

步骤4：双击现有名称，输入新名称“员工年龄情况表”。

步骤5：保存文件。

（2）【解题步骤】

步骤1：按题目要求建立“分离型圆环图”。选中“年龄”列和“所占比例”列的单元格内容（不包括“总计”行），在【插入】功能区的【图表】分组中，单击“创建图表”按钮，弹出“插入图表”对话框，在“圆环图”选项组中选择“分离型圆环图”，单击“确定”按钮，即可插入图表。

步骤2：按照题目要求设置图表标题。在插入的图表中，选中图表标题，改为“员工年龄情况图”。

步骤3：选中图表，按照题目要求设置数据标志。

步骤4：调整图的大小并移动到指定位置。选中图表，按住鼠标左键单击图表不放并拖动，将其拖动到A9：C19单元格区域内。

注：不要超过这个区域。如果图表过大，无法放下，可以将鼠标放在图表的右下角，当鼠标指针变为“↘”时，按住左键拖动可以将图表缩小到指定区域内。

步骤5：保存文件。

五、演示文稿题

（1）【解题步骤】

步骤1：通过“答题”菜单打开yswg.pptx文件，按照题目要求设置幻灯片版式。选中第二张幻灯片，在【开始】功能区的【幻灯片】分组中，单击“版式”按钮，选择“标题，内容与文本”选项。

步骤2：按照题目要求设置文本的动画效果。选中文本，在【动画】功能区的【动画】分组中，单击“其他”下拉三角按钮，选择“更多进入效果”选项，弹出“更改进入效果”对话框。在“基本型”选项组中选择“向内溶解”效果，单击“确定”按钮。

步骤3：用鼠标单击第一张幻灯片前面的位置，在【开始】功能区的【幻灯片】分组中，单击“新建幻灯片”下拉三角按钮，选择“仅标题”选项。新插入的幻灯片作为第一张幻灯片。

步骤4：在第一张幻灯片的“单击此处添加标题”处输入“家电价格还会降吗?”。选中“家电价格还会降吗?”，在【开始】功能区的【字体】分组中，单击“字体”按钮，弹出“字体”对话框。在“字体”选项卡中，设置“大小”为“66磅”，设置“字体样式”为“加粗”，单击“确定”按钮。

（2）【解题步骤】

步骤1：设置幻灯片的背景。

步骤2：按照题目要求设置幻灯片的切换效果。选中全部幻灯片，在【切换】功能区的【切换到此幻灯片】分组中，单击“其他”下拉三角按钮，在“细微型”选项组中选择“形状”效果。

步骤3：保存文件。

六、浏览器（IE）的简单使用和电子邮件收发

（略）

模拟试题（五）及参考答案

一、选择题（20分）

1. 十进制数75等于二进制数____________。
   A. 1001011　　B. 1010101　　C. 1001101　　D. 1000111

2. 用8位二进制数能表示的最大的无符号整数等于十进制整数____________。
   A. 255　　B. 256　　C. 128　　D. 127

3. 用来存储当前正在运行的应用程序及相应数据的存储器是____________。
   A. ROM　　B. 硬盘　　C. RAM　　D. CD-ROM

4. 已知汉字“家”的区位码是2850，则其国标码是____________。
   A. 4870D　　B. 3C52H　　C. 9CB2H　　D. A8D0H

5. 字符比较大小实际是比较它们的ASCII码值，正确的比较是____________。
   A. ‘A’比‘B’大　　B. ‘H’比‘h’小
   C. ‘F’比‘D’小　　D. ‘9’比‘D’大

6. 无符号二进制整数101001转换成十进制整数等于____________。
   A. 41　　B. 43　　C. 45　　D. 39

7. 下面关于优盘的描述中，错误的是____________。
   A. 优盘有基本型、增强型和加密型三种
   B. 优盘的特点是重量轻、体积小
   C. 优盘多固定在机箱内，不便携带
   D. 断电后，优盘还能保持存储的数据不丢失

8. 第三代计算机采用的电子元件是____________。
   A. 晶体管　　B. 中、小规模集成电路
   C. 大规模集成电路　　D. 电子管

9. 下列设备组中，完全属于外部设备的一组是____________。
   A. CD-ROM驱动器，CPU，键盘，显示器
   B. 激光打印机，键盘，CD-ROM驱动器，鼠标器
   C. 内存储器，CD-ROM驱动器，扫描仪，显示器
   D. 打印机，CPU，内存储器，硬盘

10. 计算机之所以能按人们的意图自动进行工作，最直接的原因是因为采用了____________。
    A. 二进制　　B. 高速电子元件　　C. 程序设计语言　　D. 存储程序控制

11. 下列各组软件中，全部属于应用软件的是____________。
    A. 程序语言处理程序、操作系统、数据库管理系统
    B. 文字处理程序、编辑程序、UNIX操作系统

C. 财务处理软件、金融软件、WPS Office 2003

D. Word 2000、Photoshop、Windows 98

12. 通常所说的微型机主机是指________________。

A. CPU和内存　　B. CPU和硬盘

C. CPU、内存和硬盘　　D. CPU、内存与CD-ROM

13. 下列关于计算机病毒的叙述中，错误的是________________。

A. 计算机病毒具有潜伏性

B. 计算机病毒具有传染性

C. 感染过计算机病毒的计算机具有对该病毒的免疫性

D. 计算机病毒是一个特殊的寄生程序

14. 域名MH.BIT.EDU.CN中主机名是________________。

A. MH　　B. EDU　　C. CN　　D. BIT

15. 运算器的功能是________________。

A. 进行逻辑运算　　B. 进行算术运算或逻辑运算

C. 进行算术运算　　D. 做初等函数的计算

16. 在微机中，西文字符所采用的编码是________________。

A. EBCDIC码　　B. ASCII码　　C. 国标码　　D. BCD码

17. 根据汉字国标码GB 2312-1980的规定，将汉字分为常用汉字和次常用汉字两级。次常用汉字的排列次序是按________________。

A. 偏旁部首　　B. 汉语拼音字母　　C. 笔画多少　　D. 使用频率多少

18. 组成计算机指令的两部分是________________。

A. 数据和字符　　B. 操作码和地址码　　C. 运算符和运算数　　D. 运算符和运算结果

19. 存储一个24×24点的汉字字形码需要________________。

A. 32字节　　B. 48字节　　C. 64字节　　D. 72字节

20. 对计算机操作系统的作用描述完整的是________________。

A. 管理计算机系统的全部软、硬件资源，合理组织计算机的工作流程，以充分发挥计算机资源的效率，为用户提供使用计算机的友好界面

B. 对用户存储的文件进行管理，方便用户

C. 执行用户键入的各类命令

D. 为汉字操作系统提供运行的基础

二、基本操作题（10分）

1. 将考生文件夹下BNPA文件夹中的RONGHE.COM文件复制到考生文件夹下EDZK文件夹中，文件名改为SHAN.COM。

2. 在考生文件夹下WUE文件夹中创建名为PB6.TXT的文件，并设置属性为只读。

3. 为考生文件夹下AHEWL文件夹中的MENS.EXE文件建立名为KMENS的快捷方式，并存放在考生文件夹下。

4. 将考生文件夹下的HGACYL文件夹中的RLQM.MEM文件移动到考生文件夹下XEPO文件夹中，并改名为PLAY.MEM。

5. 搜索考生文件夹下的AUTOE.BAT文件，然后将其删除。

三、字处理题（25分）

在考生文件夹下，打开WORD1.DOCX，按照要求完成下列操作并以该文件名（WORD1.DOCX）保存文件。

【文档开始】

音调、音强与音色

声音是模拟信号的一种，从人耳听觉的角度看，声音的质量特性主要体现在音调、音强和音色三个方面。

音调与声音的频率有关，频率快则声音尖高，频率慢则声音显得低沉。声音按频率可分为：次声（小于20Hz）、可听声（20Hz-20000Hz）和超声（大于20000Hz）。

音强即声音音量，它与声波的振动幅度有关，反映了声音的大小和强弱，振幅大则音量大。

振幅和周期都不变的声音称为纯音，但自然界中的大部分声音一般都不是纯音，而是由不同振幅的声波组合起来的一种复音。在复音中的最低频率称为该复音的基频。复音中其他频率称之为谐音，基频和谐音组合起来，决定了声音的音色，使人们有可能对不同的声音特征加以辨认。

不同种类声音的频带宽度

声音类型　频带宽度

男性声音　100Hz-9KHz

女性声音　150Hz-10KHz

电话语音　200Hz-3.4KHz

调幅广播　50Hz-7KHz

调频广播　20Hz-15KHz

宽带音响　20Hz-20KHz

【文档结束】

（1）将文中所有的“谐音”替换为“泛音”并在字下加线。

（2）将标题段文字（“音调、音强与音色”）设置为三号红色宋体、加粗、居中并添加黄色底纹。

（3）正文文字（“声音是模拟……加以辨认”）设置为小四号宋体，各段落左、右各缩进1.5字符，首行缩进2字符，段前间距1行。

（4）将表格标题（“不同种类声音的频带宽度”）设置为四号宋体、倾斜、居中。

（5）将文中最后7行统计数字转换成一个7行2列的表格，表格居中，列宽3厘米，表格中的文字设置为五号宋体、第一行内容对齐方式为水平居中，其他各行内容对齐方式为中部两端对齐。

四、电子表格题（20分）

（1）打开工作簿文件EXCEL.XLSX，将工作表sheet1的A1：D1单元格合并为一个单元格，内容水平居中；计算“金额”列的内容（金额=数量*单价），将工作表命名为“购买办公用品情况表”。

	A	B	C	D
1	某单位购买办公用品情况表			
2	名称	数量	单价	金额
3	书柜	25	659	
4	办公桌	76	387	
5	办公椅	95	167	

（2）打开工作簿文件EXC.XLSX（内容同第2套四、电子表格题（2）中的EXC.XLSX文件），对工作表“选修课程成绩单”内的数据清单的内容按主要关键字为“系别”的降序次序和次要关键字为“课程名称”的降序次序进行排序，排序后的工作表还保存在EXC.XLSX工作簿文件中，工作表名不变。

五、演示文稿题（15分）

打开考生文件夹下的演示文稿yswg.pptx，按照下列要求完成对此文稿的修饰并保存。

（1）将第一张幻灯片副标题的动画效果设置为：“切入”“自左侧”；将第二张幻灯片版式改变为“垂直排列标题与文本”；在演示文稿的最后插入一张版式设置为“仅标题”幻灯片，键入“细说生活得失”。

（2）使用演示文稿设计中的“透视”模板来修饰全文。全部幻灯片的切换效果设置成“切换”。

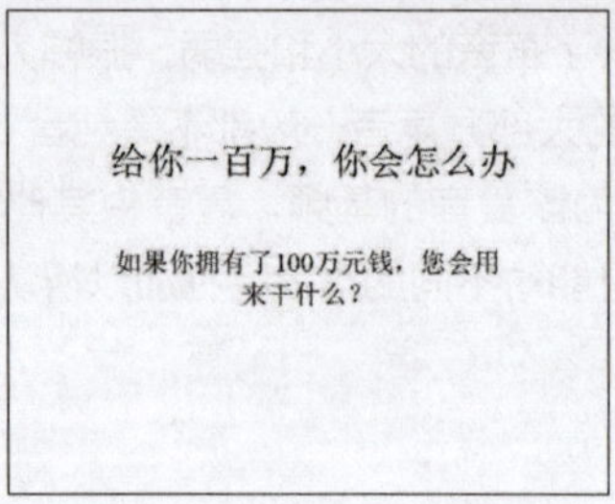

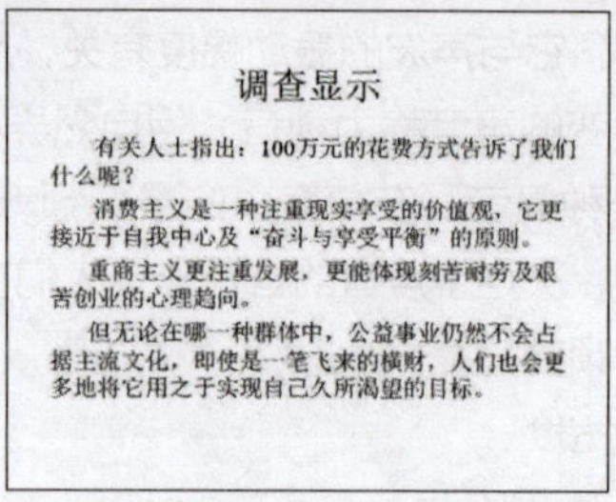

六、浏览器（IE）的简单使用和电子邮件收发（10分）

某模拟网站的主页地址是：HTTP://LOCALHOST:65531/ExamWeb/INDEX.HTM，打开此主页，浏览“天文小知识”页面，查找“火星”的页面内容，并将它以文本文件的格式保存到考生目录下，命名为“huoxing.txt”。

向课题组成员小赵和小李分别发E-mail，主题为“紧急通知”，具体内容为“本周二下午1时，在学院会议室进行课题讨论，请勿迟到缺席！”。发送地址分别是：

zhaoguoli@cuc.edu.cn和lijianguo@cuc.edu.cn。

答案

一、选择题

1. A【解析】十进制转换为二进制：$2^6+2^3+2^1+2^0=75$，所以75的二进制为1001011。
2. A【解析】无符号二进制数各位都为1时值最大，最大值为$2^8-1=255$。
3. C【解析】存储计算机当前正在执行的应用程序和相应数据的存储器是RAM，ROM为只读存储器。
4. B【解析】汉字的区位码分为区码和位码，家的区码是28，位码是50，将区码和位码分别化为十六进制得到1C32H。用1C32H+2020H=3C52H（国标码）。

5. B【解析】字符的ASCII码从小到大依次为数字、大写字母、小写字母。

6. A【解析】二进制转换为十进制：$2^5+2^3+2^0=41$。

7. C【解析】优盘通过计算机的USB接口即插即用，使用方便。

8. B【解析】计算机采用的电子器件为：第一代是电子管，第二代是晶体管，第三代是中小规模集成电路，第四代是大规模、超大规模集成电路。

9. B【解析】CPU、内存储器不是外部设备，所以只能选B。

10. D【解析】电子计算机能够快速、自动、准确地按照人们的意图工作的基本思想最主要是存储程序和程序控制，这个思想是由冯·诺依曼在1946年提出的。

11. C【解析】操作系统，UNIX操作系统、Windows98不是应用软件。

12. A【解析】微型机的主机一般包括CPU、内存、I/O接口电路、系统总线。

13. C【解析】计算机病毒的特点有寄生性、破坏性、传染性、潜伏性、隐蔽性。

14. A【解析】域名标准的四个部分依次是：服务器（主机名），域，机构，国家。

15. B【解析】运算器的主要功能是对二进制数码进行算术运算或逻辑运算。

16. B【解析】西文字符采用ASCII码编码。

17. A【解析】在国家汉字标准GB 2312-1980中，一级常用汉字按（汉语拼音）规律排列，二级次常用汉字按（偏旁部首）规律排列。

18. B【解析】计算机指令格式通常包含操作码和操作数（地址码）两部分。

19. D【解析】在24×24的网格中描绘一个汉字，整个网格分为24行24列，每个小格用1位二进制编码表示，每一行需要24个二进制位，占3个字节，24行共占24×3=72个字节。

20. A【解析】操作系统是人与计算机之间通信的桥梁，为用户提供了一个清晰、简洁、易用的工作界面，用户通过操作系统提供的命令和交互功能实现各种访问计算机的操作。

二、基本操作题

1. 复制文件和文件命名

①打开考生文件夹下BNPA文件夹，选中RONGHE.COM文件；

②选择【编辑】|【复制】命令，或按快捷键Ctrl+ C；

③打开考生文件夹下EDZK文件夹；

④选择【编辑】|【粘贴】命令，或按快捷键Ctrl+V；

⑤选中复制来的文件；

⑥按F2键，此时文件（文件夹）的名字处呈现蓝色可编辑状态，编辑名称为题目指定的名称SHAN.COM。

2. 新建文件

①打开考生文件夹下WUE文件夹；

②选择【文件】|【新建】|【文本文档】命令，或单击鼠标右键，弹出快捷菜单，选择【新建】|【文本文档】命令，即可生成新的文件，此时文件（文件夹）的名字处呈现蓝色可编辑状态。编辑名称为题目指定的名称PB6.TXT。

③选中新建的文件，选择【文件】|【属性】命令，或单击鼠标右键，弹出快捷菜单，选择【属性】命令，弹出“属性”对话框，勾选“只读”属性，单击“确定”按钮。

3. 创建文件的快捷方式

①打开考生文件夹下AHEWL文件夹，选中要生成快捷方式的MENS.EXE文件；

②选择【文件】|【创建快捷方式】命令，或单击鼠标右键，弹出快捷菜单，选择“创建快捷方式”命令，即可在同文件夹下生成一个快捷方式文件；

③移动这个文件到考生文件夹下，并按F2键改名为KMENS。

4. 移动文件和文件命名

①打开考生文件夹下HGACYL文件夹，选中RLQM.MEM文件；

②选择【编辑】|【剪切】命令，或按快捷键Ctrl+X；

③打开考生文件夹下XEPO文件夹；

④选择【编辑】|【粘贴】命令，或按快捷键Ctrl+V；

⑤选中移动来的文件；

⑥按F2键，此时文件（文件夹）的名字处呈现蓝色可编辑状态，编辑名称为题目指定的名称RLAY.MEM。

5. 搜索文件和删除文件

①打开考生文件夹；

②在工具栏右上角的搜索框中输入要搜索的文件名AUTOE.BAT，单击搜索框右侧的“”按钮，搜索结果将显示在文件窗格中；

③选中搜索出的文件；

④按Delete键，弹出确认对话框；

⑤单击“确定”按钮，将文件（文件夹）删除到回收站。

三、字处理题

（1）【解题步骤】

通过“答题”菜单打开WORD1.DOCX文件，按题目要求替换文字。

（2）【解题步骤】

步骤1：按题目要求设置标题段字体。选中标题段，在【开始】功能区的【字体】分组中，单击“字体”按钮，弹出“字体”对话框。在“字体”选项卡中，设置“中文字体”为“宋体”，设置“字号”为“三号”，设置“字形”为“加粗”，设置“字体颜色”为“红色”，单击“确定”按钮。

步骤2：按题目要求设置标题段对齐属性。选中标题段，在【开始】功能区的【段落】分组中，单击“居中”按钮。

步骤3：按题目要求设置标题段底纹属性。选中标题段，在【开始】功能区的【段落】分组中，单击“底纹”下拉三角按钮，选择填充色为“黄色”，单击“确定”按钮。

（3）【解题步骤】

步骤1：按照题目要求设置正文字体。选中正文前四段，在【开始】功能区的【字体】分组中，单击“字体”按钮，弹出“字体”对话框。在“字体”选项卡中，设置“中文字体”为“宋体”，设置“字号”为“小四”，单击“确定”按钮。

步骤2：按题目要求设置正文段落属性。选中正文前四段，在【开始】功能区的【段落】分组中，单击“段落”按钮，弹出“段落”对话框。单击“缩进和间距”选项卡，在“缩进”选项组中，设置“左侧”为“1.5字符”，设置“右侧”为“1.5字符”；在“特殊格式”选项组中，选择“首行缩进”选项，设置磅值为“2字符”；在“间距”选项组中，设置“段前”为“1行”，单击“确定”按钮。

（4）【解题步骤】

步骤1：按照题目要求设置表格标题字体。选中表格标题，在【开始】功能区的【字体】分组中，单击“字体”按钮，弹出“字体”对话框。在“字体”选项卡中，设置“中文字体”为“宋体”，设置“字号”为“四号”，设置“字形”为“倾斜”，单击“确定”按钮。

步骤2：按照题目要求设置表格标题对齐属性。选中表格标题，在【开始】功能区的【段落】分组中，单击“居中”按钮。

（5）【解题步骤】

步骤1：按照题意将文字转换为表格。

步骤2：按照题目要求设置表格对齐属性。选中表格，在【开始】功能区的【段落】分组中，单击“居中”按钮。

步骤3：按照题目要求设置表格列宽。选中表格，在【布局】功能区的【单元格大小】分组中，单击“表格属性”按钮，弹出“表格属性”对话框。单击“列”选项卡，并指定宽度为“3厘米”，单击“确定”按钮。

步骤4：按照题目要求设置字体。选中表格，在【开始】功能区的【字体】分组中，单击“字体”按钮，弹出“字体”对话框。在“字体”选项卡中，设置“中文字体”为“宋体”，设置“字号”为“五号”，单击“确定”按钮。

步骤5：按题目要求设置表格内容对齐方式。选中表格第一行，在【布局】功能区的【对齐方式】分组中，单击“水平居中”按钮。按照同样的操作设置其他各行为“中部两端对齐”。

步骤6：保存文件。

四、电子表格题

（1）【解题步骤】

步骤1：通过“答题”菜单打开EXCEL.XLSX文件，选中A1：D1单元格，在【开始】功能区的【对齐方式】分组中，单击“合并后居中”按钮，合并单元格并使内容居中。

步骤2：计算“金额”列内容。在D3单元格中插入公式“=B3*C3”，并按回车键，将鼠标移动到D3单元格的右下角，按住鼠标左键不放向下拖动即可计算出其他行的值。

注：当鼠标指针放在已插入公式的单元格的右下角时，它会变为小十字“+”，按住鼠标左键拖动其到相应的单元格即可进行数据的自动填充。

步骤3：双击现有名称，输入新名称“购买办公用品情况表”。

步骤4：保存文件。

（2）【解题步骤】

步骤1：通过“答题”菜单打开EXC.XLSX文件，按照要求对表格进行排序。

步骤2：保存文件。

五、演示文稿题

（1）【解题步骤】

步骤1：通过“答题”菜单打开yswg.pptx文件，按照题目要求设置副标题的动画效果。选中第一张幻灯片的副标题，在【动画】功能区的【动画】分组中，单击“其他”下拉三角按钮，选择“更多进入效果”选项，弹出“更改进入效果”对话框。在“基本型”选项组中选择“切入”效果，单击“确定”按钮。在【动画】分组中，单击“效果选项”按钮，选择“自左侧”选项。

步骤2：按照题目要求设置幻灯片版式。选中第二张幻灯片，在【开始】功能区的【幻灯片】分组中，单击“版式”按钮，选择“垂直排列标题与文本”选项。

步骤3：按照要求插入新幻灯片。用鼠标单击最后一张幻灯片后面的位置，在【开始】功能区的【幻灯片】分组中，单击“新建幻灯片”下拉三角按钮，选择“仅标题”选项。新插入的幻灯片作为最后一张幻灯片。

步骤4：在最后一张幻灯片的“单击此处添加标题”处输入“细说生活得失”。

（2）【解题步骤】

步骤1：按照题目要求设置幻灯片模板。选中全部幻灯片，在【设计】功能区的【主题】分组中，单击“其他”下拉三角按钮，选择“透视”主题。

步骤2：按照题目要求设置幻灯片的切换效果。选中幻灯片，在【切换】功能区的【切换到此幻灯片】分组中，单击“其他”下拉三角按钮，在“华丽型”选项组中选择“切换”效果。

步骤3：保存文件。

模拟试题（六）及参考答案

一、选择题（20分）

1. 第二代电子计算机所采用的电子元件是________。
   A. 继电器　　B. 晶体管　　C. 电子管　　D. 集成电路

2. 假设邮件服务器的地址是email.bj163.com，则用户正确的电子邮箱地址的格式是________。
   A. 用户名#email.bj163.com　　B. 用户名@email.bj163.com
   C. 用户名email.bj163.com　　D. 用户名$email.bj163.com

3. 二进制数1100100等于十进制数________。
   A. 96　　B. 100　　C. 104　　D. 112

4. 十进制整数64转换为二进制整数等于________。
   A. 1100000　　B. 1000000　　C. 1000100　　D. 1000010

5. 5位二进制无符号数最大能表示的十进制整数是________。
   A. 64　　B. 63　　C. 32　　D. 31

6. 显示器的主要技术指标之一是________。
   A. 分辨率　　B. 亮度　　C. 彩色　　D. 对比度

7. 十进制数101转换成二进制数是________。
   A. 01101011　　B. 01100011　　C. 01100101　　D. 01101010

8. 一个汉字的16×16点阵字形码长度的字节数是________。
   A. 16　　B. 24　　C. 32　　D. 40

9. 在ASCII码表中，根据码值由小到大的排列顺序是________。
   A. 空格字符、数字符、大写英文字母、小写英文字母
   B. 数字符、空格字符、大写英文字母、小写英文字母
   C. 空格字符、数字符、小写英文字母、大写英文字母
   D. 数字符、大写英文字母、小写英文字母、空格字符

10. 已知英文字母m的ASCII码值为6DH，那么ASCII码值为70H的英文字母是________。
   A. P　　B. Q　　C. p　　D. j

11. 微机的主机指的是________。
   A. CPU、内存和硬盘　　B. CPU、内存、显示器和键盘
   C. CPU和内存储器　　D. CPU、内存、硬盘、显示器和键盘

12. 下列叙述中，正确的是________。
   A. 所有计算机病毒只在可执行文件中传染
   B. 计算机病毒主要通过读写移动存储器或Internet网络进行传播

C．只要把带病毒的优盘设置成只读状态，那么此盘上的病毒就不会因读盘而传染给另一台计算机

D．计算机病毒是由于光盘表面不清洁而造成的

13．计算机网络最突出的优点是________。

A．精度高　B．共享资源　C．运算速度快　D．容量大

14．下列各项中，正确的电子邮箱地址是________。

A．L202@sina.com　B．TT202#yahoo.com

C．A112.256.23.8　D．K201yahoo.com.cn

15．下列叙述中，正确的是________。

A．C++是高级程序设计语言的一种

B．用C++程序设计语言编写的程序可以直接在机器上运行

C．当代最先进的计算机可以直接识别、执行任何语言编写的程序

D．机器语言和汇编语言是同一种语言的不同名称

16．一个字符的标准ASCII码码长是________。

A．8bits　B．7bits　C．16bits　D．6bits

17．组成一个完整的计算机系统应该包括________。

A．主机、鼠标器、键盘和显示器　B．系统软件和应用软件

C．主机、显示器、键盘和音箱等外部设备　D．硬件系统和软件系统

18．冯·诺依曼（Von Neumann）在他的EDVAC计算机方案中，提出了两个重要的概念，它们是________。

A．采用二进制和存储程序控制的概念　B．引入CPU和内存储器的概念

C．机器语言和十六进制　D．ASCII编码和指令系统

19．下列叙述中，正确的是________。

A．计算机病毒只在可执行文件中传染

B．计算机病毒主要通过读/写移动存储器或Internet网络进行传播

C．只要删除所有感染了病毒的文件就可以彻底消除病毒

D．计算机杀病毒软件可以查出和清除任意已知的和未知的计算机病毒

20．当电源关闭后，下列关于存储器的说法中，正确的是________。

A．存储在RAM中的数据不会丢失　B．存储在ROM中的数据不会丢失

C．存储在软盘中的数据会全部丢失　D．存储在硬盘中的数据会丢失

二、基本操作题（10分）

1．在考生文件夹下GUO文件夹中创建名B3AP.TXT的文件，并设置属性为隐藏。

2．将考生文件夹下PQNE文件夹中的PHEA.TMP文件复制到考生文件夹下XDM文件夹中，文件名为AHF.TMP。

3．为考生文件夹下HAWEL文件夹中的MAW.EXE文件建立名为KMAW的快捷方式，并存放在考生文件夹下。

4．将考生文件夹中HGACYL.BAK文件移动到考生文件夹下的ERPO文件夹中，并改名为GMICRO.BAK。

5．搜索考生文件夹下的GWIN.PAS文件，然后将其删除。

三、字处理题（25分）

在考生文件夹下WORD1.DOCX，按照要求完成下列操作并以该文件名（WORD1.DOCX）保存文档。

【文档开始】

硬盘的发展突破了多次容量限制

容量恐怕是最能体现硬盘发展速度的了，从当初IBM发布世界上第一款5MB容量的硬盘到现在，硬盘的容量已经达到了上百GB。

硬盘容量的增加主要通过增加单碟容量和增加盘片数来实现。单碟容量就是硬盘盘体内每张盘片的最大容量，每块硬盘内部有若干张碟片，所有碟片的容量之和就是硬盘的总容量。

单碟容量的增长可以带来三个好处：

硬盘容量的提高。由于硬盘盘体内一般只能容纳。到5张碟片，所以硬盘总容量的增长只能通过增加单碟容量来实现。

传输速度的增加，因为盘片的表面积是一定的，那么只有增加单位面积内数据的存储密度。这样一来，磁头在通过相同的距离时就能读取更多的数据，对于连续存储的数据来说，性能提升非常明显。

成本下降。举例来讲，同样是40GB的硬盘，若单碟容量为10GB，那么需要4张盘片和8个磁头，要是单碟容量上升为20GB，那么需要2张盘片和4个磁头，对于单碟容量达40GB的硬盘来说，只要1张盘片和2个磁头就够了，能够节约很多成本。

目前硬盘单碟容量正在飞速增加，但硬盘的总容量增长速度却没有这么快，这正是增加单碟容量并减少盘片数的结果，出于成本和价格两方面的考虑，两张盘片是个比较理想的平衡点。

各个时代硬盘容量的限制一览表

操作系统时代	微机配置限制	容量限制
DOS时代	早期PC/XT限制	10MB
FAT12文件分配表限制	16MB	
DOS 3.x限制	2MB	
DOS 4.x限制	128MB	
DOS 5.x，早期ATA BIOS限制	528MB	
Win3.x/Win95A	FAT16文件分配表限制	2.1GB
CMOS扩展CHS地址限制	4.2GB	
Win95A（OSR2）Win98	BIOS/int13 24bit地址限制	8.4GB
BIOS限制	32GB	
Win Me/Win2000	28bit CHS限制	137GB

【文档结束】

（1）为文中所有“容量”一词添加下划线。

（2）将标题段文字（“硬盘的发展突破了多次容量限制”）设置为16磅深蓝色黑体、加粗、居中、字符间距加宽1磅，并添加黄色底纹。

（3）设置正文各段落（“容量恐怕是……比较理想的平衡点。”）首行缩进2字符、行距为1.2倍行距、段前间距0.8行；为正文第四至第六段（“硬盘容量的提高……能够节约很多成本。”）添加项目符号“◆”。

（4）将文中最后11行文字转换成一个11行3列的表格；分别将第1列的第2至第6行单元格、第7至第8行单元格、第9至第10行单元格加以合并。

（5）设置表格居中、表格第1和第2列列宽为4.5厘米、第3列列宽为2厘米；并将表格中所有文字设置为中部居中；设置表格所有框线为1磅蓝色单实线。

四、电子表格题（20分）

（1）打开工作簿文件EXCEL.XLSX，将工作表sheet1的A1：F1单元格合并为一个单元格，内容水平居中，计算“合计”列的内容，将工作表命名为“商场销售情况表”。

	A	B	C	D	E	F
1	某商场销售情况表（单位：万元）					
2	部门名称	第一季度	第二季度	第三季度	第四季度	合计
3	家电部	26.4	72.4	34.5	63.5	
4	服装部	35.6	23.4	54.5	58.4	
5	食品部	46.2	54.6	64.7	67.9	

（2）选取“商场销售情况表”的“部门名称”列和“合计”列的单元格内容，建立“簇状棱锥图”，X轴上的项为部门名称，图表标题为“商场销售情况图”，插入到表的A7：F18单元格区域内。

五、演示文稿题（15分）

打开考生文件夹下的演示文稿yswg.pptx，按照下列要求完成对此文稿的修饰并保存。

（1）在演示文稿的开始处插入一张“仅标题”幻灯片，作为文稿的第一张幻灯片，标题键入“吃亏就是占便宜”，并设置为72磅；在第二张幻灯片的主标题中键入“我想做一个美丽女人”，并设置为60磅、加粗、红色（请用自定义标签中的红色230，绿色1，蓝色1）；将第三张幻灯片版式改变为“垂直排列标题与文本”。

（2）全部幻灯片的切换效果设置为“覆盖”，使用“复合”演示文稿设计模板修饰全文。

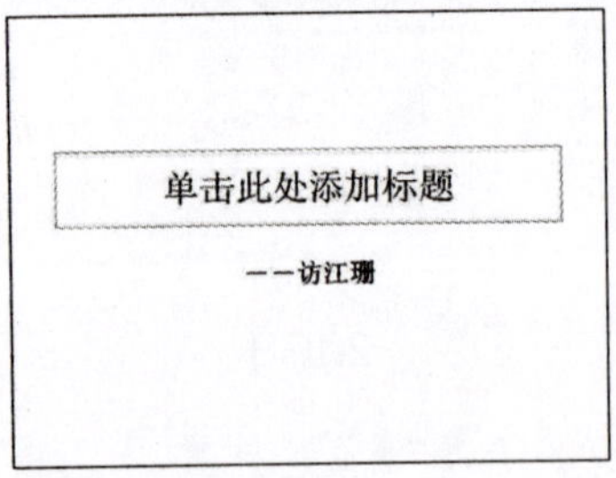

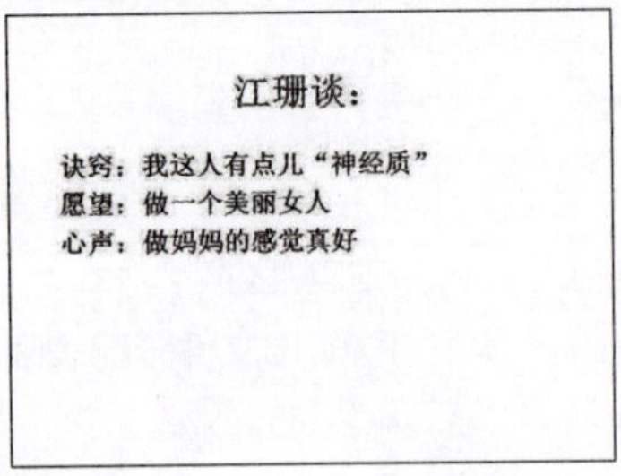

✓ 答案

一、选择题

1. B【解析】计算机采用的电子器件为：第一代是电子管，第二代是晶体管，第三代是中小规模集成电路，第四代是大规模、超大规模集成电路。

2. B【解析】电子邮件地址由以下几个部分组成：用户名@域名.后缀。

3. B【解析】二进制转化为十进制为：$2^6+2^5+2^2=100$。

4. B【解析】$64=2^6$，所以64的二进制为1000000。

5. D【解析】无符号二进制数全部5位均为1时，最大值为$2^5-1=31$。

6. A【解析】显示器的主要技术指标有扫描方式、刷新频率、点距、分辨率、带宽、亮度和对比度、尺寸。

7. C【解析】$2^6+2^5+2^2+2^0=101$，所以101的二进制为1100101。

8. C【解析】在16×16的网格中描绘一个汉字，整个网格分为16行16列，每个小格用1位二进制编码表示，每一行需要16个二进制位，占2个字节，16行共占16×2=32个字节。

9. A【解析】ASCII码编码顺序从小到大为：空格、数字、大写字母、小写字母。

10. C【解析】70H-6DH=3，则m向后数3个是p。

11. C【解析】微机的主机一般包括CPU、内存、I/O接口电路、系统总线。

12. B【解析】计算机病毒主要通过移动存储介质（如优盘、移动硬盘）和计算机网络两大途径进行传播。

13. B【解析】计算机网络由通信子网和资源子网两部分组成。通信子网的功能：负责全网的数据通信；资源子网的功能：提供各种网络资源和网络服务，实现网络的资源共享。

14. A【解析】电子邮件地址由以下几个部分组成：用户名@域名．后缀。

15. A【解析】计算机只能直接识别机器语言，且机器语言和汇编语言是两种不同的语言。

16. B【解析】一个ASCII码用7位表示。

17. D【解析】一个完整的计算机系统应该包括硬件和软件两部分。

18. A【解析】和ENIAC相比，EDVAC的重大改进主要有两方面：一是把10进位制改成2进位制，这可以充分发挥电子元件高速运算的优越性；二是把程序和数据一起存贮在计算机内，这样就可以使全部运算成为真正的自动过程。

19. B【解析】计算机病毒主要通过移动存储介质（如优盘、移动硬盘）和计算机网络两大途径进行传播。

20. B【解析】断电后RAM内的数据会丢失，ROM、硬盘、软盘中的数据不丢失。

二、基本操作题

1. 新建文件和设置文件属性

①打开考生文件夹下GUO文件夹；

②选择【文件】|【新建】|【文本文档】命令，或单击鼠标右键，弹出快捷菜单，选择【新建】|【文本文档】命令，即可生成新的文件，此时文件（文件夹）的名字处呈现蓝色可编辑状态，编辑名称为题目指定的名称B3AP.TXT；

③选中B3AP.TXT文件；

④选择【文件】|【属性】命令，或单击鼠标右键，弹出快捷菜单，选择“属性”命令，即可打开“属性”对话框；

⑤在“属性”对话框中勾选“隐藏”属性，单击“确定”按钮。

2. 复制文件和文件命名

①打开考生文件夹下PQNE文件夹，选中PHEA.TMP文件；

②选择【编辑】|【复制】命令，或按快捷键Ctrl+C；

③打开考生文件夹下XDM文件夹；

④选择【编辑】|【粘贴】命令，或按快捷键Ctrl+V；

⑤选中复制来的文件；

⑥按F2键，此时文件（文件夹）的名字处呈现蓝色可编辑状态，编辑名称为题目指定的名称AHF.TMP.

3. 创建文件的快捷方式

①打开考生文件夹下HAWEL文件夹，选中要生成快捷方式的MAW.EXE文件；

②选择【文件】|【创建快捷方式】命令，或单击鼠标右键，弹出快捷菜单，选择“创建快捷方式”命令，即可在同文件夹下生成一个快捷方式文件；

③移动这个文件到考生文件夹下，并按F2键改名为KMAW.

4. 移动文件和文件命名

①选中考生文件夹下HGACYL.BAK文件；

②选择【编辑】|【剪切】命令，或按快捷键Ctrl+X；

③打开考生文件夹下ERPO文件夹；

④选择【编辑】|【粘贴】命令，或按快捷键Ctrl+V；

⑤选中移动来的文件；

⑥按F2键，此时文件（文件夹）的名字处呈现蓝色可编辑状态，编辑名称为题目指定的名称GMICRO.BAK。

5. 搜索文件和删除文件

①打开考生文件夹；

②在工具栏右上角的搜索框中输入要搜索的文件名GWIN.PAS，单击搜索框右侧“🔍”按钮，搜索结果将显示在文件窗格中；

③选中搜索出的文件；

④按Delete键，弹出确认对话框；

⑤单击“确定”按钮，将文件（文件夹）删除到回收站。

三、字处理题

（1）【解题步骤】

步骤1：通过“答题”菜单打开WORD1.DOCX文件，按题目要求替换文字。选中正文各段（包括标题段），在【开始】功能区的【编辑】分组中，单击“替换”按钮，弹出“查找和替换”对话框，设置“查找内容”为“容量”，设置“替换为”为“容量”，单击“更多”按钮，再单击“格式”按钮，在弹出的菜单中选择“字体”选项，弹出“查找字体”对话框。设置“下划线线型”为“字下加线”，单击“确定”按钮，返回“查找和替换”对话框，单击“全部替换”按钮，稍后弹出消息框，单击“确定”按钮。

（2）【解题步骤】

步骤1：按照题目要求设置标题段字体和字符间距。选中标题段，在【开始】功能区的【字体】分组中，单击“字体”按钮，弹出“字体”对话框。“字体”选项卡中，设置“中文字体”为“黑体”，设置“字号”为“16磅”，设置“字形”为“加粗”，设置“字体颜色”为“深蓝”，单击“高级”选项卡，在“字符间距”选项组的“间距”下拉框中选择“加宽”，在“磅值”中选择“1磅”，单击“确定”按钮。

步骤2：按题目要求设置标题段对齐属性。选中标题段，在【开始】功能区的【段落】分组中，单击“居中”按钮。

步骤3：按题目要求设置标题段底纹属性。选中标题段，在【开始】功能区的【段落】分组中，单击“底纹”下拉三角按钮，选择填充色为“黄色”，单击“确定”按钮。

（3）【解题步骤】

步骤1：按题目要求设置正文段落属性。选中正文各段，在【开始】功能区的【段落】分组中，单击“段落”按钮，弹出“段落”对话框。单击“缩进和间距”选项卡，在“特殊格式”选项组中，选择“首行缩进”选项，设置磅值为“2字符”。在“间距”选项组中，设置“段前”为“0.8行”，设置“行距”为“多倍行距”，设置“设置值”为“1.2”，单击“确定”按钮。

步骤2：按照题目要求为段落设置项目符号。选中正文第四至第六段，在【开始】功能区的【段落】分组中，单击“项目符号”下拉列表，选择带有“◆”图标的项目符号，单击“确定”按钮。

（4）【解题步骤】

步骤1：按照题目要求将文字转换成表格。选择第11行文字，在【插入】功能区的【表格】分组中，单击“表格”按钮，选择“文本转换成表格”选项，弹出“将文字转换成表格”对话框，单击“确定”按钮。

步骤2：按照题目要求合并单元格。表格转换完成后，选中第1列的第2行到第6行的内容，单击鼠标右键弹出右键菜单，在右键菜单中选中“合并单元格”命令，合并第1列的第2行到第6行。按照同样的操作，合并第1列第7行到第8行和第1列第9行到第10行。

（5）【解题步骤】

步骤1：按照题目要求设置表格对齐属性。选中表格，在【开始】功能区的【段落】分组中，单击“居中”按钮。

步骤2：按照题目要求设置表格列宽。选中表格第1和第2列，在【布局】功能区的【单元格大小】分组中，单击“表格属性”按钮，弹出“表格属性”对话框。单击“列”选项卡，并指定宽度为“4.5厘米”，单击“确定”按钮。按照同样的操作设置第3列列宽为“2厘米”。

步骤3：按题目要求设置表格内容对齐方式。选中表格，在【布局】功能区的【对齐方式】分组中，单击“水平居中”按钮。

步骤4：按题目要求设置表格外侧框线和内部框线属性。单击表格，在【设计】功能区的【绘图边框】分组中，设置“笔画粗细”为“1磅”，设置“笔样式”为“单实线”，设置“笔颜色”为“蓝色”，此时鼠标变为“小蜡笔”形状，沿着边框线拖动设置外侧框线和内边框的属性。

注：当鼠标单击“绘制表格”按钮后，鼠标变为“小蜡笔”形状，选择相应的线型和宽度，沿边框线拖动小蜡笔便可以对边框线属性进行设置。

步骤5：保存文件。

四、电子表格题

（1）【解题步骤】

步骤1：通过“答题”菜单打开EXCEL.XLSX文件，选中A1：F1单元格，在【开始】功能区的【对齐方式】分组中，单击“合并后居中”按钮，合并单元格并使内容居中。

步骤2： 计算“合计”列内容。在函数输入框中插入公式“=SUM（B3：E3）”，并按回车键，将鼠标移动到F3单元格的右下角，按住鼠标左键不放向下拖动即可计算出其他行的值。

注：当鼠标指针放在已插入公式的单元格的右下角时，它会变为小十字“+”，按住鼠标左键拖动其到相应的单元格即可进行数据的自动填充。

步骤3： 双击现有名称，输入新名称“商场销售情况表”。

步骤4： 保存文件。

（2）【解题步骤】

步骤1： 按题目要求建立“簇状棱锥图”。选择“部门名称”列和“合计”列，在【插入】功能区的【图表】分组中，单击“创建图表”按钮，弹出“插入图表”对话框，在“柱形图”中选择“簇状棱锥图”，单击“确定”按钮，即可插入图表。

步骤2： 按照题目要求设置图表标题。在插入的图表中，选中图表标题，改为“商场销售情况图”。

步骤3： 调整图的大小并移动到指定位置。选中图表，按住鼠标左键单击图表不放并拖动，将其拖动到A7：F18单元格区域内。

注：不要超过这个区域。如果图表过大，无法放下，可以将鼠标放在图表的右下角，当鼠标指针变为“↘”时，按住左键拖动可以将图表缩小到指定区域内。

步骤4： 保存文件。

五、演示文稿题

（1）【解题步骤】

步骤1： 通过“答题”菜单打开yswg.pptx文件，按照要求插入新幻灯片。用鼠标单击第一张幻灯片前面的位置，在【开始】功能区的【幻灯片】分组中，单击“新建幻灯片”下拉三角按钮，选择“仅标题”选项。新插入的幻灯片作为第一张幻灯片。

步骤2： 在第一张幻灯片的“单击此处添加标题”处输入“吃亏就是占便宜”。

步骤3： 按题目要求设置字体。选中“吃亏就是占便宜”，在【开始】功能区的【字体】分组中，单击“字体”按钮，弹出“字体”对话框。在“字体”选项卡中，设置“大小”为“72磅”，单击“确定”按钮。

步骤4： 在第二张幻灯片的“单击此处添加标题”处输入“我想做一个美丽女人”。

步骤5： 按题目要求设置字体。选中“我想做一个美丽女人”，在【开始】功能区的【字体】分组中，单击“字体”按钮，弹出“字体”对话框。在“字体”选项卡中，设置“大小”为“60磅”，设置“字体样式”为“加粗”。单击“字体颜色”下拉三角按钮，选择“其他颜色”选项，弹出“颜色”对话框。单击“自定义”选项卡，设置“红色”为“230”，设置“绿色”为“1”，设置“蓝色”为“1”，单击“确定”按钮，再单击“确定”按钮。

步骤6： 按照题目要求设置幻灯片版式。选中第三张幻灯片，在【开始】功能区的【幻灯片】分组中，单击“版式”按钮，选择“垂直排列标题与文本”选项。

（2）【解题步骤】

步骤1： 按照题目要求设置幻灯片的切换效果。选中全部幻灯片，在【切换】功能区的【切换到此幻灯片】分组中，单击“其他”下拉三角按钮，在“细微型”选项组中选择“覆盖”效果。

步骤2： 按照题目要求设置幻灯片模板。选中全部幻灯片，在【设计】功能区的【主题】分组中，单击“其他”下拉三角按钮，选择“复合”主题。

步骤3： 保存文件。

模拟试题（七）及参考答案

一、选择题（20分）

1. 下列关于磁道的说法中，正确的是________________。
   A. 盘面上的磁道是一组同心圆
   B. 由于每一磁道的周长不同，所以每一磁道的存储容量也不同
   C. 盘面上的磁道是一条阿基米德螺线
   D. 磁道的编号是最内圈为0，并次序由内向外逐渐增大，最外圈的编号最大

2. 在微机的硬件设备中，有一种设备在程序设计中既可以当作输出设备，又可以当作输入设备，这种设备是________________。
   A. 绘图仪　　B. 扫描仪　　C. 手写笔　　D. 磁盘驱动器

3. 下列说法中，正确的是________________。
   A. 只要将高级程序语言编写的源程序文件（如try.C.）的扩展名更改为.exe，则它就成为可执行文件了
   B. 高档计算机可以直接执行用高级程序语言编写的程序
   C. 源程序只有经过编译和链接后才能成为可执行程序
   D. 用高级程序语言编写的程序可移植性和可读性都很差

4. 十进制数89转换成二进制数是________________。
   A. 1010101　　B. 1011001　　C. 1011011　　D. 1010011

5. 在所列的软件中，1. WPS Office 2003；2. Windows 2000；3. 财务管理软件；4. UNIX；5. 学籍管理系统；6. MS-DOS；7. Linux；属于应用软件的有________________。
   A. 1，2，3　　B. 1，3，5　　C. 1，3，5，7　　D. 2，4，6，7

6. 在计算机中，信息的最小单位是________________。
   A. bit　　B. Byte　　C. Word　　D. DoubleWord

7. 计算机操作系统的主要功能是________________。
   A. 对计算机的所有资源进行控制和管理，为用户使用计算机提供方便
   B. 对源程序进行翻译
   C. 对用户数据文件进行管理
   D. 对汇编语言程序进行翻译

8. 下列选项中，既可作为输入设备又可作为输出设备的是________________。
   A. 扫描仪　　B. 绘图仪　　C. 鼠标器　　D. 磁盘驱动器

9. 计算机的系统总线是计算机各部件间传递信息的公共通道，它分为________________。
   A. 数据总线和控制总线　　B. 地址总线和数据总线
   C. 数据总线、控制总线和地址总线　　D. 地址总线和控制总线

10. 在CD光盘上标记有“CD-RW”字样，此标记表明这光盘________。
A. 只能写入一次，可以反复读出的一次性写入光盘
B. 可多次擦除型光盘
C. 只能读出，不能写入的只读光盘
D. RW是Read and Write的缩写

11. 下列用户XUEJY的电子邮件地址中，正确的是________。
A. XUEJY@bj 163.com　　B. XUEJYbj163.com
C. XUEJY#bj163.com　　D. XUEJY@bj163.com

12. 计算机感染病毒的可能途径之一是________。
A. 从键盘上输入数据
B. 随意运行外来的、未经杀病毒软件严格审查的优盘上的软件
C. 所使用的光盘表面不清洁
D. 电源不稳定

13. Modem是计算机通过电话线接入Internet时所必需的硬件，它的功能是________。
A. 只将数字信号转换为模拟信号
B. 只将模拟信号转换为数字信号
C. 为了在上网的同时能打电话
D. 将模拟信号和数字信号互相转换

14. 计算机操作系统通常具有的五大功能是________。
A. CPU管理、显示器管理、键盘管理、打印机管理和鼠标器管理
B. 硬盘管理、软盘驱动器管理、CPU管理、显示器管理和键盘管理
C. 处理器（CPU）管理、存储管理、文件管理、设备管理和作业管理
D. 启动、打印、显示、文件存取和关机

15. 计算机技术中，下列不是度量存储器容量的单位是________。
A. KB　　B. MB　　C. GHz　　D. GB

16. 在下列字符中，其ASCII码值最小的一个是________。
A. 空格字符　　B. 0　　C. A　　D. a

17. 汉字输入码可分为有重码和无重码两类，下列属于无重码类的是________。
A. 全拼码　　B. 自然码　　C. 区位码　　D. 简拼码

18. 为了提高软件开发效率，开发软件时应尽量采用________。
A. 汇编语言　　B. 机器语言　　C. 指令系统　　D. 高级语言

19. 计算机病毒除通过读写或复制移动存储器上带病毒的文件传染外，另一条主要的传染途径是________。
A. 网络　　B. 电源电缆
C. 键盘　　D. 输入有逻辑错误的程序

20. 拥有计算机并以拨号方式接入Internet网的用户需要使用________。
A. CD-ROM　　B. 鼠标　　C. 软盘　　D. Modem

二、基本操作题（10分）

1. 将考生文件夹下NAOM文件夹中的TRAVEL.DBF文件删除。

2. 将考生文件夹下HQWE文件夹中的LOCK.FOR文件复制到同一文件夹中，文件名为USER.FOR。

3. 为考生文件夹下WALL文件夹中的PBOB.BAS文件建立名为KPB的快捷方式，并存放在考生文件夹下。

4. 将考生文件夹下WETHEAR文件夹中的PIRACY.TXT文件移动到考生文件夹中，并改名为MICROSO.TXT。

5. 在考生文件夹下JIBEN文件夹中创建名为A2TNBQ的文件夹，并设置属性为隐藏。

三、字处理题（25分）

在考生文件夹下WORD1.DOCX，按照要求完成下列操作并以该文件名（WORD1.DOCX）保存文档。

【文档开始】

甲A第20轮前瞻

戚务生和朱广沪无疑是国产教练中的佼佼者，就算在洋帅占主导地位的甲A，他俩也出尽风头。在他们的统领下，云南红塔和深圳平安两队稳居积分榜的前三甲。朱、戚两名国产教练周日面对面的交锋是本轮甲A最引人注目的一场比赛。本场比赛将于明天下午15：30在深圳市体育中心进行。

红塔和平安两队在打法上有相似的地方，中前场主要靠两三名攻击力出众的球员去突击，平安有堤亚哥和李毅，红塔也有基利亚科夫。相比之下，红塔队的防守较平安队稳固。两队今年首回合交手，红塔在主场2：1战胜平安。不过经过十多轮联赛的锤炼，深圳队的实力已有明显的提高。另外，郑智和李建华两名主将的复出，使深圳队如虎添翼。

这场比赛的结果对双方能否保持在积分第一集团都至关重要。现在红塔领先平安两分，但平安少赛一轮，而且红塔下轮轮空。红塔队如果不敌平安，红塔将极有可能被踢出第一集团。对平安队来说，最近两个客场一平一负，前进的脚步悄然放慢。本轮回到主场，只有取胜才能继续保持在前三名。

2002赛季甲A联赛积分榜前三名（截止到19轮）

名次	队名	场次	胜	平	负	进球数	失球数	积分
1	大连实德	19	11	4	4	36	20	
2	深圳平安	18	9	6	3	29	13	
3	北京国安	19	9	6	4	28	19	

【文档结束】

（1）将标题段文字（“甲A第20轮前瞻”）设置为三号红色仿宋（西文使用中文字体）、居中、加蓝色方框、段后间距0.5行。

（2）将正文各段（“戚务生……前三名。”）设置为悬挂缩进2字符、左右各缩进1字符、行距为1.1倍行距。

（3）设置页面纸张大小为“A4”。

（4）将文中最后4行文字转换成一个4行9列的表格，并在“积分”列按公式“积分=3*胜+平”计算并输入相应内容。

（5）设置表格第2列、第7列、第8列列宽为1.7厘米、其余列列宽为1厘米、行高为0.6厘米、表格居中；设置表格中所有文字中部居中；设置所有表格线为1磅蓝色单实线。

四、电子表格题（20分）

（1）打开工作簿文件EXCEL.XLSX，将工作表sheet1的A1：D1单元格合并为一个单元格，内容水平居中，计算“总计”行的内容，将工作表命名为“费用支出情况表”。

	A	B	C	D
1	公司费用支出情况表(万元)			
2	年度	房租	水电	人员工资
3	1998年	17.81	15.62	34.34
4	1999年	23.43	18.25	41.21
5	2000年	28.96	29.17	45.73
6	总计			

（2）打开工作簿文件EXC.XLSX（内容同第2套四、电子表格题（2）中的EXC.XLSX文件），对工作表“选修课程成绩单”内的数据清单的内容进行分类汇总（提示：分类汇总前先按主要关键字“课程名称”升序排序），分类字段为“课程名称”，汇总方式为“平均值”，汇总项为“成绩”，汇总结果显示在数据下方，将执行分类汇总后的工作表还保存在EXC.XLSX工作簿文件中，工作表名不变。

五、演示文稿题（15分）

打开考生文件夹下的演示文稿yswg.pptx，按照下列要求完成对此文稿的修饰并保存。

（1）使用“主管人员”演示文稿设计模板修饰全文；幻灯片切换效果全部设置为“切出”。

（2）将第二张幻灯片版式设置为“标题和内容”，把这张幻灯片移为第三张幻灯片；将第二张幻灯片的文本部分动画效果设置为“飞入”“自底部”。

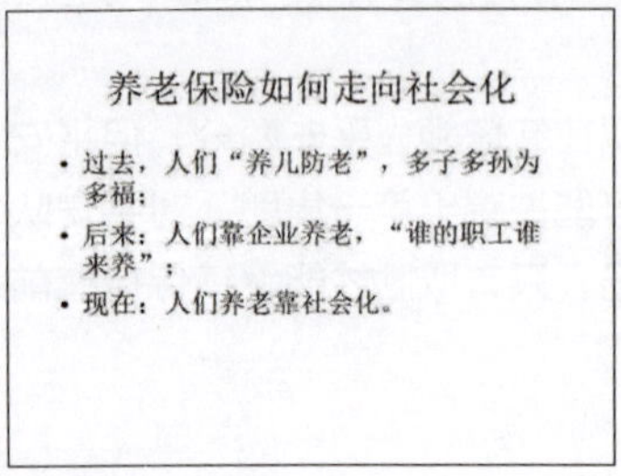

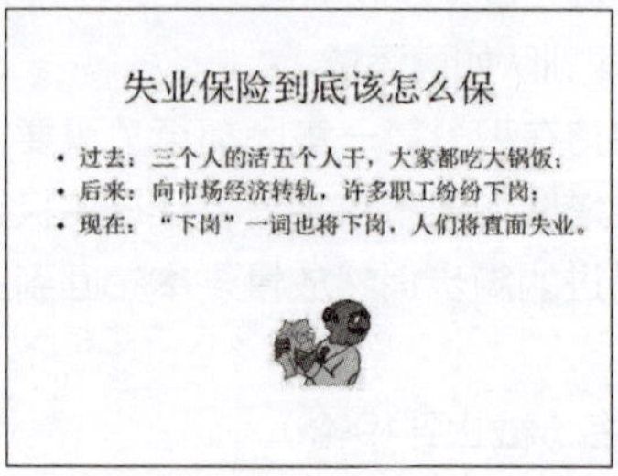

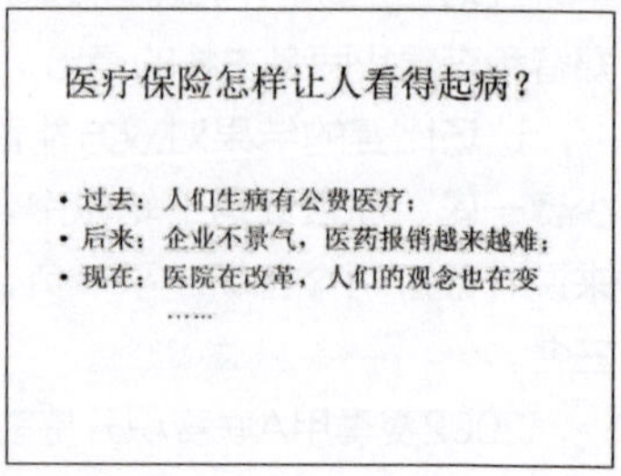

答案

一、选择题

1. A【解析】磁盘的磁道是一个个同心圆，最外边的磁道编号为0，并次序由外向内增大，磁道存储容量是电磁原理，和圆周、体积等大小无关。

2. D【解析】绘图仪是输出设备，扫描仪是输入设备，手写笔是输入设备，磁盘驱动器既能将存储在磁盘上的信息读进内存中，又能将内存中的信息写到磁盘上。因此，就认为它既是输入设备，又是输出设备。

3. C【解析】计算机只能直接执行机器语言，高级语言要经过编译链接后才能被执行。

4. B【解析】$89=2^6+2^4+2^3+2^0$，所以89的二进制为：1011001。

5. B【解析】Windows 2000、UNIX、MS-DOS、Linux为系统软件。

6. A【解析】信息的最小单位是bit，信息存储的最小单位是Byte。

7. A【解析】操作系统是人与计算机之间通信的桥梁，为用户提供了一个清晰、简洁、易用的工作界面，用户通过操作系统提供的命令和交互功能实现各种访问计算机的操作。

8. D【解析】绘图仪是输出设备，扫描仪是输入设备，鼠标器是输入设备，磁盘驱动器既能将存储在磁盘上的信息读进内存中，又能将内存中的信息写到磁盘上。因此，就认为它既是输入设备，又是输出设备。

9. C【解析】系统总线分为三类：数据总线、地址总线、控制总线。

10. B【解析】CD-RW是可擦除型光盘，用户可以多次对其进行读/写。CD-RW的全称是CD-ReWritable。

11. D【解析】电子邮件地址由以下几个部分组成：用户名@域名．后缀，地址中间不能有空格和字符，选项A.中有空格，所以不正确。

12. B【解析】计算机病毒主要通过移动存储介质（如优盘、移动硬盘）和计算机网络两大途径进行传播。

13. D【解析】调制解调器（即Modem），是计算机与电话线之间进行信号转换的装置，由调制器和解调器两部分组成，调制器是把计算机的数字信号调制成可在电话线上传输的声音信号的装置，在接收端，解调器再把声音信号转换成计算机能接收的数字信号。

14. C【解析】操作系统的主要功能：CPU管理、存储管理、文件管理、设备管理和作业管理。

15. C【解析】GHz是主频的单位。

16. A【解析】ASCII码（用十六进制表示）为：空格对应20，0对应30，A对应41，a对应61。

17. C【解析】区位码属于无重码。

18. D【解析】汇编语言的开发效率很低，但运行效率高；高级语言的开发效率高，但运行效率较低。

19. A【解析】计算机病毒主要通过移动存储介质（如优盘、移动硬盘）和计算机网络两大途径进行传播。

20. D【解析】计算机以拨号接入Internet网时用的是电话线，但它只能传输模拟信号，如果要传输数字信号必须用调制解调器（Modem）把它转化为模拟信号。

二、基本操作题

1. 删除文件

①打开考生文件夹下NAOM文件夹，选中要删除的TRAVEL.DBF文件；

②按Delete键，弹出确认对话框；

③单击“确定”按钮，将文件（文件夹）删除到回收站。

2. 复制文件和文件命名

①打开考生文件夹下HQWE文件夹，选中LOCK.FOR文件；

②选择【编辑】|【复制】命令，或按快捷键Ctrl+C；

③选择【编辑】|【粘贴】命令，或按快捷键Ctrl+V；

④选中复制来的文件；

⑤按F2键，此时文件（文件夹）的名字处呈现蓝色可编辑状态，编辑名称为题目指定的名称USER.FOR。

3. 创建文件的快捷方式

①打开考生文件夹下WALL文件夹，选中要生成快捷方式的PBOB.BAS文件；

②选择【文件】|【创建快捷方式】命令，或单击鼠标右键，弹出快捷菜单，选择“创建快捷方式”命令，即可在同文件夹下生成一个快捷方式文件；

③移动这个文件到考生文件夹下，并按F2键改名为KPB。

4. 移动文件和文件命名

①打开考生文件夹下WETHEAR文件夹，选中PIRACY.TXT文件；

②选择【编辑】|【剪切】命令，或按快捷键Ctrl+X；

③打开考生文件夹；

④选择【编辑】|【粘贴】命令，或按快捷键Ctrl+V；

⑤选中移动来的文件；

⑥按F2键，此时文件（文件夹）的名字处呈现蓝色可编辑状态，编辑名称为题目指定的名称MICROSO.TXT。

5. 新建文件夹和设置文件夹属性

①打开考生文件夹下JIBEN文件夹；

②选择【文件】|【新建】|【文件夹】命令，或单击鼠标右键，弹出快捷菜单，选择【新建】|【文件夹】命令，即可生成新的文件夹，此时文件（文件夹）的名字处呈现蓝色可编辑状态，编辑名称为指定的名称A2TNBQ；

③选中A2TNBQ文件夹；

④选择【文件】|【属性】命令，或单击鼠标右键，弹出快捷菜单，选择“属性”命令，即可打开“属性”对话框；

⑤在“属性”对话框中勾选“隐藏”属性，单击“确定”按钮。

三、字处理题

（1）【解题步骤】

步骤1：通过“答题”菜单打开WORD1.DOCX文件，按题目要求设置标题段字体。选中标题段，在【开始】功能区的【字体】分组中，单击“字体”按钮，弹出“字体”对话框。在“字体”选项卡中，设置“中文字体”为“仿宋”，设置“西文字体”为“使用中文字体”，设置“字号”为“三号”，设置“字体颜色”为“红色”，单击“确定”按钮。

步骤2：按题目要求设置标题段对齐属性。选中标题段，在【开始】功能区的【段落】分组中，单击“居中”按钮。

步骤3：按题目要求设置标题段边框属性。选中标题段，在【开始】功能区的【段落】分组中，单击“下框线”下拉三角按钮，选择“边框和底纹”选项，弹出“边框和底纹”对话框。“边框”选项卡中，选择“方框”选项，设置“颜色”为“蓝色”，设置“应用于”为“文字”，单击“确定”按钮。

步骤4：按题目要求设置标题段段后间距。选中标题段，在【开始】功能区的【段落】分组中，单击“段落”按钮，弹出“段落”对话框，单击“缩进和间距”选项卡，在“间距”选项组中设置“段后”为“0.5行”，单击“确定”按钮。

（2）【解题步骤】

按题目要求设置正文段落属性。选中正文各段，在【开始】功能区的【段落】分组中，单击“段落”按钮，弹出“段落”对话框。单击“缩进和间距”选项卡，在“缩进”选项组中，设置“左侧”为“1字符”，设置“右侧”为“1字符”；在“特殊格式”选项组中，选择“悬挂缩进”选项，设置磅值为“2字符”；在“间距”选项组中，设置“行距”为“多倍行距”，设置“设置值”为“1.1”，单击“确定”按钮。

（3）【解题步骤】

按照题目要求设置纸张大小。

（4）【解题步骤】

步骤1：按照题目要求将文字转换成表格。选择第4行文字，在【插入】功能区的【表格】分组中，单击“表格”按钮，选择“文本转换成表格”选项，弹出“将文字转换成表格”对话框，单击“确定”按钮。

步骤2：按照题目要求利用公式计算表格内容。单击“积分”列的第二行，在【布局】功能区的【数据】分组中，单击“*fx*公式”按钮，弹出“公式”对话框，在“公式”输入框中插入“=3*D2+E2”，单击“确定”按钮。按此步骤反复进行，直到完成所有行的计算。

（5）【解题步骤】

步骤1：按照题目要求设置表格列宽和行高。选中表格第2、第7、第8列，在【布局】功能区的【单元格大小】分组中，单击“表格属性”按钮，弹出“表格属性”对话框。单击“列”选项卡，并指定宽度为“1.7厘米”，单击“行”选项卡，并指定高度为“0.6厘米”，“行高值是”为“固定值”，单击“确定”按钮。按照同样的操作设置其余的宽为“1厘米”，行高为“0.6厘米”

步骤2：按照题目要求设置表格对齐属性。选中表格，在【开始】功能区的【段落】分组中，单击“居中”按钮。

步骤3：按题目要求设置表格内容对齐方式。选中表格，在【布局】功能区的【对齐方式】分组中，单击“水平居中”按钮。

步骤4：按题目要求设置表格外侧框线和内部框线属性。单击表格，在【设计】功能区的【绘图边框】分组中，设置“笔画粗细”为“1磅”，设置“笔样式”为“单实线”，设置“笔颜色”为“蓝色”，此时鼠标变为“小蜡笔”形状，沿着边框线拖动设置外侧框线和内边框的属性。

注：当鼠标单击“绘制表格”按钮后，鼠标变为“小蜡笔”形状，选择相应的线型和宽度，沿边框线拖动小蜡笔便可以对边框线属性进行设置。

步骤5：保存文件。

四、电子表格题

（1）【解题步骤】

步骤1：通过“答题”菜单打开EXCEL.XLSX文件，选中A1：D1单元格，在【开始】功能区的【对齐方式】分组中，单击“合并后居中”按钮，合并单元格并使内容居中。

步骤2： 计算“总计”行内容。B6单元格中插入公式“=SUM（B3：B5）”，并按回车键，将鼠标移动到B6单元格的右下角，按住鼠标左键不放向右拖动即可计算出其他列的值。

注：当鼠标指针放在已插入公式的单元格的右下角时，它会变为小十字“+”，按住鼠标左键拖动其到相应的单元格即可进行数据的自动填充。

步骤3： 双击现有名称，输入新名称“费用支出情况表”。

步骤4： 保存文件。

（2）【解题步骤】

步骤1： 通过“答题”菜单打开EXC.XLSX文件，按照题目要求在分类汇总前，对表格排序。在【数据】功能区的【排序和筛选】分组中，单击“排序”按钮，弹出“排序”对话框，设置“主要关键字”为“课程名称”，设置“次序”为“升序”，单击“确定”按钮。

步骤2： 按照题目要求设置分类汇总。

步骤3： 保存文件。

五、演示文稿题

（1）【解题步骤】

步骤1： 通过“答题”菜单打开yswg.pptx文件，按照题目要求设置幻灯片模板。选中全部幻灯片，在【设计】功能区的【主题】分组中，单击“其他”下拉三角按钮，选择“主管人员”主题。

步骤2： 按照题目要求设置幻灯片的切换效果。选中幻灯片，在【切换】功能区的【切换到此幻灯片】分组中，单击“其他”下拉三角按钮，在“细微型”选项组中选择“切出”效果。

（2）【解题步骤】

步骤1： 按照题目要求设置幻灯片版式。选中第二张幻灯片，在【开始】功能区的【幻灯片】分组中，单击“版式”按钮，选择“标题和内容”选项。

步骤2： 移动幻灯片。在普通视图下，按住鼠标左键，拖拽第二张幻灯片到第三张幻灯片即可。

步骤3： 按照题目要求设置剪贴画的动画效果。选中第二张幻灯片文本，在【动画】功能区的【动画】分组中，单击“其他”下拉三角按钮，选择“飞入”效果，单击“确定”按钮。在【动画】分组中，单击“效果选项”按钮，选择“自底部”选项。

步骤4： 保存文件。

模拟试题（八）及参考答案

一、选择题（20分）

1. 字长是CPU的主要性能指标之一，它表示________________。
   A. CPU一次能处理二进制数据的位数　　B. 最长的十进制整数的位数
   C. 最大的有效数字位数　　D. 计算结果的有效数字长度
2. CPU主要技术性能指标有________________。
   A. 字长、运算速度和时钟主频　　B. 可靠性和精度
   C. 耗电量和效率　　D. 冷却效率
3. ROM中的信息是________________。
   A. 由生产厂家预先写入的　　B. 在安装系统时写入的
   C. 根据用户需求不同，由用户随时写入的　　D. 由程序临时存入的
4. 下列叙述中，正确的是________________。
   A. 计算机能直接识别并执行用高级程序语言编写的程序
   B. 用机器语言编写的程序可读性最差
   C. 机器语言就是汇编语言
   D. 高级语言的编译系统是应用程序
5. 能保存网页地址的文件夹是________________。
   A. 收件箱　　B. 公文包　　C. 我的文档　　D. 收藏夹
6. 汉字国标码（GB2312-1980）把汉字分成________________。
   A. 简化字和繁体字两个等级　　B. 一级汉字，二级汉字和三级汉字三个等级
   C. 一级常用汉字，二级次常用汉字两个等级　　D. 常用字，次常用字，罕见字三个等级
7. 下列各指标中，数据通信系统的主要技术指标之一的是________________。
   A. 误码率　　B. 重码率　　C. 分辨率　　D. 频率
8. 用来控制、指挥和协调计算机各部件工作的是________________。
   A. 运算器　　B. 鼠标器　　C. 控制器　　D. 存储器
9. 操作系统的主要功能是________________。
   A. 对用户的数据文件进行管理，为用户提供管理文件方便
   B. 对计算机的所有资源进行统一控制和管理，为用户使用计算机提供方便
   C. 对源程序进行编译和运行
   D. 对汇编语言程序进行翻译
10. 汉字区位码分别用十进制的区号和位号表示，其区号和位号的范围分别是________________。
    A. 0~94，0~94　　B. 1~95，1~95
    C. 1~94，1~94　　D. 0~95，0~95

11. 下列叙述中，错误的是________。
    A. 硬盘在主机箱内，它是主机的组成部分
    B. 硬盘是外部存储器之一
    C. 硬盘的技术指标之一是每分钟的转速rpm
    D. 硬盘与CPU之间不能直接交换数据
12. 十进制数60转换成二进制数是________。
    A. 0111010　　B. 0111110　　C. 0111100　　D. 0111101
13. 若要将计算机与局域网连接，则至少需要具有的硬件是________。
    A. 集线器　　B. 网关　　C. 网卡　　D. 路由器
14. 下列叙述中，错误的是________。
    A. 内存储器一般由ROM和RAM组成　　B. RAM中存储的数据一旦断电就全部丢失
    C. CPU可以直接存取硬盘中的数据　　D. 存储在ROM中的数据断电后也不会丢失
15. 组成CPU的主要部件是控制器和________。
    A. 存储器　　B. 运算器　　C. 寄存器　　D. 编辑器
16. 下列叙述中，正确的是________。
    A. 一个字符的标准ASCII码占一个字节的存储量，其最高位二进制总为0
    B. 大写英文字母的ASCII码值大于小写英文字母的ASCII码值
    C. 同一个英文字母（如A）的ASCII码和它在汉字系统下的全角内码是相同的
    D. 一个字符的ASCII码与它的内码是不同的
17. 一个汉字的机内码与国标码之间的差别是________。
    A. 前者各字节的最高位二进制值各为1，而后者为0
    B. 前者各字节的最高位二进制值各为0，而后者为1
    C. 前者各字节的最高位二进制值各为1、0，而后者为0、1
    D. 前者各字节的最高位二进制值各为0、1，而后者为1、0
18. 下列叙述中，正确的是________。
    A. 用高级程序语言编写的程序称为源程序
    B. 计算机能直接识别并执行用汇编语言编写的程序
    C. 机器语言编写的程序必须经过编译和链接后才能执行
    D. 机器语言编写的程序具有良好的可移植性
19. 按照数的进位制概念，下列各数中正确的八进制数是________。
    A. 8707　　B. 1101　　C. 4109　　D. 10BF
20. 一个字长为6位的无符号二进制数能表示的十进制数值范围是________。
    A. 0~64　　B. 0~63　　C. 1~64　　D. 1~63

二、基本操作题（10分）

1. 在考生文件夹下INSIDE文件夹中创建名为PENG的文件夹，并设置为隐藏属性。

2. 将考生文件夹下JIN文件夹中的SUN.C文件复制到考生文件夹下的MQPA文件夹中。

3. 将考生文件夹下HOWA文件夹中的GNAEL.DBF文件删除。

4. 为考生文件夹下HEIBEI文件夹中的QUAN.FOR文件建立名为QUAN的快捷方式，并存放在考生文件夹下。

5. 将考生文件夹下QUTAM文件夹中的MAN.DBF文件移动到考生文件夹下的ABC文件夹中，并命名为MAN2.DBF。

三、字处理题（25分）

在考生文件夹下WORD1.DOCX，按照要求完成下列操作并以该文件名（WORD1.DOCX）保存文档。

【文档开始】

中报显示多数集锦上半年亏损

截至昨晚10点，深沪两市共有31只封闭式集锦通过网上公布了它们的半年报。其中深市16只，沪市15只。它们的主要财务指标显示，上半年它们绝大多数都是亏损的。

在单位集锦本期净收益这一指标中，集锦开元、普惠、景宏、裕隆、天元、裕华、景博、普丰、隆元、裕泽、景福、科翔、普华、普润、兴和、汉鼎、景业、兴安、科汇、汉盛、汉兴、科讯、汉博、金元、裕阳、兴华、景阳等27只都是负值，只有科瑞、兴科、兴业、裕元等4只是正值。

另外，还有集锦普惠、景宏、裕隆、天元、裕华、景博、普丰、裕泽、景福、隆元、科翔、普华、兴和、汉鼎、兴安、科汇、汉盛、汉兴、科讯、汉博、金元、裕阳、兴华、景阳、景业、裕元、普润等27只集锦资产净值收益率为负值。

在31只封闭式集锦中，有集锦景宏、裕泽、隆元、普华、兴安、汉盛、金元、汉兴、景业、普润、汉鼎、兴业、汉博等13只集锦的单位集锦资产净值跌到了面值以下。

集锦净值排行榜（截止时间：2002-8-30）

集锦代码　集锦名称　调后净值

500009　集锦安顺　1.0715

500008　集锦兴华　1.0613

500013　集锦安瑞　1.0612

500018　集锦兴和　1.0493

184688　集锦开元　1.0456

【文档结束】

（1）将文中所有错词“集锦”替换为“基金”。

（2）将标题段（“中报显示多数基金上半年亏损”）文字设置为浅蓝色小三号仿宋、居中、加绿色底纹。

（3）设置正文各段落（“截至昨晚10点……面值以下。”）左右各缩进1.5字符、段前间距0.5行、行距为1.1倍行距；设置正文第一段（“截至昨晚10点……都是亏损的。”）首字下沉2行（距正文0.1厘米）。

（4）将文中后6行文字转换成一个6行3列的表格；并依据“基金代码”列按“数字”类型升序排列表格内容。

（5）设置表格列宽为2.2厘米、表格居中；设置表格外框线及第1行的下框线为红色3磅单实线、表格其余框线为红色1磅单实线。

四、电子表格题（20分）

（1）打开工作簿文件EXCEL.XLSX，将工作表sheet1的A1：D1单元格合并为一个单元格，内容水平居中，计算“增长比例”列的内容［增长比例=（当年销量-去年销量）/去年销量］，将工作表命名为“近两年销售情况表”。

	A	B	C	D
1	某企业产品近两年销售情况表			
2	产品名称	去年销量	当年销量	增长比例
3	A12	246	675	
4	B32	187	490	
5	C65	978	1200	

（2）选取“近两年销售情况表”的“产品名称”列和“增长比例”列的单元格内容，建立“簇状圆锥图”，X轴上的项为产品名称，图表标题为“近两年销售情况图”，插入到表的A7：E18单元格区域内。

五、演示文稿题（15分）

打开考生文件夹下的演示文稿yswg.pptx，按照下列要求完成对此文稿的修饰并保存。

（1）整个演示文稿设置成“复合”模板；将全部幻灯片切换效果设置成“切出”。

（2）将第一张幻灯片版式改变为“垂直排列标题与文本”，文本部分的动画效果设置为“棋盘”“下”；在演示文稿的开始处插入一张“仅标题”幻灯片，作为文稿的第一张幻灯片，标题键入“大家扫雪去！”，并设置为60磅、加粗。

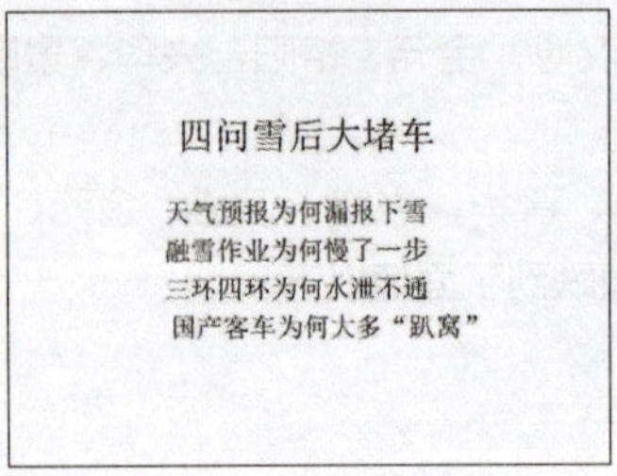

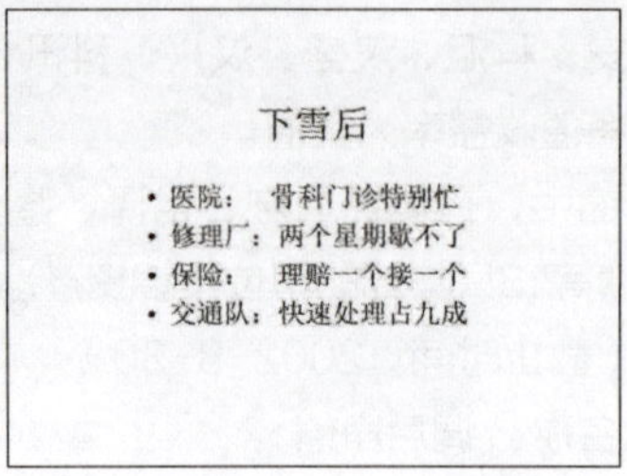

✓ 答案

一、选择题

1. A【解析】字长是指计算机运算部件一次能同时处理的二进制数据的位数。

2. A【解析】微型计算机CPU的主要技术指标包括字长、时钟主频、运算速度、存储容量、存取周期等。

3. A【解析】ROM中的信息一般由计算机制造厂写入并经过固化处理，用户是无法修改的。

4. B【解析】计算机只能直接识别机器语言，机器语言不同于汇编语言，高级语言的编译系统是编译器。

5. D【解析】收藏夹可以保存网页地址。

6. C【解析】在国标码的字符集中，收集了一级汉字3755个，二级汉字3008个，图形符号682个。

7. A【解析】数据通信系统的主要技术指标有带宽、比特率、波特率、误码率。

8. C【解析】控制器的主要功能是指挥全机各个部件自动、协调地工作。

9. B【解析】操作系统的主要功能是管理计算机的所有资源（硬件和软件）。

10. C【解析】区位码：94×94阵列，区号范围：1~94，位号范围：1~94。

11. A【解析】主机包括CPU、主板及内存，而硬盘属于外存。

12. C【解析】$2^5+2^4+2^3+2^2=60$，所以60的二进制表示为111100。

13. C【解析】用于局域网的基本网络连接设备是网络适配器（网卡）。

14. C【解析】CPU只能直接存取内存中的数据。

15. B【解析】运算器和控制器构成CPU的两大部件。

16. D【解析】国际通用的ASCII码为7位，最高位不总为0，大写字母的ASCII码值小于小写字母的ASCII码值，ASCII码和内码不同。

17. A【解析】国标码是汉字信息交换的标准编码，但因其前后字节的最高位为0，与ASCII码发生冲突，于是，汉字的机内码采用变形国标码，其变换方法为：将国标码的每个字节都加上128，即将两个字节的最高位由0改1，其余7位不变，因此机内码前后字节最高位都为1。

18. A【解析】计算机只能直接识别机器语言，不用经过编译和链接，且机器语言不可移植。

19. B【解析】八进制数只有0~7。

20. B【解析】无符号二进制数的第一位可为0，所以当全为0时最小值为0，当全为1时最大值为$2^6-1=63$。

二、基本操作题

1. 新建文件夹和设置文件夹属性

①打开考生文件夹下INSIDE文件夹；

②选择【文件】|【新建】|【文件夹】命令，或单击鼠标右键，弹出快捷菜单，选择【新建】|【文件夹】命令，即可生成新的文件夹，此时文件（文件夹）的名字处呈现蓝色可编辑状态，编辑名称为题目指定的名称PENG。

③选中PENG文件夹；

④选择【文件】|【属性】命令，或单击鼠标右键，弹出快捷菜单，选择“属性”命令，即可打开“属性”对话框；

⑤在“属性”对话框中勾选“隐藏”属性，单击“确定”按钮。

2. 复制文件

①打开考生文件夹下JIN文件夹，选中SUN.C文件；

② 选择【编辑】|【复制】命令，或按快捷键Ctrl+C；

③打开考生文件夹下MQPA文件夹；

④选择【编辑】|【粘贴】命令，或按快捷键Ctrl+V。

3. 删除文件

①打开考生文件夹下HOWA文件夹，选中GNAEL.DBF文件；

②按Delete键，弹出确认对话框；

③单击“确定”按钮，将文件（文件夹）删除到回收站。

4. 创建文件的快捷方式

①打开考生文件夹下HEIBEI文件夹，选中要生成快捷方式的文件QUAN.FOR；

②选择【文件】|【创建快捷方式】命令，或单击鼠标右键，弹出快捷菜单，选择“创建快捷方式”命令，即可在同文件夹下生成一个快捷方式文件；

③移动这个文件到考生文件夹下，并按F2键改名为QUAN。

5. 移动文件和文件命名

①打开考生文件夹下文件夹QUTAM，选中MAN.DBF文件；

②选择【编辑】|【剪切】命令，或按快捷键Ctrl+X；

③打开考生文件夹下ABC文件夹；

④选择【编辑】|【粘贴】命令，或按快捷键Ctrl+V；

⑤选中移动来的文件；

⑥按F2键，此时文件（文件夹）的名字处呈现蓝色可编辑状态，编辑名称为题目指定的名称MAN2.DBF。

三、字处理题

（1）【解题步骤】

通过“答题”菜单打开WORD1.DOCX文件，按题目要求替换文字。选中全部文本（包括标题段），在【开始】功能区的【编辑】分组中，单击“替换”按钮，弹出“查找和替换”对话框。单击“替换”选项卡，设置“查找内容”为“集锦”，设置“替换为”为“基金”，单击“全部替换”按钮，稍后弹出消息框，单击“确定”按钮。

（2）【解题步骤】

步骤1：按题目要求设置标题段字体。选中标题段，在【开始】功能区的【字体】分组中，单击“字体”按钮，弹出“字体”对话框。在“字体”选项卡中，设置“中文字体”为“仿宋”，设置“字号”为“小三”，设置“字体颜色”为“浅蓝”，单击“确定”按钮。

步骤2：按题目要求设置标题段对齐属性。选中标题段，在【开始】功能区的【段落】分组中，单击“居中”按钮。

步骤3：按题目要求设置标题段底纹属性。选中标题段，在【开始】功能区的【段落】分组中，单击“底纹”下拉三角按钮，选择“绿色”，单击“确定”按钮。

（3）【解题步骤】

步骤1：按题目要求设置正文段落属性。选中正文前四段，在【开始】功能区的【段落】分组中，单击“段落”按钮，弹出“段落”对话框。单击“缩进和间距”选项卡，在“缩进”选项组中，设置“左侧”为“1.5字符”，设置“右侧”为“1.5字符”；在“间距”选项组中，设置“段前”为“0.5行”，设置“行距”为“多倍行距”，设置“设置值”为“1.1”，单击“确定”按钮。

步骤2：按照题目要求设置首字下沉。选中正文第一段，在【插入】功能区的【文本】分组中，单击“首字下沉”按钮，选择“首字下沉”选项，弹出“首字下沉”对话框，单击“下沉”图标，设置“下沉行数”为“2”，设置“距正文”为“0.1厘米”，单击“确定”按钮。

（4）【解题步骤】

步骤1：按照题目要求将文字转换成表格。选中文中后6行，在【插入】功能区的【表格】分组中，单击“表格”按钮，选择“文本转换成表格”选项，弹出“将文字转换成表格”对话框，单击“确定”按钮。

步骤2：按照题目要求为表格排序。选中“基金代码”列的内容,在【布局】功能区的【数据】分组中，单击“排序”按钮,弹出“排序”对话框，在“主要关键字”选项组中设置“类型”为“数字”，然后选中“升序”单选按钮；在“列表”选项组中选中“有标题行”单选按钮，单击“确定”按钮。

（5）【解题步骤】

步骤1：按照题目要求设置表格列宽。选中表格，在【布局】功能区的【单元格大小】分组中，单击“表格属性”按钮，弹出“表格属性”对话框。单击“列”选项卡，并指定宽度为“2.2厘米”，单击“确定”按钮。

步骤2：按照题目要求设置表格对齐属性。选中表格，在【开始】功能区的【段落】分组中，单击“居中”按钮。

步骤3：按题目要求设置表格外侧框线和内部框线属性。单击表格，在【设计】功能区的【绘图边框】分组中，设置“笔画粗细”为“3磅”，设置“笔样式”为“单实线”，设置“笔颜色”为“红色”，此时鼠标变为“小蜡笔”形状，沿着边框线拖动设置外侧框线和第1行的下框线的属性。

注：当鼠标单击“绘制表格”按钮后，鼠标变为“小蜡笔”形状，选择相应的线型和宽度，沿边框线拖动小蜡笔便可以对边框线属性进行设置。按同样操作设置其余内部框线为“1磅”“单实线”“红色”。

步骤4：保存文件。

四、电子表格题

（1）【解题步骤】

步骤1：通过“答题”菜单打开EXCEL.XLSX文件，选中A1：D1单元格，在【开始】功能区的【对齐方式】分组中，单击“合并后居中”按钮，合并单元格并使内容居中。

步骤2：计算“增长比例”列内容。D3中插入公式“=（C3-B3）/B3”，并按回车键，将鼠标移动到D3单元格的右下角，按住鼠标左键不放向下拖动即可计算出其他行的值。

注：当鼠标指针放在已插入公式的单元格的右下角时，它会变为小十字“+”，按住鼠标左键拖动其到相应的单元格即可进行数据的自动填充。

步骤3：双击现有名称，输入新名称“近两年销售情况表”。

步骤4：保存文件。

（2）【解题步骤】

步骤1：按题目要求建立“簇状圆锥图”。选择“产品名称”列和“增长比例”列，在【插入】功能区的【图表】分组中，单击“创建图表”按钮，弹出“插入图表”对话框，在“柱形图”中选择“簇状圆锥图”，单击“确定”按钮，即可插入图表。

步骤2：按照题目要求设置图表标题。在插入的图表中，选中图表标题，改为“近两年销售情况图”。

步骤3：调整图的大小并移动到指定位置。选择图表，按住鼠标左键单击图表不放并拖动，将其拖动到A7：E18单元格区域内。

注：不要超过这个区域。如果图表过大，无法放下，可以将鼠标放在图表的右下角，当鼠标指针变为“↖”时，按住左键拖动可以将图表缩小到指定区域内。

步骤4：保存文件。

五、演示文稿题

（1）【解题步骤】

步骤1：通过“答题”菜单打开yswg.pptx文件，按照题目要求设置幻灯片模板。选中幻灯片，在【设计】功能区的【主题】分组中，单击“其他”下拉三角按钮，选择“复合”主题。

步骤2：按照题目要求设置幻灯片的切换效果。选中幻灯片，在【切换】功能区的【切换到此幻灯片】分组中，单击“其他”下拉三角按钮，在“细微型”选项组中选择“切出”效果。

（2）【解题步骤】

步骤1：按照题目要求设置幻灯片版式。选中第一张幻灯片，在【开始】功能区的【幻灯片】分组中，单击“版式”按钮，选择“垂直排列标题与文本”选项。

步骤2：按照题目要求设置文本的动画效果。选中第一张幻灯片的文本，在【动画】功能区的【动画】分组中，单击“其他”下拉三角按钮，选择“更多进入效果”选项，弹出“更改进入效果”对话框。在“基本型”选项组中选择“棋盘”，单击“确定”按钮。在【动画】分组中，单击“效果选项”按钮，选择“下”选项。

步骤3：按照要求插入新幻灯片。用鼠标单击第一张幻灯片前面的位置，在【开始】功能区的【幻灯片】分组中，单击“新建幻灯片”下拉三角按钮，选择“仅标题”选项。新插入的幻灯片作为第一张幻灯片。

步骤4：在第一张幻灯片的“单击此处添加标题”处输入“大家扫雪去!”。

步骤5：按题目要求设置字体。选中“大家扫雪去!”，在【开始】功能区的【字体】分组中，单击“字体”按钮，弹出“字体”对话框。在“字体”选项卡中，设置“大小”为“60磅”，设置“字体样式”为“加粗”，单击“确定”按钮。

步骤6：保存文件。

模拟试题（九）及参考答案

一、选择题（20分）

1. 一个汉字的内码长度为2字节，其每个字节的最高二进制位的值分别为________。
   A. 0，0　　B. 1，1　　C. 1，0　　D. 0，1

2. 字长为7位的无符号二进制整数能表示的十进制整数的数值范围是________。
   A. 0~128　　B. 0~255　　C. 0~127　　D. 1~127

3. UPS的中文译名是________。
   A. 稳压电源　　B. 不间断电源　　C. 高能电源　　D. 调压电源

4. 十进制数101转换成二进制数等于________。
   A. 1101011　　B. 1100101　　C. 1000101　　D. 1110001

5. 度量处理器CPU时钟频率的单位是________。
   A. MIPS　　B. MB　　C. MHz　　D. Mbps

6. 根据汉字国标GB 2312-1980的规定，一个汉字的内码码长为________。
   A. 8bit　　B. 12bit　　C. 16bit　　D. 24bit

7. 一个完整的计算机系统应该包含________。
   A. 主机、键盘和显示器　　B. 系统软件和应用软件
   C. 主机、外设和办公软件　　D. 硬件系统和软件系统

8. 下列叙述中，正确的是________。
   A. 内存中存放的是当前正在执行的程序和所需的数据
   B. 内存中存放的是当前暂时不用的程序和数据
   C. 外存中存放的是当前正在执行的程序和所需的数据
   D. 内存中只能存放指令

9. 二进制数101110转换成等值的十六进制数是________。
   A. 2C　　B. 2D　　C. 2E　　D. 2F

10. 已知a=00111000B和b=2FH，则两者比较的正确不等式是________。
    A. a>b　　B. a=b　　C. a<b　　D. 不能比较

11. 下列两个二进制数进行算术加运算，100001+111=________。
    A. 101110　　B. 101000　　C. 101010　　D. 100101

12. 已知三个用不同数制表示的整数A=00111101B，B=3CH，C=64D，则能成立的比较关系是________。
    A. A<B<C　　B. B<C<A　　C. B<A<C　　D. C<B<A

13. 计算机的硬件主要包括：中央处理器（CPU）、存储器、输出设备和________。
   A. 键盘　　B. 鼠标　　C. 输入设备　　D. 显示器

14. 英文缩写CAM的中文意思是________。
   A. 计算机辅助设计　　B. 计算机辅助制造
   C. 计算机辅助教学　　D. 计算机辅助管理

15. 计算机网络的主要目标是实现________。
   A. 数据处理　　B. 文献检索
   C. 快速通信和资源共享　　D. 共享文件

16. 在下列字符中，其ASCII码值最大的一个是________。
   A. Z　　B. 9　　C. 空格字符　　D. a

17. 组成计算机硬件系统的基本部分是________。
   A. CPU、键盘和显示器　　B. 主机和输入/出设备
   C. CPU和输入/出设备　　D. CPU、硬盘、键盘和显示器

18. 通常打印质量最好的打印机是________。
   A. 针式打印机　　B. 点阵打印机
   C. 喷墨打印机　　D. 激光打印机

19. 计算机软件系统包括________。
   A. 程序、数据和相应的文档　　B. 系统软件和应用软件
   C. 数据库管理系统和数据库　　D. 编译系统和办公软件

20. Internet实现了分布在世界各地的各类网络的互联，其最基础和核心的协议是________。
   A. HTTP　　B. TCP/IP　　C. HTML　　D. FTP

二、基本操作题（10分）

1. 在考生文件夹下HUOW文件夹中创建名为DBP8.TXT的文件，并设置为只读属性。

2. 将考生文件夹下JPNEQ文件夹中的AEPH.BAK文件复制到考生文件夹下的MAXD文件夹中，文件名为MAHF.BAK。

3. 为考生文件夹下MPEG文件夹中的DEVAL.EXE文件建立名为KDEV的快捷方式，并存放在考生文件夹下。

4. 将考生文件夹下ERPO文件夹中SGACYL.DAT文件移动到考生文件夹下，并改名为ADMICR.DAT。

5. 搜索考生文件夹下的ANEMP.FOR文件，然后将其删除。

三、字处理题（25分）

在考生文件夹下，打开文档WORD1.DOCX，按照要求完成下列操作并以该文件名（WORD1.DOCX）保存文档。

【文档开始】

高速CMOS的静态功耗

在理想情况下，CMOS电路在非开关状态时没有直流电流从电源Vcc到地，因而器件没有静态功耗。

对所有的CMOS器件，漏电流通常用Icc表示。这是当全部输入端加上Vcc或地电平和全部输出端开路时从Vcc到地的直流电流。

然而，由于半导体本身的特性，在反向偏置的二极管PN结必然存在着微小的漏电流。这些漏电流是由在二极管区域内热产生的载流子造成的，当温度上升时，热产生载流子的数目增加，因而漏电流增大。

对54/74HC系列，在一般手册中均给出了在25℃（室温）、85℃、125℃时的Icc规范值。

Vcc=5V时54/74HC电路的功耗电流表（单位：uA）

温度（℃）	门电路	中规模电路
25	2	8
85	20	80
125	40	160

【文档结束】

（1）将标题段文字（“高速CMOS的静态功耗”）文字设置为小二号蓝色黑体、居中、字符间距加宽2磅、段后间距0.5行。

（2）将正文各段文字（“在理想情况下……Icc规范值。”）中的中文文字设置为12磅宋体、英文文字设置为12磅Arial字体；将正文第三段（“然而，……因而漏电流增大。”）移至第二段（“对所有的CMOS器件，……直流电流。”）之前；设置正文各段首行缩进2字符、行距为1.2倍行距。

（3）设置页面上下边距各为3厘米。

（4）将文中最后4行文字转换成一个4行3列的表格；在第2列与第3列之间添加一列，并依次输入该列内容“缓冲器”“4”“40”“80”；设置表格列宽为2.5厘米、行高为0.6厘米、表格居中。

（5）为表格第一行单元格添加黄色底纹；所有表格线设置为1磅红色单实线。

四、电子表格题（25分）

（1）打开工作簿文件EXCEL.XLSX，将工作表sheet1的A1：E1单元格合并为一个单元格，内容水平居中，计算“合计”列的内容，将工作表命名为“科研经费使用情况表”。

	A	B	C	D	E
1	某企业科研经费使用情况表（万元）				
2	项目编号	资料费	软件开发费	培训费	合计
3	0050	46.5	3.4	12.4	
4	3178	89.7	7.32	24.3	
5	0007	12.5	1.8	61.4	

（2）选取“科研经费使用情况表”的“项目编号”列和“合计”列的单元格内容，建立“簇状棱锥图”，X轴上的项为项目编号，图表标题为“科研经费使用情况图”，插入到表的A7：E18单元格区域内。

五、演示文稿题（15分）

打开考生文件夹下的演示文稿yswg.pptx，按照下列要求完成对此文稿的修饰并保存。

（1）整个演示文稿设置成“时装设计”模板；将全部幻灯片切换效果设置成“分割”。

（2）将第二张幻灯片对象部分的动画效果设置为“向内溶解”；在演示文稿的开始处插入一张“标题幻灯片”，作为文稿的第一张幻灯片，主标题键入“讽刺与幽默”，并设置为60磅、加粗、红色（请用自定义标签中的红色250，绿色1，蓝色1）。

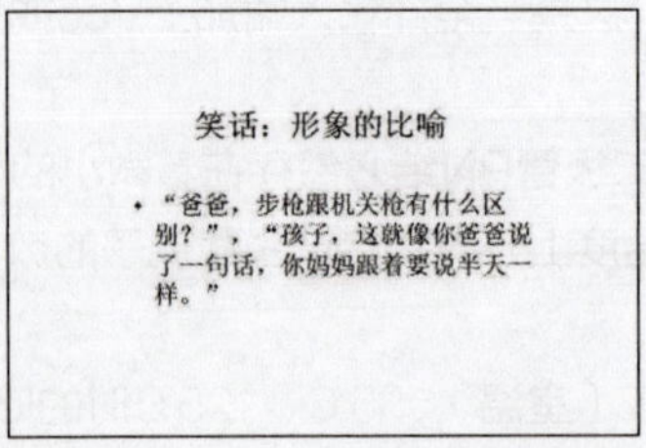

答案

一、选择题

1. B【解析】汉字的内码=汉字的国标码+8080H，所以汉字内码的最高位为1。

2. C【解析】无符号二进制数的第一位可为0，所以当全为0时最小值为0，当全为1时，最大值为$2^7-1=127$。

3. B【解析】不间断电源的缩写是UPS。

4. B【解析】$2^6+2^5+2^2+2^0=101$，所以101的二进制为1100101。

5. C【解析】MIPS是运算速度，MB是存储容量，Mbps是传输速率。

6. C【解析】一个汉字是两个字节，一字节是8bit，所以就是16bit。

7. D【解析】一个完整的计算机系统应该包括硬件系统和软件系统两部分。

8. A【解析】存储计算机当前正在执行的应用程序和相应数据的存储器是内存。

9. C【解析】四位二进制表示一位十六进制，从最右边开始划分，不足四位的，向前补零。二进制0010为十六进制2，二进制1110为十六进制E。

10. A【解析】2FH=00101111B<00111000B，故a>b。

11. B【解析】100001+111=101000。

12. C【解析】数字都转化为二进制数字：64D=01000000B，3CH=00111100B，故C>A>B。

13. C【解析】计算机硬件包括CPU、存储器、输入设备、输出设备。

14. B【解析】选项A计算机辅助设计是CAD；选项C计算机辅助教学是CAI。

15. C【解析】计算机网络由通信子网和资源子网两部分组成。通信子网的功能：负责全网的数据通信；资源子网的功能：提供各种网络资源和网络服务，实现网络的资源共享。

16. D【解析】ASCII码（用十六进制表示）为：空格对应20，9对应39，Z对应5A，a对应61。

17. B【解析】计算机的硬件由输入、存储、运算、控制和输出五个部分组成。

18. D【解析】打印机质量从高到低依次为激光打印机、喷墨打印机、点阵打印机、针式打印机。

19. B【解析】系统软件和应用软件组成了计算机软件系统的两个部分。

20. B【解析】Internet实现了分布在世界各地的各类网络的互联，其最基础和核心的协议是TCP/IP。HTTP是超文本传输协议，HTML是超文本标志语言，FTP是文件传输协议。

二、基本操作题

1. 新建文件和设置文件属性

①打开考生文件夹下HUOW文件夹;

②选择【文件】|【新建】|【文本文档】命令，或单击鼠标右键，弹出快捷菜单，选择【新建】|【文本文档】命令，即可生成新的文件，此时文件（文件夹）的名字处呈现蓝色可编辑状态，编辑名称为题目指定的名称DBP8.TXT;

③选中DBP8.TXT;

④选择【文件】|【属性】命令，或单击鼠标右键，弹出快捷菜单，选择“属性”命令，即可打开“属性”对话框;

⑤在“属性”对话框中勾选“只读”属性，单击“确定”按钮。

2. 复制文件和文件命名

①打开考生文件夹下JPNEQ文件夹，选中AEPH.BAK文件;

②选择【编辑】|【复制】命令，或按快捷键Ctrl+C;

③打开考生文件夹下MAXD文件夹;

④选择【编辑】|【粘贴】命令，或按快捷键Ctrl+V;

⑤选中复制来的文件;

⑥按F2 键，此时文件（文件夹）的名字处呈现蓝色可编辑状态，编辑名称为题目指定的名称MAHF.BAK。

3. 创建文件的快捷方式

①打开考生文件夹下MPEG文件夹，选中要生成快捷方式的DEVAL.EXE文件;

②选择【文件】|【创建快捷方式】命令，或单击鼠标右键，弹出快捷菜单，选择“创建快捷方式”命令，即可在同文件夹下生成一个快捷方式文件;

③移动这个文件到考生文件夹下，并按F2键改名为KDEV。

4. 移动文件和文件命名

①打开考生文件夹下文件夹ERPO，选中SGACYL.DAT文件;

②选择【编辑】|【剪切】命令，或按快捷键Ctrl+X;

③打开考生文件夹;

④选择【编辑】|【粘贴】命令，或按快捷键Ctrl+V;

⑤选中移动来的文件;

⑥按F2键，此时文件（文件夹）的名字处呈现蓝色可编辑状态，编辑名称为题目指定的名称ADMICR.DAT。

5. 搜索文件和删除文件

①打开考生文件夹;

②在工具栏右上角的搜索框中输入要搜索的文件名ANEMP.FOR，单击搜索框右侧“”按钮，搜索结果将显示在文件窗格中;

③选中搜索出的文件;

④按Delete键，弹出确认对话框;

⑤单击“确定”按钮，将文件（文件夹）删除到回收站。

三、字处理题

（1）解题步骤

步骤1： 通过“答题”菜单打开WORD1.DOCX文件，按题目要求设置标题段字体。选中标题段，在【开始】功能区的【字体】分组中，单击“字体”按钮，弹出“字体”对话框。在“字体”选项卡中，设置“中文字体”为“黑体”，设置“字号”为“小二”，设置“字体颜色”为“蓝色”，单击“确定”按钮。

步骤2： 按题目要求设置标题段对齐属性。选中标题段，在【开始】功能区的【段落】分组中，单击“居中”按钮。

步骤3： 按照题目要求设置字符间距。选中标题段，在【开始】功能区的【字体】分组中，单击“字体”按钮，弹出“字体”对话框。点击“高级”选项卡，在“字符间距”选项组的“间距”下拉框中选择“加宽”，在“磅值”中选择“2磅”，单击“确定”按钮。

步骤4： 按题目要求设置标题段段后间距。选中标题段，在【开始】功能区的【段落】分组中，单击“段落”按钮，弹出“段落”对话框，单击“缩进和间距”选项卡，在“间距”选项组中设置“段后”为“0.5行”，单击“确定”按钮。

（2）解题步骤

步骤1： 按照题目要求设置正文字体。选中正文前四段，在【开始】功能区的【字体】分组中，单击“字体”按钮，弹出“字体”对话框。在“字体”选项卡中，设置“中文字体”为“宋体”，设置“西文字体”为“Arial”，设置“字号”为“12磅”，单击“确定”按钮。

步骤2： 按照题目要求移动文本。选中正文第三段，单击鼠标右键，在弹出的快捷菜单中选择“剪切”，在第一段后另起一行，单击鼠标右键，在弹出的快捷菜单中选择“保留源格式”粘贴。

步骤3： 按题目要求设置正文段落属性。选中正文各段，在【开始】功能区的【段落】分组中，单击“段落”按钮，弹出“段落”对话框。单击“缩进和间距”选项卡，在“特殊格式”选项组中，选择“首行缩进”选项，设置磅值为“2字符”；在“间距”选项组中，设置“行距”为“多倍行距”，设置“设置值”为“1.2”，单击“确定”按钮。

（3）解题步骤

按照题目要求设置页面边距。操作过程略。

（4）解题步骤

步骤1： 按照题目要求将文字转换成表格。选中要转换为表格的文字，在【插入】功能区的【表格】分组中，单击“表格”按钮，选择“文本转换成表格”选项，弹出“将文字转换成表格”对话框，单击“确定”按钮。

步骤2： 按题目要求为表格插入一列。选中表格第2列，在【布局】功能区的【行和列】分组中，单击“在右侧插入”按钮，为表格添加一列，并按题目要求依次输入该列内容。

步骤3： 按照题目要求设置表格列宽和行高。选中表格，在【布局】功能区的【单元格大小】分组中，单击“表格属性”按钮，弹出“表格属性”对话框。单击“列”选项卡，并指定宽度为“2.5厘米”；单击“行”选项卡，并指定高度为“0.6厘米”，设置“行高值”为“固定值”，单击“确定”按钮。

步骤4： 按照题目要求设置表格对齐属性。选中表格，在【开始】功能区的【段落】分组中，单击“居中”按钮。

（5）解题步骤

步骤1： 按照题目要求设置单元格底纹。选中表格第1行，在【设计】功能区的【表格样式】分组中，单击“底纹”下拉三角按钮，选择“黄色”。

步骤2： 按题目要求设置表格外侧框线和内部框线属性。选中表格，在【设计】功能区的【绘图边框】分组中，设置“笔画粗细”为“1磅”，设置“笔样式”为“单实线”，设置“笔颜色”为“红色”，此时鼠标变为“小蜡笔”形状，沿着边框线拖动设置外侧框线的属性。

注：用鼠标单击“绘制表格”按钮后，鼠标指针变为小蜡笔形状，选择相应的线型和宽度，沿边框线拖动小蜡笔便可以对边框线属性进行设置。按同样操作设置内部框线为“1磅”“单实线”“红色”。

步骤3： 保存文件。

四、电子表格题

（1）【解题步骤】

步骤1： 通过“答题”菜单打开EXCEL.XLSX文件，选中A1：E1单元格，在【开始】功能区的【对齐方式】分组中，单击“合并后居中”按钮，合并单元格并使内容居中。

步骤2： 计算“合计”列内容。E3中插入公式“=SUM（B3：D3）”，并按回车键，将鼠标移动到E3单元格的右下角，按住鼠标左键不放向下拖动即可计算出其他行的值。

注：当鼠标指针放在已插入公式的单元格的右下角时，它会变为小十字“+”，按住鼠标左键拖动其到相应的单元格即可进行数据的自动填充。

步骤3： 双击现有名称，输入新名称“科研经费使用情况表”。

步骤4： 保存文件。

（2）【解题步骤】

步骤1： 按照要求建立“簇状棱锥图”。选择“项目编号”列和“合计”列，在【插入】功能区的【图表】分组中，单击“创建图表”按钮，弹出“插入图表”对话框，在“柱形图”中选择“簇状棱锥图”，单击“确定”按钮，即可插入图表。

步骤2： 按照题目要求设置图表标题。在插入的图表中，选中图表标题，改为“科研经费使用情况图”。

步骤3： 调整图的大小并移动到指定位置。选择图表，按住鼠标左键单击图表不放并拖动，将其拖动到A7：E18单元格区域内。

注：不要超过这个区域。如果图表过大，无法放下，可以将鼠标放在图表的右下角，当鼠标指针变为“”时，按住左键拖动可以将图表缩小到指定区域内。

步骤4： 保存文件。

五、演示文稿题

（1）【解题步骤】

步骤1： 通过“答题”菜单打开yswg.pptx文件，按照题目要求设置幻灯片模板。选中幻灯片，在【设计】功能区的【主题】分组中，单击“其他”下拉三角按钮，选择“时装设计”主题。

步骤2： 按照题目要求设置幻灯片的切换效果。选中幻灯片，在【切换】功能区的【切换到此幻灯片】分组中，单击“其他”下拉三角按钮，在“细微型”选项组中选择“分割”效果。

（2）【解题步骤】

步骤1： 按照题目要求设置剪贴画的动画效果。选中第二张幻灯片的图片，在【动画】功能区的

【动画】分组中，单击“其他”下拉三角按钮，选择“更多进入效果”选项，弹出“更改进入效果”对话框。在“基本型”选项组中选择“向内溶解”效果，单击“确定”按钮。

步骤2： 按照要求插入新幻灯片。用鼠标右键单击第一张幻灯片前面的位置，在【开始】功能区的【幻灯片】分组中，单击“新建幻灯片”下拉三角按钮，选择“标题幻灯片”选项。新插入的幻灯片作为第一张幻灯片。

步骤3： 在第一张幻灯片的“单击此处添加标题”处输入“讽刺与幽默”。

步骤4： 按题目要求设置字体。选中“讽刺与幽默”，在【开始】功能区的【字体】分组中，单击“字体”按钮，弹出“字体”对话框。在“字体”选项卡中，设置“大小”为“60磅”，设置“字体样式”为“加粗”。单击“字体颜色”下拉三角按钮，选择“其他颜色”选项，弹出“颜色”对话框。单击“自定义”选项卡，设置“红色”为“250”，设置“绿色”为“1”，设置“蓝色”为“1”，单击“确定”按钮，再单击“确定”按钮。

步骤5： 保存文件。

模拟试题（十）及参考答案

一、选择题（20分）

1. 字长是CPU的主要性能指标之一，它表示________。
   A. CPU一次能处理二进制数据的位数　　B. 最长的十进制整数的位数
   C. 最大的有效数字位数　　D. 计算结果的有效数字长度
2. 当代微型机中所采用的电子元器件是________。
   A. 电子管　　B. 晶体管
   C. 小规模集成电路　　D. 大规模和超大规模集成电路
3. 根据汉字国标GB2312-1980的规定，1KB存储容量可以存储汉字的内码个数是________。
   A. 1024　　B. 512　　C. 256　　D. 约341
4. 下列编码中，属于正确的汉字内码的是________。
   A. 5EF6H　　B. FB67H　　C. A3B3H　　D. C97DH
5. 计算机网络的目标是实现________。
   A. 数据处理　　B. 文献检索
   C. 资源共享和信息传输　　D. 信息传输
6. 计算机的硬件系统主要包括：中央处理器（CPU）、存储器、输出设备和________。
   A. 键盘　　B. 鼠标　　C. 输入设备　　D. 扫描仪
7. 把存储在硬盘上的程序传送到指定的内存区域中，这种操作称为________。
   A. 输出　　B. 写盘　　C. 输入　　D. 读盘
8. 微机的硬件系统中，最核心的部件是________。
   A. 内存储器　　B. 输入输出设备　　C. CPU　　D. 硬盘
9. 影响一台计算机性能的关键部件是________。
   A. CD-ROM　　B. 硬盘　　C. CPU　　D. 显示器
10. 汉字国标码（GB2312-1980）把汉字分成2个等级，其中一级常用汉字的排列顺序是按________。
    A. 汉语拼音字母顺序　　B. 偏旁部首
    C. 笔画多少　　D. 以上都不对
11. 在下列字符中，其ASCII码值最小的一个是________。
    A. 9　　B. p　　C. Z　　D. a
12. 王码五笔字型输入法属于________。
    A. 音码输入法　　B. 形码输入法

C. 音形结合输入法　　D. 联想输入法

13. 计算机软件分系统软件和应用软件两大类，系统软件的核心是________。

A. 数据库管理系统　B. 操作系统　C. 程序语言系统　D. 财务管理系统

14. 下列叙述中，正确的是________。

A. 所有计算机病毒只在可执行文件中传染

B. 计算机病毒可通过读写移动存储器或Internet网络进行传播

C. 只要把带毒优盘设置成只读状态，那么此盘上的病毒就不会因读盘而传染给另一台计算机

D. 计算机病毒是由于光盘表面不清洁而造成的

15. CPU的中文名称是________。

A. 控制器　B. 不间断电源　C. 算术逻辑部件　D. 中央处理器

16. 办公室自动化（OA）是计算机的一大应用领域，按计算机应用的分类，它属于________。

A. 科学计算　B. 辅助设计　C. 实时控制　D. 数据处理

17. 组成一个计算机系统的两大部分是________。

A. 系统软件和应用软件　B. 主机和外部设备

C. 硬件系统和软件系统　D. 主机和输入/输出设备

18. 在计算机指令中，规定其所执行操作功能的部分称为________。

A. 地址码　B. 源操作数　C. 操作数　D. 操作码

19. 下列叙述中，错误的是________。

A. 计算机硬件主要包括：主机、键盘、显示器、鼠标器和打印机五大部件

B. 计算机软件分系统软件和应用软件两大类

C. CPU主要由运算器和控制器组成

D. 内存储器中存储当前正在执行的程序和处理的数据

20. 电子计算机的最早的应用领域是________。

A. 数据处理　B. 数值计算　C. 工业控制　D. 文字处理

二、基本操作题（10分）

1. 将考生文件夹下QIU\LONG文件夹中的文件WATER.FOX设置为只读属性。

2. 将考生文件夹下PENG文件夹中的文件BLUE.WPS移动到考生文件夹下ZHU文件夹中，并将该文件改名为RED.WPS。

3. 在考生文件夹下YE文件夹中建立一个新文件夹PDMA。

4. 将考生文件夹下HAI\XIE文件夹中的文件BOMP.IDE复制到考生文件夹下YING文件夹中。

5. 将考生文件夹下TAN\WEN文件夹中的文件夹TANG删除。

三、字处理题（25分）

在考生文件夹下，打开文档WORD1.DOCX，按照要求完成下列操作并以该文件名（WORD1.DOCX）

保存文档。

【文档开始】

为什么成年男女的声调不一样?

大家都知道，女人的声调一般比男人的“尖高”。可是，为什么会这样呢?人的解剖结构告诉我们，男人和女人的声音之所以会有影射上的差别，是因为女人的发音器官一般比男人的小。

科学家们发现，由于性别不同造成的发育差异，女人的喉器一般比男人的小，声带也比男人短而细。

不论什么乐器，凡是起共鸣的部分，体积比较大的，发出的声音影射总比较沉厚，体积比较小，影射总比较尖高。

一般女人的喉器既然比男人的小许多，声带又比男人的短三分之一，那么，声音的影射自然会比男人的尖高。

测量喉器和声带的平均记录

性别　　喉器长度　　喉器宽度　　声带长度

男　　44毫米　　43毫米　　17毫米

女　　36毫米　　41毫米　　12毫米

【文档结束】

（1）将文中所有错词“影射”替换为“音色”。

（2）将标题段文字（“为什么成年男女的声调不一样?”）设置为三号黑体、加粗、居中，并添加蓝色阴影边框（边框的线型和线宽使用缺省设置）。

（3）正文文字（“大家都知道，……比男人的尖高。”）设置为小四号宋体，各段落左、右各缩进1.5字符，首行缩进2字符，段前间距1行。

（4）将表格标题（“测量喉器和声带的平均记录”）设置为小四号黑体、蓝色、字下加线、居中。

（5）将文中最后3行文字转换成一个3行4列的表格，表格居中，列宽3厘米，表格中的文字设置为五号仿宋，所有内容对齐方式为水平居中。

四、电子表格题（20分）

（1）打开工作簿文件EXCEL.XLSX，将工作表sheet1的A1：D1单元格合并为一个单元格，内容水平居中，计算“金额”列的内容（金额=单价*订购数量），将工作表命名为“图书订购情况表”。

	A	B	C	D
1	某书库图书订购情况表			
2	图书名称	单价	订购数量	金额
3	高等数学	15.60	520	
4	数据结构	21.80	610	
5	操作系统	19.70	549	

（2）打开工作簿文件EXC.XLSX（内容同第2套四、电子表格题（2）中的EXC.XLSX文件），对工作表“选修课程成绩单”内的数据清单的内容进行分类汇总（提示：分类汇总前先按主要关键字“课程名称”升序排序），分类字段为“课程名称”，汇总方式为“计数”，汇总项为“课程名称”，汇总结果显示在数据下方，将执行分类汇总后的工作表还保存在EXC.XLSX工作簿文件中，工作表名不变。

五、演示文稿题（15分）

打开考生文件夹下的演示文稿yswg.pptx，按照下列要求完成对此文稿的修饰并保存。

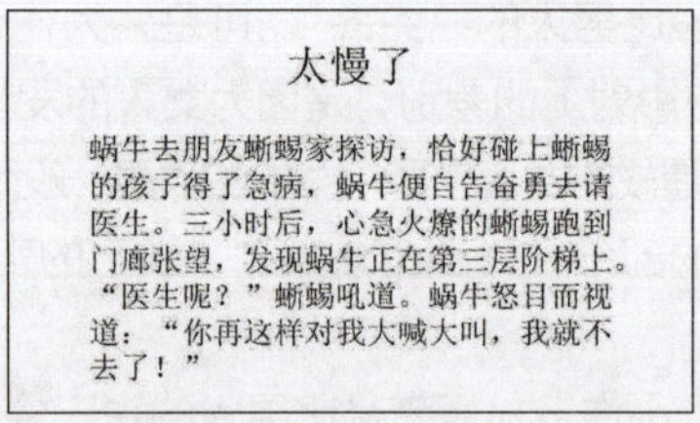

（1）整个演示文稿设置成“华丽”模板；将全部幻灯片切换效果设置成“覆盖”。

（2）将第二张幻灯片版式改变为“垂直排列标题与文本”，然后将这张幻灯片移成演示文稿的第一张幻灯片；第三张幻灯片的动画效果设置为“飞入”“自左侧”。

答案

一、选择题

1. A【解析】字长是指计算机运算部件一次能同时处理的二进制数据的位数。

2. D【解析】计算机采用的电子器件为：第一代是电子管，第二代是晶体管，第三代是中小规模集成电路，第四代是大规模、超大规模集成电路。当代计算机属于第四代计算机。

3. B【解析】一个汉字等于2B，也就是说，1KB=1024B，所以可以放512个。

4. C【解析】汉字内码两个字节的最高位必须为1。

5. C【解析】计算机网络由通信子网和资源子网两部分组成。通信子网的功能：负责全网的数据通信；资源子网的功能：提供各种网络资源和网络服务，实现网络的资源共享。

6. C【解析】计算机硬件包括CPU、存储器、输入设备、输出设备。

7. D【解析】把内存中数据传送到计算机硬盘中去，称为写盘。把硬盘上的数据传送到计算机中的内存中去，称为读盘。

8. C【解析】CPU是计算机的核心部件。

9. C【解析】CPU是计算机的核心部件。

10. A【解析】在国家汉字标准GB2312-1980中，一级常用汉字按（汉语拼音）规律排列，二级次常用汉字按（偏旁部首）规律排列。

11. A【解析】ASCII码（用十六进制表示）为：9对应39，p对应70，Z对应5A，a对应61。

12. B【解析】形码：根据字形结构进行编码（五笔），音码：根据发音进行编码（全拼、双拼），音形码：以拼音为主，辅以字形字义进行编码（自然码）。

13. B【解析】系统软件主要包括操作系统、语言处理系统、系统性能检测和实用工具软件等，其中最主要的是操作系统。

14. B【解析】计算机病毒主要通过移动存储介质（如优盘、移动硬盘）和计算机网络两大途径进行传播。

15. D【解析】选项A控制器是CU；选项B不间断电源是UPS；选项C算术逻辑部件是ALU。

16. D【解析】办公自动化包括网络化的大规模信息处理系统。
17. C【解析】一个完整的计算机系统应该包括硬件和软件两部分。
18. D【解析】计算机指令中操作码规定所执行的操作，操作数规定参与所执行操作的数据。
19. A【解析】计算机的硬件由输入、存储、运算、控制和输出五个部分组成。
20. B【解析】计算机问世之初，主要用于数值计算，计算机也因此得名。

二、基本操作题

1. 设置文件属性

①打开考生文件夹下QIU\LONG文件夹，选中WATER.FOX文件；

②选择【文件】|【属性】命令，或单击鼠标右键，弹出快捷菜单，选择“属性”命令，即可打开“属性”对话框；

③在“属性”对话框中勾选“只读”属性，单击“确定”按钮。

2. 移动文件和文件命名

①打开考生文件夹下PENG文件夹，选中BLUE.WPS文件；

②选择【编辑】|【剪切】命令，或按快捷键Ctrl+X；

③打开考生文件夹下ZHU文件夹；

④选择【编辑】|【粘贴】命令，或按快捷键Ctrl+V；

⑤选中移动来的文件；

⑥按F2键，此时文件（文件夹）的名字处呈现蓝色可编辑状态，编辑名称为题目指定的名称RED.WPS。

3. 新建文件夹

①打开考生文件夹下YE文件夹；

②选择【文件】|【新建】|【文件夹】命令，或单击鼠标右键，弹出快捷菜单，选择【新建】|【文件夹】命令，即可生成新的文件夹，此时文件（文件夹）的名字处呈现蓝色可编辑状态，编辑名称为题目指定的名称PDMA.

4. 复制文件

①打开考生文件夹下HAI\XIE文件夹，选中BOMP.IDE文件；

②选择【编辑】|【复制】命令，或按快捷键Ctrl+C；

③打开考生文件夹下YING文件夹；

④选择【编辑】|【粘贴】命令，或按快捷键Ctrl+V。

5. 删除文件夹

①打开考生文件夹下TAN\WEN文件夹，选中TANG文件夹；

②按Delete键，弹出确认对话框；

③单击“确定”按钮，将文件（文件夹）删除到回收站。

三、字处理题

（1）【解题步骤】

通过“答题”菜单打开WORD1.DOCX文件，按题目要求替换文字，选中正文各段，在【开始】

功能区的【编辑】分组中，单击“替换”按钮，弹出“查找和替换”对话框，设置“查找内容”为“影射”，设置“替换为”为“音色”，单击“全部替换”按钮，稍后弹出消息框，提示完成4处替换，单击“确定”按钮。

（2）【解题步骤】

步骤1：按题目要求设置标题段字体，选中标题段，在【开始】功能区的【字体】分组中，单击“字体”按钮，弹出“字体”对话框。“字体”选项卡中，设置“中文字体”为“黑体”，设置“字号”为“三号”，设置“字形”为“加粗”，单击“确定”按钮。

步骤2：按题目要求设置标题段对齐属性，选中标题段，在【开始】功能区的【段落】分组中，单击“居中”按钮。

步骤3：按题目要求设置标题段边框属性，选中标题段，在【开始】功能区的【段落】分组中，单击“下框线”下拉三角按钮，选择“边框和底纹”选项，弹出“边框和底纹”对话框。“边框”选项卡中，选择“阴影”选项，设置“颜色”为“蓝色”，设置“应用于”为“文字”，单击“确定”按钮。

（3）【解题步骤】

步骤1：按照题目要求设置正文字体，选中正文前四段，在【开始】功能区的【字体】分组中，单击“字体”按钮，弹出“字体”对话框，“字体”选项卡中，设置“中文字体”为“宋体”，设置“字号”为“小四”，单击“确定”按钮。

步骤2：按题目要求设置正文段落属性，选中正文各段，在【开始】功能区的【段落】分组中，单击“段落”按钮，弹出“段落”对话框，单击“缩进和间距”选项卡，在“缩进”选项组中，设置“左侧”为“1.5字符”，设置“右侧”为“1.5字符”；在“特殊格式”选项组中，选择“首行缩进”选项，设置磅值为“2字符”；在“间距”选项组中，设置“段前”为“1行”，单击“确定”按钮。

（4）【解题步骤】

步骤1：按题目要求设置表格标题字体，选中表格标题，在【开始】功能区的【字体】分组中，单击“字体”按钮，弹出“字体”对话框。“字体”选项卡中，设置“中文字体”为“黑体”，设置“字号”为“小四”，设置“字体颜色”为“蓝色”，设置“下划线线型”为“字下加线”，单击“确定”按钮。

步骤2：按题目要求设置表格标题对齐属性，选中表格标题，在【开始】功能区的【段落】分组中，单击“居中”按钮。

（5）【解题步骤】

步骤1：按照题目要求将文字转换成表格，选中要转换为表格的文字，在【插入】功能区的表格分组中，单击“表格”按钮，选择“文本转换成表格”选项。在表格尺寸选项组中，设置列数为4，设置行数为3，单击确定按钮。

步骤2：按照题目要求设置表格对齐属性，选中表格，在【开始】功能区的【段落】分组中，单击“居中”按钮。

步骤3：按照题目要求设置表格列宽，选中表格，在【布局】功能区的【单元格大小】分组中，单击“表格属性”按钮，弹出“表格属性”对话框。单击“列”选项卡，并指定宽度为“3厘米”，单击“确定”按钮。

步骤4：按题目要求设置表格字体，选中表格，在【开始】功能区的【字体】分组中，单击“字体”按钮，弹出“字体”对话框。“字体”选项卡中，设置“中文字体”为“仿宋”，设置“字号”为“五号”，单击“确定”按钮。

步骤5：按题目要求设置表格内容对齐方式，选中表格，在【布局】功能区的【对齐方式】分组中，单击“水平居中”按钮。

步骤6：保存文件。

四、电子表格题

（1）【解题步骤】

步骤1：通过“答题”菜单打开EXCEL.XLSX文件，选中A1：D1单元格，在【开始】功能区的【对齐方式】分组中，单击“合并后居中”按钮，合并单元格并使内容居中。

步骤2：计算“金额”列内容。D3单元格中插入公式“=B3*C3”，并按回车键，将鼠标移动到D3单元格的右下角，按住鼠标左键不放向下拖动即可计算出其他行的值。

注：当鼠标指针放在已插入公式的单元格的右下角时，它会变为小十字“+”，按住鼠标左键拖动其到相应的单元格即可进行数据的自动填充。

步骤3：双击现有名称，输入新名称“图书订购情况表”。

步骤4：保存文件。

（2）【解题步骤】

步骤1：通过“答题”菜单打开EXC.XLSX文件，按照题目要求在分类汇总前，对表格排序。在【数据】功能区的【排序和筛选】分组中，单击“排序”按钮，弹出“排序”对话框，设置“主要关键字”为“课程名称”，设置“次序”为“升序”，单击“确定”按钮。

步骤2：按照题目要求设置分类汇总，在【数据】功能区的【分级显示】分组中，单击“分类汇总”按钮，在弹出的“分类汇总”对话框中，设置“分类字段”为“课程名称”，设置“汇总方式”为“计数”，设置“选中汇总项”为“课程名称”，选中“汇总结果显示在数据下方”，单击“确定”按钮。

步骤3：保存文件。

五、演示文稿题

（1）【解题步骤】

步骤1：通过“答题”菜单打开yswg.pptx文件，按照题目要求设置幻灯片模板。选中幻灯片，在【设计】功能区的【主题】分组中，单击“其他”下拉三角按钮，选择“华丽”主题。

步骤2：按照题目要求设置幻灯片的切换效果。选中幻灯片，在【切换】功能区的【切换到此幻灯片】分组中，单击“其他”下拉三角按钮，在“细微型”选项组中选择“覆盖”效果。

（2）【解题步骤】

步骤1：按照题目要求设置幻灯片版式。选中第二张幻灯片，在【开始】功能区的【幻灯片】分组中，单击“版式”按钮，选择“垂直排列标题与文本”选项。

步骤2：移动幻灯片。在普通视图下，按住鼠标左键，拖拽第二张幻灯片到第一张幻灯片即可。

步骤3：按照题目要求设置剪贴画的动画效果。选中第三张幻灯片的图片，在【动画】功能区的【动画】分组中，单击“其他”下拉三角按钮，选择“更多进入效果”选项，弹出“更改进入效果”对话框。在“基本型”选项组中选择“飞入”，单击“确定”按钮。在【动画】分组中，单击“效果选项”按钮，选择“自左侧”选项。

步骤4：保存文件。

模拟试题（十一）及参考答案

一、选择题（20分）

1. 世界上第一台计算机是1946年在美国研制成功的，其英文缩写名为________。
   A. EDSAC　B. ENIAC　C. EDVAC　D. UNIVAC-I
2. 存储一个48×48点阵的汉字字形码需要的字节个数是________。
   A. 384　B. 288　C. 256　D. 144
3. 十进制整数101转换成无符号二进制整数是________。
   A. 00110101　B. 01101011　C. 01100101　D. 01011011
4. 感染计算机病毒的原因之一是________。
   A. 不正常关机　B. 光盘表面不清洁　C. 错误操作　D. 从网上下载文件
5. 下列度量单位中，用来度量计算机运算速度的是________。
   A. MB/s　B. MIPS　C. GHz　D. MB
6. 计算机的存储器中，组成一个字节（Byte）的二进制位（bit）个数是________。
   A. 4　B. 8　C. 16　D. 32
7. 如果在一个非零无符号二进制整数之后添加2个0，则此数的值为原数的________。
   A. 4倍　B. 2倍　C. 1/2　D. 1/4
8. 一个完整的计算机系统应该包括________。
   A. 主机、键盘和显示器　B. 硬件系统和软件系统
   C. 主机和它的外部设备　D. 系统软件和应用软件
9. 微机上广泛使用的Windows是________。
   A. 多任务操作系统　B. 单任务操作系统　C. 实时操作系统　D. 批处理操作系统
10. 微型计算机的硬件系统中最核心的部件是________。
    A. 内存储器　B. 输入输出设备　C. CPU　D. 硬盘
11. 在计算机内部用来传送、存储、加工处理的数据或指令所采用的形式是________。
    A. 十进制码　B. 二进制码　C. 八进制码　D. 十六进制码
12. 下列度量单位中，用来度量计算机网络数据传输速率（比特率）的是________。
    A. MB/s　B. MIPS　C. GHz　D. Mbps
13. 操作系统是计算机系统中的________。
    A. 主要硬件　B. 系统软件　C. 工具软件　D. 应用软件
14. 传播计算机病毒的两大可能途径之一是________。
    A. 通过键盘输入数据时传入　B. 通过电源线传播
    C. 通过使用表面不清洁的光盘　D. 通过Internet网络传播

15. 根据汉字国标码GB2312-1980的规定，将汉字分为常用汉字（一级）和非常用汉字（二级）两级汉字。一级常用汉字的排列是按________排列。

A. 偏旁部首　　B. 汉语拼音字母　　C. 笔画多少　　D. 使用频率多少

16. 组成微型计算机主机的硬件除CPU外，还有________。

A. RAM　　B. RAM、ROM和硬盘

C. RAM和ROM　　D. 硬盘和显示器

17. 无符号二进制整数00110011转换成十进制整数是________。

A. 48　　B. 49　　C. 51　　D. 53

18. 下列关于计算机病毒的说法中，正确的是________。

A. 计算机病毒是对计算机操作人员身体有害的生物病毒

B. 计算机病毒将造成计算机的永久性物理损害

C. 计算机病毒是一种通过自我复制进行传染的，破坏计算机程序和数据的小程序

D. 计算机病毒是一种感染在CPU中的微生物病毒

19. 把硬盘上的数据传送到计算机内存中去的操作称为________。

A. 读盘　　B. 写盘　　C. 输出　　D. 存盘

20. 操作系统是计算机的软件系统中________。

A. 最常用的应用软件　　B. 最核心的系统软件

C. 最通用的专用软件　　D. 最流行的通用软件

二、基本操作题（10分）

1. 在考生文件夹下QI\XI文件夹中建立一个新文件夹THOUT。

2. 将考生文件夹下HOU\QU文件夹中的文件DUMP.WRI移动到考生文件夹下TANG文件夹中，并将该文件改名为WAMP.WRI。

3. 将考生文件夹下JIA文件夹中的文件ZHEN.SIN复制到考生文件夹下的XUE文件夹中。

4. 将考生文件夹下SHU\MU文件夹中的文件EDIT.DAT删除。

5. 将考生文件夹下CHUI文件夹中的文件ZHAO.PRG设置为隐藏属性。

三、字处理题

在考生文件夹下，打开文档WORD1.DOCX，按照要求完成下列操作并以该文件名（WORD1.DOCX）保存文档。

【文档开始】

新型硬盘借口——串行ATA及UltraATA133

随着硬盘容量和速度的飞速增加，硬盘借口也经历了很多次革命性的改变，从最早的PIO模式到今天的串行ATA及UltraATA133，传输速率已经翻了几十倍。

随着硬盘内部传输率逐渐上升，外部借口也必须提高传输速率才不至于成为数据传输时的瓶颈，在这种环境下，串行ATA及UltraATA133规范诞生了。

串行ATA规范是计算机行业工作组（Computer Industry's Working Group）制定的，它采用与并行ATA借口相同的传输协议，但硬件借口则不同，串行ATA借口的电压更低，而且数据线也更少。

UltraATA133是Maxtor公司提出的，是UltraATA100的后续规范，但它并没有得到ATA官方组织T13的正式认可，所以严格说来，UltraATA133应该算是企业规范而非行业规范，或许直接叫它"Fast Dirves"更为妥当。

由于串行ATA并不能向下兼容并行ATA设备，所以从并行ATA全面过渡到串行ATA要相当长的一段时间，在这期间，硬盘的发展速度不可能因此而停下来。而UltraATA133作为这一过渡期的折中解决方案，很可能成为最后一种并行ATA借口规范。

UltraATA借口规格一览表

UltraATA借口	UDMA模式	时钟频率	数据传输率	数据连线
UltraATA33	mode0	8.33MHz（120ns）	16.66MB/s	40针40线
	mode1	6.67MHz（150ns）	26.66MB/s	40针40线
	mode2	8.33MHz（120ns）	33.33MB/s	40针40线
UltraATA66	mode3	11.11MHz（90ns）	44.44MB/s	40针80线
	mode4	16.67MHz（60ns）	66.66MB/s	40针80线
UltraATA100	mode5	25MHz（400ns）	100MB/s	40针80线
UltraATA133	mode6	33.33MHz（30ns）	133.3MB/s	40针80线

【文档结束】

（1）将文中所有错词"借口"替换为"接口"。

（2）将标题段文字（"新型硬盘接口——串行ATA及UltraATA133"）设置为16磅蓝色宋体（西文使用中文字体）、倾斜、居中，并添加红色阴影边框。

（3）将正文各段文字（"随着硬盘容量……接口规范。"）中的中文文字设置为10.5磅宋体、英文文字设置为10.5磅Arial字体；各段落首行缩进2字符。

（4）将文中后8行文字转换成一个8行5列的表格；分别将表格中第1列的第2至第4行单元格和第5至第6行单元格合并。

（5）设置表格列宽为2.6厘米、表格居中；设置表格中所有文字中部居中；为表格添加"底纹样式15%"。

四、电子表格题（20分）

（1）打开考生文件夹下EXC.XLSX文件，将sheet1工作表的A1：E1单元格合并为一个单元格，水平对齐方式设置为居中；计算人数的总计和所占百分比（所占百分比=人数/人数总计，单元格格式的数字分类为百分比，小数位数为2）；计算各年龄段补助的合计（补助合计=补助*人数）和补助合计的总计，将工作表命名为"员工补助情况表"。

	A	B	C	D	E
1	某企业员工补助情况表				
2	年龄	人数	所占百分比	补助	补助合计
3	30以下	25		950	
4	30至39	43		1050	
5	40至49	21		1250	
6	50以上	12		1550	
7	总计				

（2）打开工作簿文件EXA.XLSX，对工作表“数据库技术成绩单”内的数据清单的内容进行自动筛选，条件是系别为“自动控制或数学”并且“考试成绩”大于或等于75；筛选后的工作表名不变，工作簿名不变。

	A	B	C	D	E	F
1	系别	学号	姓名	考试成绩	实验成绩	总成绩
2	信息	991021	李新	77	16	77.6
3	计算机	992032	王文辉	87	17	86.6
4	自动控制	993023	张磊	75	19	79
5	经济	995034	郝心怡	86	17	85.8
6	信息	991076	王力	91	15	87.8
7	数学	994056	孙英	77	14	75.6
8	自动控制	993021	张在旭	60	14	62
9	计算机	992089	金翔	73	18	76.4
10	计算机	992005	扬海东	90	19	91
11	自动控制	993082	黄立	85	20	88
12	信息	991062	王春晓	78	17	79.4
13	经济	995022	陈松	69	12	67.2
14	数学	994034	姚林	89	15	86.2
15	信息	991025	张雨涵	62	17	66.6
16	自动控制	993026	钱民	66	16	68.8
17	数学	994086	高晓东	78	15	77.4
18	经济	995014	张平	80	18	82
19	自动控制	993053	李英	93	19	93.4
20	数学	994027	黄红	68	20	74.4

五、演示文稿题（15分）

打开考生文件夹下的演示文稿yswg.pptx，按照下列要求完成对此文稿的修饰并保存。

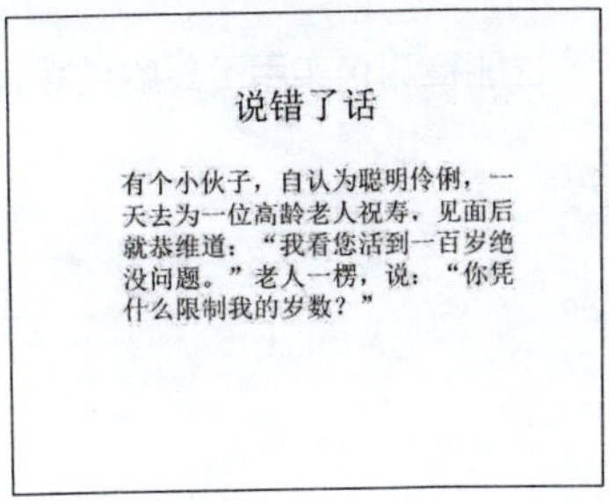

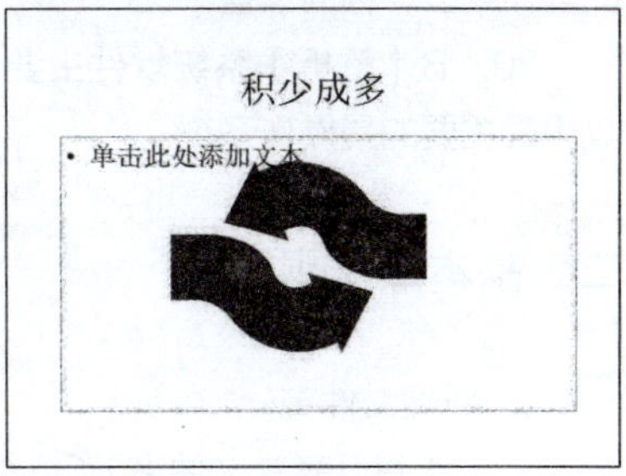

（1）使用“华丽”演示文稿设计模板修饰全文；全部幻灯片切换效果设置为“百叶窗”。

（2）将第三张幻灯片版式设置为“标题和内容”，把幻灯片的对象部分动画效果设置为“飞入”“自顶部”；然后把第三张幻灯片移动为演示文稿的第二张幻灯片。

✓ 答案

一、选择题

1. B【解析】1946年世界上第一台名为ENIAC的电子计算机诞生于美国宾夕法尼亚大学。

2. B【解析】在48×48的网格中描绘一个汉字，整个网格分为48行48列，每个小格用1位二进制编码表示，每一行需要48个二进制位，占6个字节，共占48×6=288个字节。

3. C【解析】$2^6+2^5+2^2+2^0=101$，所以101的二进制为01100101。

4. D【解析】计算机病毒主要通过移动存储介质（如优盘、移动硬盘）和计算机网络两大途径进行传播。

5. B【解析】MIPS是运算速度的衡量指标，MB是存储容量的衡量指标，MB/s是传输速率，GHz是主频单位。

6. B【解析】1Byte=8bit。

7. A【解析】最后位加0等于前面所有位都乘以4再相加，所以是4倍。

8. B【解析】一个完整的计算机系统应该包括硬件和软件两部分。

9. A【解析】Windows属于单用户多任务操作系统。

10. C【解析】CPU是计算机的核心部件。

11. B【解析】计算机内部采用二进制进行数据交换和处理。

12. D【解析】MIPS是运算速度，Mbps是传输比特速率，MB/s是传输字节速率，GHz是主频单位。

13. B【解析】系统软件包括操作系统、语言处理系统、系统性能检测、实用工具软件。

14. D【解析】计算机病毒主要通过移动存储介质（如优盘、移动硬盘）和计算机网络两大途径进行传播。

15. B【解析】在国家汉字标准GB2312-1980中，一级常用汉字按（汉语拼音）规律排列，二级次常用汉字按（偏旁部首）规律排列。

16. C【解析】微型机的主机一般包括CPU、内存（包括ROM和RAM）、I/O接口电路、系统总线。

17. C【解析】二进制转换为十进制：$2^5+2^4+2^1+2^0=51$。

18. C【解析】计算机病毒不是生物类病毒，而且对硬件的破坏不是永久性的。

19. A【解析】把内存中数据传送到计算机硬盘中去，称为写盘。把硬盘上的数据传送到计算机的内存中去，称为读盘。

20. B【解析】系统软件主要包括操作系统、语言处理系统、系统性能检测和实用工具软件等，其中最主要的是操作系统。

二、基本操作题

1. 新建文件夹

①打开考生文件夹下QI\XI文件夹；

②选择【文件】|【新建】|【文件夹】命令，或单击鼠标右键，弹出快捷菜单，选择【新建】|【文件夹】命令，即可生成新的文件夹，此时文件（文件夹）的名字处呈现蓝色可编辑状态，编辑名称为题目指定的名称THOUT。

2. 移动文件和文件命名

①打开考生文件夹下HOU\QU文件夹，选中DUMP.WRI文件；

②选择【编辑】|【剪切】命令，或按快捷键Ctrl+X；

③打开考生文件夹下TANG文件夹；

④选择【编辑】|【粘贴】命令，或按快捷键Ctrl+V；

⑤选中移动来的文件；

⑥按F2键，此时文件（文件夹）的名字处呈现蓝色可编辑状态，编辑名称为题目指定的名称

WAMP.WRI。

3. 复制文件

①打开考生文件夹下JIA文件夹，选中ZHEN.SIN文件；

②选择【编辑】|【复制】命令，或按快捷键Ctrl+C；

③打开考生文件夹下XUE文件夹；

④选择【编辑】|【粘贴】命令，或按快捷键Ctrl+V。

4. 删除文件

①打开考生文件夹下SHU\MU文件夹，选中EDIT.DAT文件；

②按Delete键，弹出确认对话框；

③单击“确定”按钮，将文件（文件夹）删除到回收站。

5. 设置文件属性

①打开考生文件夹下CHUI文件夹，选中ZHAO.PRG文件；

②选择【文件】|【属性】命令，或单击鼠标右键，弹出快捷菜单，选择“属性”命令，即可打开“属性”对话框；

③在“属性”对话框中勾选“隐藏”属性，单击“确定”按钮。

三、字处理题

（1）【解题步骤】

通过“答题”菜单打开WORD1.DOCX文件，按题目要求替换文字。选中全部文本（包括标题段），在【开始】功能区的【编辑】分组中，单击“替换”按钮，弹出“查找和替换”对话框，设置“查找内容”为“借口”，设置“替换为”为“接口”，单击“全部替换”按钮，稍后弹出消息框，单击“确定”按钮。

（2）【解题步骤】

步骤1：按题目要求设置标题段字体。选中标题段，在【开始】功能区的【字体】分组中，单击“字体”按钮，弹出“字体”对话框。在“字体”选项卡中，设置“中文字体”为“宋体”，设置“西文字体”为“使用中文字体”，设置“字号”为“16磅”，设置“字形”为“倾斜”，设置“字体颜色”为“蓝色”，单击“确定”按钮。

步骤2：按题目要求设置标题段对齐属性。选中标题段，在【开始】功能区的【段落】分组中，单击“居中”按钮。

步骤3：按题目要求设置标题段边框属性。选中标题段，在【开始】功能区的【段落】分组中，单击“下框线”下拉三角按钮，选择“边框和底纹”选项，弹出“边框和底纹”对话框。在“边框”选项卡中，选择“阴影”选项，设置“颜色”为“红色”，设置“应用于”为“文字”，单击“确定”按钮。

（3）【解题步骤】

步骤1：按照题目要求设置正文字体。选中正文各段，在【开始】功能区的【字体】分组中，单击“字体”按钮，弹出“字体”对话框。在“字体”选项卡中，设置“中文字体”为“宋体”，设置“西文字体”为“Arial”，设置“字号”为“10.5磅”，单击“确定”按钮。

步骤2：按题目要求设置正文段落属性。选中正文各段，在【开始】功能区的【段落】分组中，单击“段落”按钮，弹出“段落”对话框。单击“缩进和间距”选项卡，在“特殊格式”选项组中，选择“首行缩进”选项，设置磅值为“2字符”，单击“确定”按钮。

（4）【解题步骤】

步骤1： 按照题目要求将文字转换成表格。选中后8行文字，在【插入】功能区的【表格】分组中，单击“表格”按钮，选择“文本转换成表格”选项，弹出“将文字转换成表格”对话框，单击“确定”按钮。

步骤2： 按照题目要求合并单元格。表格转换完成后，选中第1列的第2行到第4行的内容，单击鼠标右键弹出右键菜单，在右键菜单中选中“合并单元格”命令，合并第1列的第2行到第4行。按照同样的操作，合并第1列第5行到第6行。

（5）【解题步骤】

步骤1： 按照题目要求设置表格列宽。选中表格，在【布局】功能区的【单元格大小】分组中，单击“表格属性”按钮，弹出“表格属性”对话框。单击“列”选项卡，并指定宽度为“2.6厘米”，单击“确定”按钮。

步骤2： 按照题目要求设置表格对齐属性。选中表格，在【开始】功能区的【段落】分组中，单击“居中”按钮。

步骤3： 按题目要求设置表格内容对齐方式。选中表格，在【布局】功能区的【对齐方式】分组中，单击“水平居中”按钮。

步骤4： 按照题目要求设置单元格底纹。选中表格单击右键，在弹出的快捷菜单中选择“边框和底纹”命令，弹出“边框和底纹”对话框，单击“底纹”选项卡，在“图案”组“样式”中选择“15%”，“在应用于”中选择“表格”，单击“确定”按钮。

步骤5： 保存文件。

四、电子表格题

（1）【解题步骤】

步骤1： 通过“答题”菜单打开EXC.XLSX文件，选中A1：E1单元格，在【开始】功能区的【对齐方式】分组中，单击“合并后居中”按钮，合并单元格并使内容居中。

步骤2： 计算“总计”行内容。在B7中插入公式“=SUM（B3：B6）”，并按回车键。

步骤3： 计算“所占百分比”列内容。在C3中插入公式“=B3/（$B$7）”，并按回车键，将鼠标移动到C3单元格的右下角，按住鼠标左键不放向下拖动即可计算出其他行的值。

注：当鼠标指针放在已插入公式的单元格的右下角时，它会变为小十字“+”，按住鼠标左键拖动其到相应的单元格即可进行数据的自动填充。

步骤4： 按照题目要求设置单元格属性。选中“所占百分比”列的全部内容，在【开始】功能区的【数字】分组中，单击“数字”按钮，弹出“设置单元格格式”对话框，单击“数字”选项卡，在“分类”列表框中选中“百分比”选项，设置“小数位数”为“2”，最后单击“确定”按钮。

步骤5： 计算“补助合计”列内容。在E3中插入公式“=B3*D3”，并按回车键，将鼠标移动到E3单元格的右下角，按住鼠标左键不放向下拖动即可计算出其他行的值。

注：当鼠标指针放在已插入公式的单元格的右下角时，它会变为小十字“+”，按住鼠标左键拖动其到相应的单元格即可进行数据的自动填充。

步骤6：计算“补助合计的总计”行内容。在E7中插入公式“=SUM（E3：E6）”，并按回车键。

步骤7：双击现有名称，输入新名称“员工补助情况表”。

步骤8：保存文件。

（2）【解题步骤】

步骤1：通过“答题”菜单打开EXA.XLSX文件，按要求对表格进行自动筛选。在【数据】功能区的【排序和筛选】分组中，单击“筛选”按钮，在第一行单元格的列标中将出现按钮。单击“考试成绩”下拉按钮，选择“数字筛选”中的“自定义筛选”选项，弹出“自定义自动筛选方式”对话框，“考试成绩”中选择“大于或等于”，在其后输入“75”，单击“确定”按钮。按同样的操作设置系别为“自动控制或数学”。

步骤2：保存文件。

五、演示文稿题

（1）【解题步骤】

步骤1：通过“答题”菜单打开yswg.pptx文件，按照题目要求设置幻灯片模板。选中幻灯片，在【设计】功能区的【主题】分组中，单击“其他”下拉三角按钮，选择“华丽”主题。

步骤2：按照题目要求设置幻灯片的切换效果。选中幻灯片，在【切换】功能区的【切换到此幻灯片】分组中，单击“其他”下拉三角按钮，在“华丽型”选项组中选择“百叶窗”效果。

（2）【解题步骤】

步骤1：按照题目要求设置幻灯片版式。选中第三张幻灯片，在【开始】功能区的【幻灯片】分组中，单击“版式”按钮，选择“标题和内容”。

步骤2：按照题目要求设置剪贴画的动画效果。选中第三张幻灯片的图片，在【动画】功能区的【动画】分组中，单击“其他”下拉三角按钮，选择“更多进入效果”选项，弹出“更改进入效果”对话框。在“基本型”选项组中选择“飞入”，单击“确定”按钮。在【动画】分组中，单击“效果选项”按钮，选中“自顶部”。

步骤3：移动幻灯片。在普通视图下，按住鼠标左键，拖拽第三张幻灯片到第二张幻灯片即可。

步骤4：保存文件。

模拟试题（十二）及参考答案

一、选择题（20分）

1. 随机存取存储器（RAM）的最大特点是________。
   A. 存储量极大，属于海量存储器
   B. 存储在其中的信息可以永久保存
   C. 一旦断电，存储在其上的信息将全部消失，且无法恢复
   D. 计算机中，只是用来存储数据的

2. 计算机网络的目标是实现________。
   A. 数据处理　B. 文献检索
   C. 资源共享和信息传输　D. 信息传输

3. 汉字的区位码是由一个汉字在国标码表中的行号（即区号）和列号（即位号）组成。正确的区号、位号的范围是________。
   A. 区号1～95，位号1～95　B. 区号1～94，位号1～94
   C. 区号0～94，位号0～94　D. 区号0～95，位号0～95

4. 运算器（ALU）的功能是________。
   A. 只能进行逻辑运算　B. 对数据进行算术运算或逻辑运算
   C. 只能进行算术运算　D. 做初等函数的计算

5. 在标准ASCII码表中，已知英文字母A的ASCII码是01000001，英文字母D的ASCII码是________。
   A. 01000011　B. 01000100　C. 01000101　D. 01000110

6. 计算机系统软件中最核心、最重要的是________。
   A. 语言处理系统　B. 数据库管理系统　C. 操作系统　D. 诊断程序

7. 在下列字符中，其ASCII码值最小的一个是________。
   A. 空格字符　B. 9　C. A　D. a

8. CPU主要性能指标是________。
   A. 字长和时钟主频　B. 可靠性　C. 耗电量和效率　D. 发热量和冷却效率

9. 计算机的硬件系统主要包括：运算器、存储器、输入设备、输出设备和________。
   A. 控制器　B. 显示器　C. 磁盘驱动器　D. 打印机

10. 如果删除一个非零无符号二进制偶整数后的一个0，则此数的值为原数的________。
   A. 4倍　B. 2倍　C. 1/2　D. 1/4

11. USB1.1和USB2.0的区别之一在于传输率不同，USB1.1的传输率是________。
   A. 150KB/s　B. 12MB/s　C. 480MB/s　D. 48MB/s

12. 关于世界上第一台电子计算机ENIAC的叙述中，错误的是________。
A. ENIAC是1946年在美国诞生的
B. 它主要采用电子管和继电器
C. 它是首次采用存储程序和程序控制自动工作的电子计算机
D. 研制它的主要目的是用来计算弹道

13. 十进制整数75转换成无符号二进制整数是________。
A. 01000111　　B. 01001011　　C. 01011101　　D. 01010001

14. 一个汉字的机内码与国标码之间的差别是________。
A. 前者各字节的最高二进制位的值均为1，而后者均为0
B. 前者各字节的最高二进制位的值均为0，而后者均为1
C. 前者各字节的最高二进制位的值各为1、0，而后者为0、1
D. 前者各字节的最高二进制位的值各为0、1，而后者为1、0

15. 一个字长为7位的无符号二进制整数能表示的十进制数值范围是________。
A. 0~256　　B. 0~255　　C. 0~128　　D. 0~127

16. 一个计算机操作系统通常应具有的功能模块是________。
A. CPU的管理、显示器管理、键盘管理、打印机和鼠标器管理等五大功能
B. 硬盘管理、软盘驱动器管理、CPU的管理、显示器管理和键盘管理等五大功能
C. 处理器（CPU）管理、存储管理、文件管理、输入/输出管理和任务管理五大功能
D. 计算机启动、打印、显示、文件存取和关机等五大功能

17. 如果在一个非零无符号二进制整数后添加一个0，则此数的值为原数的________。
A. 1/4　　B. 1/2　　C. 2倍　　D. 4倍

18. 十进制整数86转换成无符号二进制整数是________。
A. 01011110　　B. 01010100
C. 010100101　　D. 01010110

19. 无符号二进制整数01110101转换成十进制整数是________。
A. 113　　B. 115　　C. 116　　D. 117

20. 把用高级语言写的程序转换为可执行程序，要经过的过程叫作________。
A. 汇编和解释　　B. 编辑和链接
C. 编译和链接装配　　D. 解释和编译

二、基本操作题（10分）

1. 在考生文件夹下的GOOD文件夹中，新建一个文件夹FOOT。
2. 将考生文件夹下JIAO\SHOU文件夹中的LONG.DOC文件重命名为DUA.DOC。
3. 搜索考生文件夹下的DIAN.EXE文件，然后将其删除。
4. 将考生文件夹下CLOCK\SEC文件夹中的文件夹ZHA复制到考生文件夹下。
5. 为考生文件夹下TABLE文件夹建立名为IT的快捷方式，存放在考生文件夹下MOON文件夹中。

三、字处理题（25分）

在考生文件夹下，打开文档WORD1.DOCX，按照要求完成下列操作并以该文件名（WORD1.DOCX）保存文档。

【文档开始】

认识AGP 8X

要想深入认识AGP 8X，让我们先来说说AGP总线这个话题吧。

我们知道最初的显示设备是采用PCI总线接口的，工作频率为33MHz，数据模式为32bit，传输贷款为133MB/s。随着AGP 1.0规范的推出，AGP 1X和2X显示设备逐渐成为主流。

AGP 1X的工作频率达到了PCI总线的两倍-66MHz，传输贷款理论上可达到266MB/s。

AGP 2X工作频率同样为66MHz，但是它使用了正负沿（一个时钟周期的上升沿和下降沿）触发的工作方式，使一个工作周期先后被触发两次，从而达到了传输贷款加倍的目的。由于触发信号的工作频率为133MHz，这样AGP 2X的传输贷款就达到了532MB/s。

AGP 4X仍使用了这种信号触发方式，只是利用两个触发信号在每个时钟周期的下降沿分别引起两次触发，从而达到了在一个时钟周期中触发4次的目的，这样在理论上它就可以达到1064MB/s的贷款了。

在AGP 8X规范中，这种触发模式仍将使用，只是触发信号的工作频率将变成266MHz，两个信号触发点也变成了每个时钟周期的上升沿，单信号触发次数为4次，这样它在一个时钟周期所能传输的数据就从AGP4X的4倍变成了8倍，理论传输贷款将可达到2128MB/s。

各类AGP总线技术参数对比表

性能参数	AGP1.0	AGP2.0	AGP3.0	PCI视频总线	
	AGP1X	AGP2X	（AGP4X）	（AGP8X）	
总线速度	66MHz	133MHz	266MHz	533MHz	33MHz
数据传输位宽	32bit	32bit	32bit	32bit	32bit
传输贷款	266MB/s	533MB/s	1064MB/s	2128MB/s	133MB/s
工作电压	3.3V	3.3V	1.6V	0.8V	x
触发信号频率	66MHz	66MHz	133MHz	266MHz	x

【文档结束】

（1）在考生文件夹下，打开文档WORD1.DOCX，将文中所有的“贷款”替换为“带宽”。

（2）将标题文字“认识AGP 8X ”设置为18磅蓝色仿宋GB2312（西文使用中文字体）、加粗、居中、加双下划线，字符间距加宽3磅。

（3）设置正文各段“要想深入……可达到2128MB/s。”首行缩进2字符、左、右各缩进1.2字符、段前间距0.7行。

（4）将文中最后7行文字转换成一个7行6列的表格；设置表格第1列和第6列列宽为3厘米、其余各列列宽为1.7厘米、表格居中；将表格第1行、第2行的第1列单元格合并，将表格第1行的第2列和第3列的单元格合并，将表格第1行、第2行的第6列单元格合并。

（5）设置表格所有文字中部居中；表格外框线设置为0.75磅红色双窄线，内框线设置为 0.5磅红色单实线。

四、电子表格题（20分）

（1）打开考生文件夹下EXC.XLSX文件，将sheet1工作表的A1：D1单元格合并为一个单元格，水平对齐方式设置为居中；计算“总计”行的内容和“人员比例”列的内容（人员比例=数量/数量的总计，单元格格式的数字分类为百分比，小数位数为2），将工作表命名为“人力资源情况表”。

	A	B	C	D
1	某企业人力资源情况表			
2	人员类型	数量	工资额度(万元)	人员比例
3	市场销售	42	31.5	
4	研究开发	83	67.8	
5	工程管理	56	40.1	
6	售后服务	49	35.6	
7	总计			

（2）选取“人力资源情况表”的“人员类型”和“人员比例”两列的内容（“总计”行内容除外）建立“分离型三维饼图”，标题为“人力资源情况图”，不显示图例，数据标志为“显示百分比及类型名称”，将图插入到工作表的A9：D20单元格区域内。

五、演示文稿题（15分）

打开考生文件夹下的演示文稿yswg.pptx，按照下列要求完成对此文稿的修饰并保存。

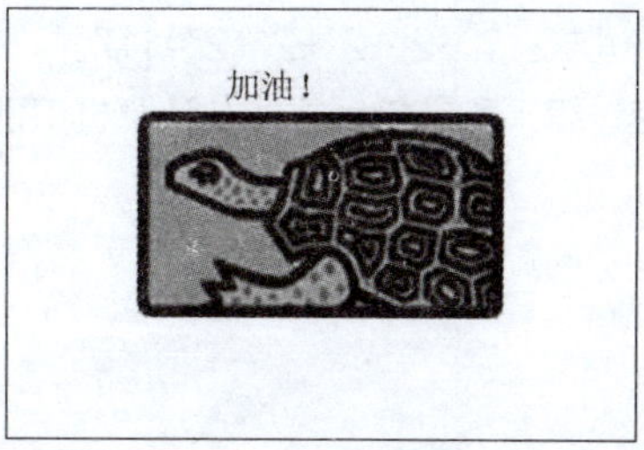

（1）使用演示文稿设计中的“活力”模板来修饰全文。全文幻灯片的切换效果设置成“百叶窗”。

（2）将第三张幻灯片版式改变为“标题和内容”，标题处键入“顶峰”，将对象部分动画效果设置为“飞入”“自底部”；然后将该张幻灯片移为演示文稿的第二张幻灯片。

答案

一、选择题

1. C【解析】RAM有两个特点，一个是可读/写性，一个是易失性，即断开电源时，RAM中的内容立即消失。

2. C【解析】计算机网络由通信子网和资源子网两部分组成。通信子网的功能：负责全网的数据通信；资源子网的功能：提供各种网络资源和网络服务，实现网络的资源共享。

3. B【解析】区位码：94×94阵列，区号范围：1~94，位号范围：1~94。

4. B【解析】运算器的主要功能是进行算术运算和逻辑运算。

5. B【解析】D在A的后面，相差3，D的ASCII码=A的ASCII码+3=01000001+11=01000100。

6. C【解析】系统软件主要包括操作系统、语言处理系统、系统性能检测和实用工具软件等，其中最主要的是操作系统。

7. A【解析】ASCII码（用十六进制表示）为：空格对应20，9对应39，A对应41，a对应61。

8. A【解析】微型计算机CPU的主要技术指标包括字长、时钟主频、运算速度、存储容量、存取周期等。

9. A【解析】计算机硬件包括CPU（包括运算器和控制器）、存储器、输入设备、输出设备。

10. C【解析】删除偶整数后的1个0等于前面所有位都除以2再相加，所以是1/2倍。

11. B【解析】USB1.1标准接口的传输率是12MB/S，USB2.0的传输速率为480MB/s。

12. C【解析】EDVAC出现时才使用存储程序。

13. B【解析】十进制转换为二进制：$75=2^6+2^3+2^1+2^0$。

14. A【解析】国标码是汉字信息交换的标准编码，但因其前后字节的最高位为0，与ASCII码发生冲突，于是，汉字的机内码采用变形国标码，其变换方法为：将国标码的每个字节都加上128，即将两个字节的最高位由0改1，其余7位不变，因此机内码前后字节最高位都为1。

15. D【解析】无符号二进制数的第一位可为0，所以最小值为0，最大值为$2^7-1=127$。

16. C【解析】操作系统的主要功能：CPU管理、内存管理、信息管理、设备管理和用户接口。

17. C【解析】最后位加0等于前面所有位都乘以2再相加，所以是2倍。

18. D【解析】十进制转换为二进制为：$86=2^6+2^4+2^2+2^1$。

19. D【解析】二进制转换为十进制：$2^6+2^5+2^4+2^2+2^0=117$。

20. C【解析】高级语言必须经过编译和链接后才能被计算机识别。

二、基本操作题

1. 新建文件夹

①打开考生文件夹下GOOD文件夹；

② 选择【文件】|【新建】|【文件夹】命令，或单击鼠标右键，弹出快捷菜单，选择【新建】|【文件夹】命令，即可生成新的文件夹，此时文件（文件夹）的名字处呈现蓝色可编辑状态，编辑名称为题目指定的名称FOOT。

2. 文件命名

①打开考生文件夹下JIAO\SHOU文件夹，选中LONG．DOC文件；

②按F2键，此时文件（文件夹）的名字处呈现蓝色可编辑状态，编辑名称为题目指定的名称DUA.DOC。

3. 搜索文件

①打开考生文件夹；

②在工具栏右上角的搜索框中输入要搜索的文件名DIAN.EXE，单击搜索框右侧按钮，搜索结果将显示在文件窗格中。

删除文件

①选中搜索出的文件；

②按Delete键，弹出确认对话框；

③单击“确定”按钮，将文件（文件夹）删除到回收站。

4. 复制文件夹

①打开考生文件夹下CLOCK\SEC文件夹，选中ZHA文件夹；

②选择【编辑】|【复制】命令，或按快捷键Ctrl+C；

③打开考生文件夹；

④选择【编辑】|【粘贴】命令，或按快捷键Ctrl+V。

5. 创建文件夹的快捷方式

①打开考生文件夹，选中要生成快捷方式的TABLE 文件夹；

②选择【文件】|【创建快捷方式】命令，或单击鼠标右键，弹出快捷菜单，选择“创建快捷方式”命令，即可在同文件夹下生成一个快捷方式文件；

③移动这个文件到考生文件夹下的MOON文件夹中，并按F2键改名为IT。

三、字处理题

（1）【解题步骤】

步骤：通过“答题”菜单打开WORD1.DOCX文件，按题目要求替换文字。选中全部文本（包括标题段），在【开始】功能区的【编辑】分组中，单击“替换”按钮，弹出“查找和替换”对话框，设置“查找内容”为“贷款”，设置“替换为”为“带宽”，单击“全部替换”按钮，稍后弹出消息框，单击“确定”按钮。

（2）【解题步骤】

步骤1：按题目要求设置标题段字体和字符间距。选中标题段，在【开始】功能区的【字体】分组中，单击“字体”按钮，弹出“字体”对话框。在“字体”选项卡中，设置“中文字体”为“仿宋”，设置“西文字体”为“使用中文字体”，设置“字号”为“18磅”，设置“字形”为“加粗”，设置“字体颜色”为“蓝色”，设置“下划线线型”为“双下划线”，单击“高级”选项卡，在“字符间距”选项组的“间距”下拉框中选择“加宽”，在“磅值”中选择“3磅”，单击“确定”按钮。

步骤2：按题目要求设置标题段对齐属性。选中标题段，在【开始】功能区的【段落】分组中，单击“居中”按钮。

（3）【解题步骤】

步骤：按题目要求设置正文段落属性。选中正文各段，在【开始】功能区的【段落】分组中，单击“段落”按钮，弹出“段落”对话框。单击“缩进和间距”选项卡，在“缩进”选项组中，设置“左侧”为“1.2字符”，设置“右侧”为“1.2字符”，在“特殊格式”选项组中，选择“首行缩进”选项，设置磅值为“2字符”。在“间距”选项组中，设置“段前”为“0.7行”，单击“确定”按钮。

（4）【解题步骤】

步骤1：按照题目要求将文字转换成表格。选中后7行文字，在【插入】功能区的【表格】分组中，单击“表格”按钮，选择“文本转换成表格”选项，弹出“将文字转换成表格”对话框，单击“确定”按钮。

步骤2：按照题目要求设置表格列宽。选中表格第1列和第6列，在【布局】功能区的【单元格大小】分组中，单击“表格属性”按钮，弹出“表格属性”对话框。单击“列”选项卡，并指定宽度为“3厘米”，单击“确定”按钮。按照同样的操作设置其余列的列宽为“1.7厘米”。

步骤3：按照题目要求设置表格对齐属性。选中表格，在【开始】功能区的【段落】分组中，单击“居中”按钮。

步骤4：按照题目要求合并单元格。表格转换完成后，选中第1行和第2行的第1列内容，单击鼠标右键弹出右键菜单，在右键菜单中选中“合并单元格”命令，合并第1行和第2行的第1列。按照同样的操作，合并第1行的第2列和第3列，第1行和第2行的第6列。

（5）【解题步骤】

步骤1：按题目要求设置表格内容对齐方式。选中表格，在【布局】功能区的【对齐方式】分组中，单击“水平居中”按钮。

步骤2：按题目要求设置表格外侧框线和内部框线属性。单击表格，在【设计】功能区的【绘图边框】分组中，设置“笔画粗细”为“0.75磅”，设置“笔样式”为“双窄线”，设置“笔颜色”为“红色”，此时鼠标变为“小蜡笔”形状，沿着边框线拖动设置外侧框线的属性。

注：当鼠标单击“绘制表格”按钮后，鼠标变为“小蜡笔”形状，选择相应的线型和宽度，沿边框线拖动小蜡笔便可以对边框线属性进行设置。按同样操作设置内部框线为“0.5磅”“单实线”“红色”。

步骤3：保存文件。

四、电子表格题

（1）【解题步骤】

步骤1：通过“答题”菜单打开EXC.XLSX文件，选中A1：D1单元格，在【开始】功能区的【对齐方式】分组中，单击“合并后居中”按钮，合并单元格并使内容居中。

步骤2：计算“总计”行内容。在B7中插入公式“=SUM（B3：B6）”，并按回车键，将鼠标移动到B7单元格的右下角，按住鼠标左键不放向右拖动即可计算出其他列的值。

注：当鼠标指针放在已插入公式的单元格的右下角时，它会变为小十字“+”，按住鼠标左键拖动其到相应的单元格即可进行数据的自动填充。

步骤3：计算“人员比例”列内容。在D3中插入公式“=B3/（$B$7）”，并按回车键，将鼠标移动到D3单元格的右下角，按住鼠标左键不放向下拖动即可计算出其他行的值。

注：当鼠标指针放在已插入公式的单元格的右下角时，它会变为小十字“+”，按住鼠标左键拖动其到相应的单元格即可进行数据的自动填充。

步骤4：按照题目要求设置单元格属性。选中“人员比例”列的全部内容，在【开始】功能区的【数字】分组中，单击“数字”按钮，弹出“设置单元格格式”对话框，单击“数字”选项卡，在“分类”列表框中选中“百分比”选项，设置“小数位数”为“2”，单击“确定”按钮。

步骤5：双击现有名称，输入新名称“人力资源情况表”。

步骤6：保存文件。

（2）【解题步骤】

步骤1：按题目要求建立“分离型三维饼图”。选中“人员类型”和“人员比例”两列，在【插入】功能区的【图表】分组中，单击“创建图表”按钮，弹出“插入图表”对话框，在“饼图”中选择“分离型三维饼图”，单击“确定”按钮，即可插入图表。

步骤2：按照题目要求设置图表标题。在插入的图表中，选中图表标题，改为“人力资源情况图”。

步骤3：按照题目要求设置图例。在【布局】功能区的【标签】分组中，单击“图例”下拉按钮，选择“无（关闭图例）”选项。

步骤4： 按照题目要求设置数据标志。在【布局】功能区的【标签】分组中，单击“数据标签”下拉按钮，选择“其他数据标签”选项，在弹出的“设置数据标签格式”对话框中，在“标签包括”组，勾销“值”，只勾选“百分比”和“类别名称”，单击“关闭”按钮。

步骤5： 调整图的大小并移动到指定位置。选中图表，按住鼠标左键单击图表不放并拖动，将其拖动到A9：D20单元格区域内。

注：不要超过这个区域。如果图表过大，无法放下，可以将鼠标放在图表的右下角，当鼠标指针变为“↘”时，按住左键拖动可以将图表缩小到指定区域内。

步骤6： 保存文件。

五、演示文稿题

（1）【解题步骤】

步骤1： 通过“答题”菜单打开yswg.pptx文件，按照题目要求设置幻灯片模板。选中幻灯片，在【设计】功能区的【主题】分组中，单击“其他”下拉三角按钮，选择“活力”样式。

步骤2： 按照题目要求设置幻灯片的切换效果。选中幻灯片，在【切换】功能区的【切换到此幻灯片】分组中，单击“其他”下拉三角按钮，在“华丽型”选项组中选择“百叶窗”效果。

（2）【解题步骤】

步骤1： 按照题目要求设置幻灯片版式。选中第三张幻灯片，在【开始】功能区的【幻灯片】分组中，单击“版式”按钮，选择“标题和内容”。在第三张幻灯片的“单击此处添加标题”处输入“顶峰”。

步骤2： 按照题目要求设置剪贴画的动画效果。选中第三张幻灯片的图片，在【动画】功能区的【动画】分组中，单击“其他”下拉三角按钮，选择“更多进入效果”选项，弹出“更改进入效果”对话框。在“基本型”选项组中选择“飞入”，单击“确定”按钮。在【动画】分组中，单击“效果选项”按钮，选中“自底部”选项。

步骤3： 移动幻灯片。在普通视图下，按住鼠标左键，拖拽第三张幻灯片到第二张幻灯片即可。

步骤4： 保存文件。

模拟试题（十三）及参考答案

一、选择题（20分）

1. 现代计算机中采用二进制数制是因为二进制数的优点是________。
   A. 代码表示简短，易读
   B. 物理上容易实现且简单可靠；运算规则简单；适合逻辑运算
   C. 容易阅读，不易出错
   D. 只有0，1两个符号，容易书写

2. 在下列字符中，其ASCII码值最大的一个是________。
   A. 空格字符　　B. 9　　C. Z　　D. a

3. KB（千字节）是度量存储器容量大小的常用单位之一，1KB等于________。
   A. 1000个字节　　B. 1024个字节　　C. 1000个二进位　　D. 1024个字

4. 下列各组软件中，全部属于应用软件的一组是________。
   A. Windows 2000，WPS Office 2003，Word 2000
   B. UNIX，Visual FoxPro，AutoCAD
   C. MS-DOS，用友财务软件，学籍管理系统
   D. Word 2000，Excel 2000，金山词霸

5. 微机上广泛使用的Windows XP是________。
   A. 多用户多任务操作系统　　B. 单用户多任务操作系统
   C. 实时操作系统　　D. 多用户分时操作

6. 根据域名代码规定，表示教育机构网站的域名代码是________。
   A. net　　B. com　　C. edu　　D. org

7. 假设某台式计算机的内存储器容量为256MB，硬盘容量为40GB。硬盘的容量是内存容量的________。
   A. 200倍　　B. 160倍　　C. 120倍　　D. 100倍

8. 一个汉字的内码和它的国标码之间的差是________。
   A. 2020H　　B. 4040H　　C. 8080H　　D. A0A0H

9. 在标准ASCII码表中，已知英文字母A的ASCII码是01000001，则英文字母E的ASCII码是________。
   A. 01000011　　B. 01000100　　C. 01000101　　D. 01000010

10. 下列叙述中，正确的是________。
    A. 用高级程序语言编写的程序称为源程序
    B. 计算机能直接识别并执行用汇编语言编写的程序
    C. 机器语言编写的程序执行效率最低
    D. 高级语言编写的程序的可移植性最差

11. 计算机硬件系统主要包括：中央处理器（CPU）、存储器和________。
A. 显示器和键盘　B. 打印机和键盘　C. 显示器和鼠标器　D. 输入/输出设备

12. 数据在计算机内部传送、处理和存储时，采用的数制是________。
A. 十进制　B. 二进制　C. 八进制　D. 十六进制

13. 在接收端，解调器再把声音信号转换成计算机能接收的数字信号。当前流行的移动硬盘或优盘进行读/写利用的计算机接口是________。
A. 串行接口　B. 平行接口　C. USB　D. UBS

14. 调制解调器（Modem）的功能是________。
A. 将计算机的数字信号转换成模拟信号
B. 将模拟信号转换成计算机的数字信号
C. 将数字信号与模拟信号互相转换
D. 为了上网与接电话两不误

15. 在微型计算机内部，对汉字进行传输、处理和存储时使用汉字的________。
A. 国标码　B. 字形码　C. 输入码　D. 机内码

16. 根据汉字国标GB 2312-1980的规定，存储一个汉字的内码需用的字节个数是________。
A. 4　B. 3　C. 2　D. 1

17. 冯·诺依曼（Von Neumann）在总结研制ENIAC计算机时，提出两个重要的改进是________。
A. 引入CPU和内存储器的概念　B. 采用机器语言和十六进制
C. 采用二进制和存储程序控制的概念　D. 采用ASCII编码系统

18. 随机存储器中，有一种存储器需要周期性地补充电荷以保证所存储信息的正确，它称为________。
A. 静态RAM[SRAM]　B. 动态RAM[DRAM]
C. RAM　D. Cache

19. 下列度量单位中，用来度量计算机外部设备传输率的是________。
A. MB/s　B. MIPS　C. GHz　D. MB

20. 计算机软件系统包括________。
A. 系统软件和应用软件　B. 编译系统和应用软件
C. 数据库管理系统和数据库　D. 程序和文档

二、基本操作题（10分）

1. 在考生文件夹中新建一个PAN文件夹。
2. 将考生文件夹下ACESS\HONG文件夹中的文件XUE.BMP设置成隐藏和只读属性。
3. 将考生文件夹下GEL\RED文件夹中的文件AWAY.DBF移动到考生文件夹下GONG文件夹中，并将该文件重命名为FIRST.DBF。
4. 将考生文件夹下QIU\HEX文件夹中的文件APPE.BAS复制到考生文件夹下TALK文件夹中。
5. 为考生文件夹下FOLLOW文件夹建立名为FFF的快捷方式，存放在考生文件夹下QIN文件夹中。

三、字处理题（25分）

对考生文件夹下WORD.DOCX文档中的文字进行编辑、排版和保存，具体要求如下：

【文档开始】

欠残阳技术

数据采集技术的工程实际应用问题，归结起来主要有两点：一是要求更高的残阳率，以满足对高频信号的残阳要求；二是要求更大的残阳动态范围，以满足对微弱信号的残阳要求。

为了解决这两类问题，新的残阳方式应运而生。最具有代表性的是过残阳技术和欠残阳技术。

若fc为原始模拟信号中最高频率分量，fs为残阳频率，则当fs<2fc时，称为欠残阳。欠残阳会造成频谱的混叠，使某些信息丢失，但正是利用这一点可以使高频载波传输带宽降到较低的频段以便检测和解调，从而为A/D转换提供了充裕的模拟带宽。使用欠残阳技术可以用较低的残阳率实现对高频周期信号的残阳。据有关国外有关媒体报道，基于欠残阳技术的残阳示波器的最新型号已达到50GHz。

高速A/D转换器型号一览表

分辨率（bit）	残阳率（MSPS）	生产厂家
6	4000	Rockwell
8	2000	Hewlett-Packard
8	750	SPT
10	100	Pentek
12	50	Hughes Aircraft
14	24	Hughes Aircraft
18	10	Hewlett-Packard

【文档结束】

（1）将文中所有错词“残阳”替换为“采样”。

（2）将标题段（“欠采样技术”）文字设置为18磅蓝色仿宋、倾斜、居中，并添加黄色底纹。

（3）设置正文各段落（“数据采集技术……已达到50GHz。”）右缩进1字符、行距为1.2倍；设置正文第一段（“数据采集技术……采样要求。”）首字下沉2行，距正文0.1厘米。

（4）将文中后8行文字转换成一个8行3列的表格。设置表格居中、表格列宽为3.5厘米、行高为0.6厘米、表格中所有文字全部居中。

（5）将“生产厂家”列（主要关键字）以“拼音”类型、“分辨率（bit）”列（次要关键字）以“数字”类型升序排序表格内容；设置表格外框线为3磅红色单实线、内框线为1磅红色单实线。

四、电子表格题（20分）

（1）在考生文件夹下打开EXC.XLS文件，将sheet1工作表的A1：C1单元格合并为一个单元格，水平对齐方式设置为居中；计算各类人员的合计和各类人员所占比例（所占比例=人数/合计），保留小数点后2位，将工作表命名为“人员情况表”。

	A	B	C
1	某单位人员情况表		
2	学历	人数	所占比例
3	大专	69	
4	本科	136	
5	硕士	67	
6	博士	46	
7	合计		

（2）选取“人员情况表”的“学历”和“所占比例”两列的内容（合计行内容除外）建立“三维饼图”，标题为“人员情

况图”，图例位置靠上，数据标志为显示百分比，将图插入到工作表的A9：D20单元格区域内。

五、演示文稿题（15分）

打开考生文件夹下的演示文稿yswg.pptx，按照下列要求完成对此文稿的修饰并保存。

（1）将第一张幻灯片的主标题文字字号设置成54磅，并将其动画设置为“飞入”“自右侧”。将第二张幻灯片的标题设置字体为“楷体”，字号为51磅。图片动画设置为“飞入”“自右侧”。

（2）第一张幻灯片背景填充预设为“雨后初晴”。全部幻灯片切换效果为“形状”。

✓ 答案

一、选择题

1. B【解析】二进制避免了那些基于其他数字系统的电子计算机中必需的复杂的进位机制，物理上便于实现，且适合逻辑运算。

2. D【解析】ASCII码（用十六进制表示）为：空格对应20，9对应39，Z对应5A，a对应61。

3. B【解析】1KB=1024B=1024×8bit。

4. D【解析】Windows 2000、UNIX、MS-DOC为系统软件。

5. B【解析】Windows XP属于单用户多任务操作系统。

6. C【解析】商业组织的域名为.com，非营利性组织的域名为.org，从事互联网服务的机构的域名为.net。

7. B【解析】1GB=1024MB=4×256MB，40GB=160×256MB。

8. C【解析】汉字的内码=汉字的国标码+8080H。

9. C【解析】E在A的后面，相差4，E的ASCII码=A的ASCII码+4=01000001+100=01000101。

10. A【解析】选项B汇编语言必须要经过翻译成机器语言后才能被计算机执行；选项C机器语言执行效率最高；选项D高级语言不依赖于计算机，所以可移植性好，故A项正确。

11. D【解析】计算机硬件包括CPU、存储器、输入设备、输出设备。

12. B【解析】计算机内部采用二进制进行数据交换和处理。

13. C【解析】USB为通用串行总线。

14. C【解析】调制解调器（即Modem），是计算机与电话线之间进行信号转换的装置，由调制器和解调器两部分组成，调制器是把计算机的数字信号调制成可在电话线上传输的声音信号的装置。

15. D【解析】显示或打印汉字时使用汉字的字形码，在计算机内部时使用汉字的机内码。

16. C【解析】储存一个汉字内码需要用2个字节。

17. C【解析】和ENIAC相比，EDVAC的重大改进主要有两方面：一是把十进位制改成二进位制，这可以充分发挥电子元件高速运算的优越性；二是把程序和数据一起存储在计算机内，这样就可以使全部运算成为真正的自动过程。

18. B【解析】DRAM存在漏电现象，需要每隔一段固定时间就对存储信息刷新一下。

19. A【解析】MIPS是运算速度，MB是存储容量，MB/s是传输速率，GHz是主频单位。

20. A【解析】计算机软件系统包括系统软件和应用软件。

二、基本操作题

1. 新建文件夹

①打开考生文件夹；

②选择【文件】|【新建】|【文件夹】命令，或单击鼠标右键，弹出快捷菜单，选择【新建】|【文件夹】命令，即可生成新的文件夹，此时文件（文件夹）的名字处呈现蓝色可编辑状态，编辑名称为题目指定的名称PAN。

2. 设置文件属性

①打开考生文件夹下ACESS\HONG文件夹，选中XUE.BMP文件；

②选择【文件】|【属性】命令，或单击鼠标右键，弹出快捷菜单，选择“属性”命令，即可打开“属性”对话框；

③ 在“属性”对话框中勾选“只读”属性和“隐藏”属性，单击“确定”按钮。

3. 移动文件和文件命名

①打开考生文件夹下GEL\RED文件夹，选中AWAY.DBF文件；

②选择【编辑】|【剪切】命令，或按快捷键Ctrl+ X；

③打开考生文件夹下GONG文件夹；

④选择【编辑】|【粘贴】命令，或按快捷键Ctrl+V；

⑤选中移动来的文件；

⑥ 按F2键，此时文件（文件夹）的名字处呈现蓝色可编辑状态，编辑名称为题目指定的名称FIRST.DBF。

4. 复制文件

①打开考生文件夹下QIU\HEX文件夹，选中APPE. BAS文件；

②选择【编辑】|【复制】命令，或按快捷键Ctrl+ C；

③打开考生文件夹下TALK文件夹；

④选择【编辑】|【粘贴】命令，或按快捷键Ctrl+V。

5. 创建文件夹的快捷方式

①打开考生文件夹下，选中要生成快捷方式的FOLLOW 文件夹；

②选择【文件】|【创建快捷方式】命令，或单击鼠标右键，弹出快捷菜单，选择“创建快

捷方式”命令，即可在同文件夹下生成一个快捷方式文件；

③移动这个文件到考生文件夹下的QIN文件夹中，并按F2键改名为FFF。

三、字处理题

（1）【解题步骤】

通过“答题”菜单打开WORD.DOCX文件，按题目要求替换文字。选中全部文本（包括标题段），在【开始】功能区的【编辑】分组中，单击“替换”按钮，弹出“查找和替换”对话框，设置“查找内容”为“残阳”，设置“替换为”为“采样”，单击“全部替换”按钮，稍后弹出消息框，单击“确定”按钮。

（2）【解题步骤】

步骤1： 按照题目要求设置标题段字体。选中标题段，在【开始】功能区的【字体】分组中，单击“字体”按钮，弹出“字体”对话框。在“字体”选项卡中，设置“中文字体”为“仿宋”，设置“字号”为“18磅”，设置“字形”为“倾斜”，设置“字体颜色”为“蓝色”，单击“确定”按钮。

步骤2： 按照题目要求设置标题段对齐属性。选中标题段，在【开始】功能区的【段落】分组中，单击“居中”按钮。

步骤3： 按照题目要求设置标题段底纹属性。选中标题段，在【开始】功能区的【段落】分组中，单击“底纹”下拉三角按钮，选择填充色为“黄色”，单击“确定”按钮。

（3）【解题步骤】

步骤1： 按照题目要求设置正文段落属性。选中正文各段，在【开始】功能区的【段落】分组中，单击“段落”按钮，弹出“段落”对话框。单击“缩进和间距”选项卡，在“缩进”选项组中，设置“右侧”为“1字符”，在“间距”选项组中，设置“行距”为“多倍行距”，设置“设置值”为“1.2”，单击“确定”按钮。

步骤2： 按照题目要求设置首字下沉。选中第一段，在【插入】功能区的【文本】分组中，单击“首字下沉”按钮，选择“首字下沉选项”，弹出“首字下沉”对话框，单击“下沉”图标，设置“下沉行数”为“2”，设置“距正文”为“0.1厘米”，单击“确定”按钮。

（4）【解题步骤】

步骤1： 按照题目要求将文字转换成表格。选中后8行文字，在【插入】功能区的【表格】分组中，单击“表格”按钮，选择“文本转换成表格”选项，弹出“将文字转换成表格”对话框，单击“确定”按钮。

步骤2： 按照题目要求设置表格对齐属性。选中表格，在【开始】功能区的【段落】分组中，单击“居中”按钮。

步骤3： 按照题目要求设置表格列宽和行高。选中表格，在【布局】功能区的【单元格大小】分组中，单击“表格属性”按钮，弹出“表格属性”对话框。单击“列”选项卡，并指定宽度为“3.5厘米”，单击“行”选项卡，并指定高度为“0.6厘米”，“行高值是”为“固定值”，单击“确定”按钮。

步骤4： 按题目要求设置表格内容对齐方式。选中表格，在【布局】功能区的【对齐方式】分组中，单击“水平居中”按钮。

（5）【解题步骤】

步骤1： 按照题目要求为表格排序。选中表格，在【布局】功能区的【数据】分组中，单击“排序”按钮，弹出“排序”对话框，在“主要关键字”为“生产厂家”，设置“类型”为“拼音”，然后选中“升序”单选按钮；在“次要关键字”为“分辨率（bit）”，设置“类型”为“数字”，然后选中

“升序”单选按钮；在“列表”选项组中选中“有标题行”单选按钮，单击“确定”按钮。

步骤2：按题目要求设置表格外侧框线和内部框线属性。单击表格，在【设计】功能区的【绘图边框】分组中，设置“笔画粗细”为“3磅”，设置“笔样式”为“单实线”，设置“笔颜色”为“红色”，此时鼠标变为“小蜡笔”形状，沿着边框线拖动设置外侧框线的属性。

注：当鼠标单击“绘制表格”按钮后，鼠标变为“小蜡笔”形状，选择相应的线型和宽度，沿边框线拖动小蜡笔便可以对边框线属性进行设置。按同样操作设置内部框线为“1磅”“单实线”“红色”。

步骤3：保存文件。

四、电子表格题

（1）【解题步骤】

步骤1：通过“答题”菜单打开EXC.XLSX文件，选中A1：C1单元格，在【开始】功能区的【对齐方式】分组中，单击“合并后居中”按钮，合并单元格并使内容居中。

步骤2：计算“合计”行内容。在B7单元格中插入公式“=SUM（B3：B6）”，并按回车键。

步骤3：计算“所占比例”列内容。在C3单元格中插入公式“=B3/（$B$7）”，并按回车键，将鼠标移动到C3单元格的右下角，按住鼠标左键不放向下拖动即可计算出其他行的值。

注：当鼠标指针放在已插入公式的单元格的右下角时，它会变为小十字“+”，按住鼠标左键拖动其到相应的单元格即可进行数据的自动填充。

步骤4：双击现有名称，输入新名称“人员情况表”。

步骤5：保存文件。

（2）【解题步骤】

步骤1：按题目要求建立“三维饼图”。选中“学历”和“所占比例”两列，在【插入】功能区的【图表】分组中，单击“创建图表”按钮，弹出“插入图表”对话框，在“饼图”中选择“三维饼图”，单击“确定”按钮，即可插入图表。

步骤2：按照题目要求设置图表标题。在插入的图表中，选中图表标题，改为“人员情况图”。

步骤3：按照题目要求设置图例。在【布局】功能区的【标签】分组中，单击“图例”下拉按钮，选择“在顶部显示图例”选项。

步骤4：按照题目要求设置数据标志。在【布局】功能区的【标签】分组中，单击“数据标签”下拉按钮，选择“其他数据标签”选项，在弹出的“设置数据标签格式”对话框中，在“标签包括”组，勾销“值”，勾选“百分比”，单击“关闭”按钮。

步骤5：调整图的大小并移动到指定位置。选中图表，按住鼠标左键单击图表不放并拖动，将其拖动到A9：D20单元格区域内。

注：不要超过这个区域。如果图表过大，无法放下，可以将鼠标放在图表的右下角，当鼠标指针变为“”时，按住左键拖动可以将图表缩小到指定区域内。

步骤6：保存文件。

五、演示文稿题

（1）【解题步骤】

步骤1：通过“答题”菜单打开yswg.pptx文件，按题目要求设置字体。选中第一张幻灯片的主标题，在【开始】功能区的【字体】分组中，单击“字体”按钮，弹出“字体”对话框。在“字体”选项卡中，设置“大小”为“54磅”，单击“确定”按钮。

步骤2：按照题目要求设置剪贴画的动画效果。选中第一张幻灯片的主标题，在【动画】功能区的【动画】分组中，单击“其他”下拉三角按钮，选择“更多进入效果”选项，弹出“更改进入效果”对话框。在“基本型”选项组中选择“飞入”，单击“确定”按钮。在【动画】分组中，单击“效果选项”按钮，选中“自右侧”。

步骤3：按题目要求设置字体。选中第二张幻灯片的标题，在【开始】功能区的【字体】分组中，单击“字体”按钮，弹出“字体”对话框。在“字体”选项卡中，设置“中文字体”为“楷体”，设置“大小”为“51磅”，单击“确定”按钮。

步骤4：按照题目要求设置剪贴画的动画效果。选中第二张幻灯片的标题，在【动画】功能区的【动画】分组中，单击“其他”下拉三角按钮，选择“更多进入效果”选项，弹出“更改进入效果”对话框。在“基本型”选项组中选择“飞入”，单击“确定”按钮。在【动画】分组中，单击“效果选项”按钮，选择“自右侧”选项。

（2）【解题步骤】

步骤1：按题目要求设置幻灯片的背景。选中第一张幻灯片，在【设计】功能区的【背景】分组中，单击“背景样式”按钮，在下拉列表中选择“设置背景格式”，弹出“设置背景格式”对话框，单击“填充”选项卡，选择“渐变填充”，在“预设颜色”中选择“雨后初晴”，单击“关闭”按钮。

步骤2：按照题目要求设置幻灯片的切换效果。选中幻灯片，在【切换】功能区的【切换到此幻灯片】分组中，单击“其他”下拉三角按钮，在“细微型”选项组中选择“形状”效果。

步骤3：保存文件。

模拟试题（十四）及参考答案

一、选择题（20分）

1. 世界上第一台电子数字计算机ENIAC是1946年研制成功的，其诞生的国家是________。

A. 美国　　B. 英国　　C. 法国　　D. 瑞士

2. 在微机中，1GB等于________。

A. 1024×1024Bytes　　B. 1024KB

C. 1024MB　　D. 1000MB

3. 十进制整数95转换成无符号二进制整数是________。

A. 01011111　　B. 01100001　　C. 01011011　　D. 01100111

4. 计算机系统软件中，最基本、最核心的软件是________。

A. 操作系统　　B. 数据库系统

C. 程序语言处理系统　　D. 系统维护工具

5. 在标准ASCII编码表中，数字码、小写英文字母和大写英文字母的前后次序是________。

A. 数字、小写英文字母、大写英文字母

B. 小写英文字母、大写英文字母、数字

C. 数字、大写英文字母、小写英文字母

D. 大写英文字母、小写英文字母、数字

6. 根据域名代码规定，表示政府部门网站的域名代码是________。

A. net　　B. com　　C. gov　　D. org

7. 在标准ASCII码表中，已知英文字母A的ASCII码是01000001，英文字母F的ASCII码是________。

A. 01000011　　B. 01000100　　C. 01000101　　D. 01000110

8. 计算机能直接识别、执行的语言是________。

A. 汇编语言　　B. 机器语言　　C. 高级程序语言　　D. C++语言

9. 微机中，西文字符所采用的编码是________。

A. EBCDIC码　　B. ASCII码　　C. 国标码　　D. BCD码

10. 用来存储当前正在运行的应用程序和其相应数据的存储器是________。

A. RAM　　B. 硬盘　　C. ROM　　D. CD-ROM

11. 如果在一个非零无符号二进制整数之后添加一个0，则此数的值为原数的________。

A. 4倍　　B. 2倍　　C. 1/2　　D. 1/4

12. 组成计算机系统的两大部分是________________。

A. 硬件系统和软件系统　　B. 主机和外部设备

C. 系统软件和应用软件　　D. 输入设备和输出设备

13. 在标准ASCII码表中，已知英文字母D的ASCII码是01000100，英文字母A的ASCII码是________________。

A. 01000001　　B. 01000010　　C. 01000011　　D. 01000000

14. 设任意一个十进制整数D，转换成对应的无符号二进制整数为B，那么就这两个数字的长度（即位数）而言，B与D相比________________。

A. B的数字位数一定小于D的数字位数　　B. B的数字位数一定大于D的数字位数

C. B的数字位数小于或等于D的数字位数　　D. B的数字位数大于或等于D的数字位数

15. 写邮件时，除了发件人地址之外，另一项必须要填写的是________________。

A. 信件内容　　B. 收件人地址　　C. 主题　　D. 抄送

16. CPU中，除了内部总线和必要的寄存器外，主要的两大部件分别是运算器和________________。

A. 控制器　　B. 存储器　　C. Cache　　D. 编辑器

17. 十进制整数100转换成无符号二进制整数是________________。

A. 01100110　　B. 01101000　　C. 01100010　　D. 01100100

18. 下列度量单位中，用来度量计算机内存空间大小的是________________。

A. MB/s　　B. MIPS　　C. GHz　　D. MB

19. 无符号二进制整数01001001转换成十进制整数是________________。

A. 69　　B. 71　　C. 73　　D. 75

20. 世界上第一台电子数字计算机ENIAC是在美国研制成功的，其诞生的年份是________________年。

A. 1943　　B. 1946　　C. 1949　　D. 1950

二、基本操作题（10分）

1. 在考生文件夹下分别建立HUA和HUB两个文件夹。
2. 将考生文件夹下XIAO\GGG文件夹中的文件DOCUMENTS.DOC设置成只读属性。
3. 将考生文件夹下BDF\CAD文件夹中的文件AWAY.DBF移到动考生文件夹下WAIT文件夹中。
4. 将考生文件夹下DEL\TV文件夹中的文件夹WAVE复制到考生文件夹下。
5. 为考生文件夹下SCREEN文件夹中的PENCEL.BAT文件建立名为BAT的快捷方式，存放在考生文件夹下。

三、字处理题（25分）

对考生文件夹下WORD.DOCX文档中的文字进行编辑、排版和保存，具体要求如下：

【文档开始】

木星及其卫星

木星是太阳系中的第五颗行星，也是最大的一个，丘比特星的重量比太阳系中所有行星的总质量和大两倍以上。它是地球的318倍，它距离太阳的轨道长778，330，000公里，半径：142，984公里，质量1.9×1027公斤。

木星是在天空中的第四亮的行星，仅次于太阳、月亮及金星。它早在史前时代就为人所知了。一直到了1973年，航天飞机Pioneer 10成为史上第一个到达木星的航天飞机，之后Pioneer 11、Voyager1、Voyager2和Ulysses也陆续的到达了，现在我们才能有这么多有关木星的信息。

木星是一颗气态的行星，它没有液态的表面，而我们平常看到的只是它表面的云层。木星大约是由90%的氢及10%的氦所组成，上面还有甲烷、水、氨及石头的迹象。它这样子的组成构造和太阳星云（Solar NebulA）很相似（太阳星云是组成我们整个太阳系的原始物体），而土星的构造也有着相似的情形。

再来说说木星的卫星，目前为止，我们已知道的卫星数有16颗，下面是这些卫星的简介：

卫星	与木星的距离（km）	半径（km）	质量（kg）
Metis	128	20	9.56×10^{16}
Adrastea	129	10	1.91×10^{16}
Amalthea	181	98	7.17×10^{18}
Thebe	222	50	7.77×10^{17}
Io	422	1815	8.94×10^{22}
Europa	671	1569	4.80×10^{22}
Ganymede	1070	2631	1.48×10^{23}
Callisto	1883	2400	1.08×10^{23}
Leda	11094	8	5.68×10^{15}
Himalia	11480	93	9.56×10^{18}
Lysithea	11720	18	7.77×10^{16}
Elara	11737	38	7.77×10^{17}
Ananke	21200	15	3.82×10^{16}
Carme	22600	20	9.56×10^{16}
Pasiphae	23500	25	1.91×10^{17}
Sinope	23700	18	7.77×10^{16}

【文档结束】

（1）设置页面上、下边距各为3厘米。

（2）将标题段文字（“木星及其卫星”）设置为18磅楷体、居中，字符间距加宽6磅。

（3）设置正文各段（“木星是太阳系中……简介：”）段前间距为0.5行，设置正文第一段（“木星是太阳系中……公斤。”）首字下沉2行（距正文0.1厘米），将正文第一段末尾处“1027公斤”中的“27”设置为上标形式。

（4）将文中后17行文字转换成一个17行4列的表格；设置表格居中、表格中所有文字水平居中、表格列宽为3厘米，设置所有表格框线为1磅蓝色单实线。

（5）依据“半径（km）”列按“数字”类型升序排列表格内容。

四、电子表格题（20分）

（1）打开考生文件夹下EXC.XLSX文件，将sheet1工作表的A1：D1单元格合并为一个单元格，水平对齐方式设置为居中；计算各种设备的销售额（销售额=单价×数量，单元格格式数字分类为货币，货币符号为Y，小数点位数为0），计算销售额的总计（单元格格式数字分类为货币，货币符号为¥，小数点位数为0）；将工作表命名为“设备销售情况表”。

	A	B	C	D
1	某公司年设备销售情况表			
2	设备名称	数量	单价	销售额
3	微机	36	6580	
4	MP3	89	897	
5	数码相机	45	3560	
6	打印机	53	987	
7			总计	

（2）选取“设备销售情况表”的“设备名称”和“销售额”两列的内容（“总计”行除外）建立“簇状棱锥图”，X轴为设备名称，标题为“设备销售情况图”，不显示图例，网格线分类（X）轴和数值（Z）轴显示主要网格线，将图插入到工作表的A9：E22单元格区域内。

五、演示文稿题（15分）

打开考生文件夹下的演示文稿yswg.pptx，按照下列要求完成对此文稿的修饰并保存。

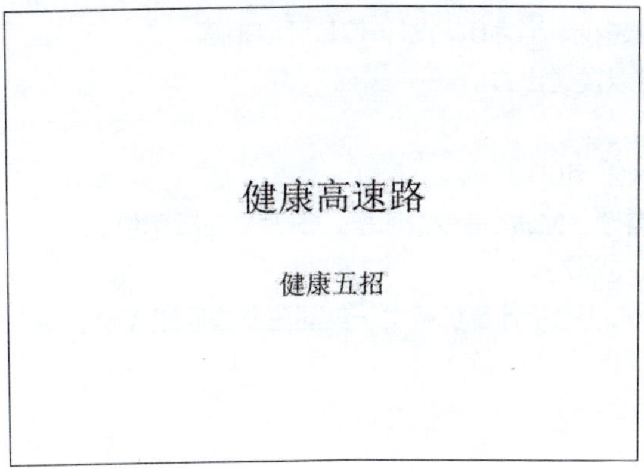

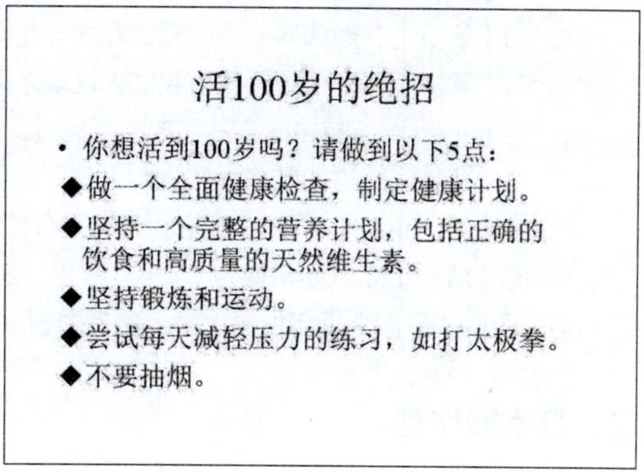

（1）使用“透视”模板修饰全文，全部幻灯片切换效果为“覆盖”。

（2）在第二张幻灯片前插入一张幻灯片，其版式为“内容与标题”，输入标题文字为“活到100岁”，其字体设置为“宋体”，字号设置成54磅。输入垂直文体为“如何健康长寿?”，其字体设置为“黑体”，字号设置成54磅，加粗，红色（请用自定义标签的红色250、绿色0、蓝色0）。插入Office收藏集中“athletes，baseball players…”类的剪贴画。第三张幻灯片的文本字体设置为“黑体”，字号设置成28磅，倾斜。

答案

一、选择题

1. A【解析】1946年世界上第一台名为ENIAC的电子计算机诞生于美国宾夕法尼亚大学。

2. C【解析】1GB=1024MB=1024×1024KB=1024×1024×1024B。

3. A【解析】十进制转换为二进制：$2^6+2^4+2^3+2^2+2^1+2^0=95$。

4. A【解析】系统软件主要包括操作系统、语言处理系统、系统性能检测和实用工具软件等，其中最主要的是操作系统。

5. C【解析】ASCII码编码顺序从小到大为：数字、大写字母、小写字母。

6. C【解析】政府机关域名为.gov，商业组织的域名为.com，非营利性组织的域名为.org，从事互联网服务的机构的域名为.net。

7. D【解析】F在A的后面，相差5，F的ASCII码=A的ASCII码+5=01000001+101=01000110。

8. B【解析】机器语言是计算机唯一能直接执行的语言。

9. B【解析】西文字符采用7位ASCII码编码。

10. A【解析】存储计算机当前正在执行的应用程序和相应数据的存储器是RAM，ROM为只读存储器。

11. B【解析】最后位加0等于前面所有位都乘以2再相加，所以是2倍。

12. A【解析】一个完整的计算机系统应该包括硬件和软件两部分。

13. A【解析】A在D前面3个，A的ASCII码=D的ASCII码-3=01000100-11=01000001B。

14. D【解析】在数值转换中，基数越大，位数越少。当为0、1时，位数可以相等。

15. B【解析】写邮件必须要写收件人地址才可以发送出去。

16. A【解析】CPU由运算器和控制器组成。

17. D【解析】十进制转换为二进制为：$2^6+2^5+2^2=100$。

18. D【解析】MIPS是运算速度，MB是存储容量，MB/s是传输速率，GHz是主频单位。

19. C【解析】二进制转换为十进制为：$2^6+2^3+2^0=73$。

20. B【解析】1946年世界上第一台名为ENIAC的电子计算机诞生于美国宾夕法尼亚大学。

二、基本操作题

1. 新建文件夹

①打开考生文件夹；

②选择【文件】|【新建】|【文件夹】命令，或单击鼠标右键，弹出快捷菜单，选择【新建】|【文件夹】命令，即可生成新的文件夹，此时文件（文件夹）的名字处呈现蓝色可编辑状态，编辑名称为题目指定的名称HUA和HUB。

2. 设置文件属性

①打开考生文件夹下XIAO\GGG文件夹，选中DOCUMENTS.DOC文件；

②选择【文件】|【属性】命令，或单击鼠标右键，弹出快捷菜单，选择“属性”命令，即可打开“属性”对话框；

③在“属性”对话框中勾选“只读”属性，单击“确定”按钮。

3. 移动文件

①打开考生文件夹下BDF\CAD文件夹，选中AWAY.DBF文件；

②选择【编辑】|【剪切】命令，或按快捷键Ctrl+X；

③打开考生文件夹下WAIT文件夹；

④选择【编辑】|【粘贴】命令，或按快捷键Ctrl+V。

4. 复制文件夹

①打开考生文件夹下DEL\TV文件夹，选中WAVE文件夹；

②选择【编辑】|【复制】命令，或按快捷键Ctrl+C；

③打开考生文件夹；

④选择【编辑】|【粘贴】命令，或按快捷键Ctrl+V。

5. 创建文件的快捷方式

①打开考生文件夹下SCREEN文件夹，选中要生成快捷方式的PENCEL.BAT文件；

②选择【文件】|【创建快捷方式】命令，或单击鼠标右键，弹出快捷菜单，选择“创建快捷方式”命令，即可在同文件夹下生成一个快捷方式文件；

③移动这个文件到考生文件夹下，并按F2键改名为BAT。

三、字处理题

（1）【解题步骤】

通过“答题”菜单打开WORD.DOCX文件，按照题目要求设置页面边距。在【页面布局】功能区的【页面设置】分组中，单击右侧的下三角对话框启动器，弹出“页面设置”对话框，单击“页边距”选项卡，在“页边距”选项组中设置“上”为“3厘米”，设置“下”为“3厘米”；在“方向”选项组中选中“纵向”选项，单击“确定”按钮。

（2）【解题步骤】

步骤1：按题目要求设置标题段字体和字符间距。选中标题段，在【开始】功能区的【字体】分组中，单击“字体”按钮，弹出“字体”对话框。在“字体”选项卡中，设置“中文字体”为“楷体”，设置“字号”为“18磅”，单击“高级”选项卡，在“字符间距”选项组的“间距”下拉框中选择“加宽”，在“磅值”中选择“6磅”，单击“确定”按钮。

步骤2：按题目要求设置标题段对齐属性。选中标题段，在【开始】功能区的【段落】分组中，单击“居中”按钮。

（3）【解题步骤】

步骤1：题目要求设置正文段落属性。选中正文各段，在【开始】功能区的【段落】分组中，单击“段落”按钮，弹出“段落”对话框。单击“缩进和间距”选项卡，在“间距”选项组中，设置“段前”为“0.5行”，单击“确定”按钮。

步骤2：按照题目要求设置首字下沉。选中第一段，在【插入】功能区的【文本】分组中，单击“首字下沉”按钮，选择“首字下沉选项”，弹出“首字下沉”对话框，单击“下沉”图标，设置“下沉行数”为“2”，设置“距正文”为“0.1厘米”，单击“确定”按钮。

步骤3：选中“1.9×1027”中的27，在【开始】功能区的【字体】分组中，单击“上标”按钮。

（4）【解题步骤】

步骤1：按照题目要求将文字转换成表格。选中后17行文字，在【插入】功能区的【表格】分组中，单击“表格”按钮，选择“文本转换成表格”选项，弹出“将文字转换成表格”对话框，单击“确定”按钮。

步骤2： 按照题目要求设置表格对齐属性。选中表格，在【开始】功能区的【段落】分组中，单击“居中”按钮。

步骤3： 按题目要求设置表格内容对齐方式。选中表格，在【布局】功能区的【对齐方式】分组中，单击“水平居中”按钮。

步骤4： 按照题目要求设置表格列宽。选中表格，在【布局】功能区的【单元格大小】分组中，单击“表格属性”按钮，弹出“表格属性”对话框。单击“列”选项卡，并指定宽度为“3厘米”，单击“确定”按钮。

步骤5： 按照题目要求设置表格外侧框线和内部框线属性。单击表格，在【设计】功能区的【绘图边框】分组中，设置“笔画粗细”为“1磅”，设置“笔样式”为“单实线”，设置“笔颜色”为“蓝色”，此时鼠标变为“小蜡笔”形状，沿着边框线拖动设置外侧框线和内部框线的属性。

注：当鼠标单击“绘制表格”按钮后，鼠标变为“小蜡笔”形状，选择相应的线型和宽度，沿边框线拖动小蜡笔便可以对边框线属性进行设置。

（5）【解题步骤】

步骤1： 按照题目要求为表格排序。选中“半径（km）”列的内容，在【布局】功能区的【数据】分组中，单击“排序”按钮，弹出“排序”对话框，在“主要关键字”选项组中设置“类型”为“数字”，然后选中“升序”单选按钮；在“列表”选项组中选中“有标题行”单选按钮，单击“确定”按钮。

步骤2： 保存文件。

四、电子表格题

（1）【解题步骤】

步骤1： 通过“答题”菜单打开EXC.XLSX文件，选中A1：D1单元格，在【开始】功能区的【对齐方式】分组中，单击“合并后居中”按钮，合并单元格并使内容居中。

步骤2： 计算“销售额”列内容。在D3单元格中插入公式“=B3*C3”，并按回车键，将鼠标移动到D3单元格的右下角，按住鼠标左键不放向下拖动即可计算出其他行的值。

注：当鼠标指针放在已插入公式的单元格的右下角时，它会变为小十字“+”，按住鼠标左键拖动其到相应的单元格即可进行数据的自动填充。

步骤3： 计算“总计”行内容。在D7单元格中插入公式“=SUM（D3：D6）”，并按回车键。

步骤4： 选中“销售额”列的全部内容，在【开始】功能区的【数字】分组中，单击“数字”按钮，弹出“设置单元格格式”对话框。单击“数字”选项卡，在“分类”选项组中选择“货币”选项，设置“货币符号（国家/地区）（S）：”为“￥”，设置“小数位数”为“0”，单击“确定”按钮。

步骤5： 双击现有名称，输入新名称“设备销售情况表”。

步骤6： 保存文件。

（2）【解题步骤】

步骤1： 按题目要求建立“簇状棱锥图”。选中“设备名称”和“销售额”两列，在【插入】功能区的【图表】分组中，单击“创建图表”按钮，弹出“插入图表”对话框，在“柱形图”中选择“簇状棱锥图”，单击“确定”按钮，即可插入图表。

步骤2： 按照题目要求设置图表标题。在插入的图表中，选中图表标题，改为“设备销售情况图”。

步骤3： 按照题目要求设置图例。

步骤4： 按照题目要求设置网格线。

步骤5： 调整图的大小并移动到指定位置。选中图表，按住鼠标左键单击图表不放并拖动，将其拖动到A9：E22单元格区域内。

注：不要超过这个区域。如果图表过大，无法放下，可以将鼠标放在图表的右下角，当鼠标指针变为“↘”时，按住左键拖动可以将图表缩小到指定区域内。

步骤6： 保存文件。

五、演示文稿题

（1）【解题步骤】

步骤1： 通过“答题”菜单打开yswg.pptx文件，按照题目要求设置幻灯片模板。选中全部幻灯片，在【设计】功能区的【主题】分组中，单击“其他”下拉三角按钮，选择“透视”主题。

步骤2： 按照题目要求设置幻灯片的切换效果。选中全部幻灯片，在【切换】功能区的【切换到此幻灯片】分组中，单击“其他”下拉三角按钮，在“细微型”选项组中选择“覆盖”效果。

（2）【解题步骤】

步骤1： 按照要求插入新幻灯片。用鼠标单击第二张幻灯片前面的位置，在【开始】功能区的【幻灯片】分组中，单击“新建幻灯片”下拉三角按钮，选择“内容与标题”选项。新插入的幻灯片作为第二张幻灯片。

步骤2： 在第二张幻灯片的“单击此处添加标题”处输入“活到100岁”，在“单击此处添加文本”中输入“如何健康长寿?”。

步骤3： 按题目要求设置字体。选中标题“活到100岁”，在【开始】功能区的【字体】分组中，单击“字体”按钮，弹出“字体”对话框。在“字体”选项卡中，设置“中文字体”为“宋体”，设置“大小”为“54磅”，单击“确定”按钮。选中文本“如何健康长寿?”，在【开始】功能区的【字体】分组中，单击“字体”按钮，弹出“字体”对话框。在“字体”选项卡中，设置“中文字体”为“黑体”，设置“大小”为“54磅”。单击“字体颜色”下拉三角按钮，选择“其他颜色”选项，弹出“颜色”对话框。单击“自定义”选项卡，设置“红色”为“250”，设置“绿色”为“0”，设置“蓝色”为“0”，单击“确定”按钮，再单击“确定”按钮。

步骤4： 按照题目要求插入剪贴画。

步骤5： 按题目要求设置字体。选中第三张幻灯片的文本，在【开始】功能区的【字体】分组中，单击“字体”按钮，弹出“字体”对话框。在“字体”选项卡中，设置“中文字体”为“黑体”，设置“大小”为“28磅”，设置“字体样式”为“倾斜”，单击“确定”按钮。

步骤6： 保存文件。

模拟试题（十五）及参考答案

一、选择题（20分）

1. 下列各存储器中，存取速度最快的一种是________。
   A. Cache　B. 动态RAM[DRAM]　C. CD-ROM　D. 硬盘
2. 存储一个48×48点阵的汉字字形码需要的字节个数是________。
   A. 384　B. 288　C. 256　D. 144
3. 无符号二进制整数10000001转换成十进制数是________。
   A. 119　B. 121　C. 127　D. 129
4. 根据汉字国标码GB 2312-1980的规定，一级常用汉字数是________。
   A. 3477个　B. 3575个　C. 3755个　D. 7445个
5. 标准ASCII码字符集有128个不同的字符代码，它所使用的二进制位数是________。
   A. 6　B. 7　C. 8　D. 16
6. 操作系统中的文件管理系统为用户提供的功能是________。
   A. 按文件作者存取文件　B. 按文件名管理文件
   C. 按文件创建日期存取文件　D. 按文件大小存取文件
7. 下列各组软件中，全部属于系统软件的一组是________。
   A. 程序语言处理程序、操作系统、数据库管理系统
   B. 文字处理程序、编辑程序、操作系统
   C. 财务处理软件、金融软件、网络系统
   D. WPS Office 2003、Excel 2000、Windows 98
8. 在标准ASCII码表中，已知英文字母D的ASCII码是01000100，英文字母B的ASCII码是________。
   A. 01000001　B. 01000010　C. 01000011　D. 01000000
9. Internet实现了分布在世界各地的各类网络的互联，其最基础和核心的协议是________。
   A. HTTP　B. HTML　C. TCP/IP　D. FTP
10. 计算机网络最突出的优点是________。
    A. 资源共享和快速传输信息　B. 高精度计算
    C. 运算速度快　D. 存储容量大
11. 为了用ISDN技术实现电话拨号方式接入Internet，除了要具备一条直拨外线和一台性能合适的计算机外，另一个关键硬件设备是________。
    A. 网卡　B. 集线器
    C. 服务器　D. 内置或外置调制解调器（Modem）

12. 下列不是存储器容量度量单位的是________。

A. KB　　B. MB　　C. GB　　D. GHz

13. 计算机网络的目标是实现________。

A. 数据处理　　B. 文献检索

C. 资源共享和信息传输　　D. 信息传输

14. 如果删除一个非零无符号二进制偶整数后的一个0，则此数的值为原数的________。

A. 4倍　　B. 2倍　　C. 1/2　　D. 1/4

15. 关于世界上第一台电子计算机ENIAC的叙述中，错误的是________。

A. ENIAC是1946年在美国诞生的

B. 它主要采用电子管和继电器

C. 它是首次采用存储程序和程序控制自动工作的电子计算机

D. 研制它的主要目的是用来计算弹道

16. 如果在一个非零无符号二进制整数后添加一个0，则此数的值为原数的________。

A. 1/4　　B. 1/2　　C. 2倍　　D. 4倍

17. 微机上广泛使用的Windows XP是________。

A. 多用户多任务操作系统　　B. 单用户多任务操作系统

C. 实时操作系统　　D. 多用户分时操作

18. KB（千字节）是度量存储器容量大小的常用单位之一，1KB等于________。

A. 1000个字节　　B. 1024个字节　　C. 1000个二进位　　D. 1024个字

19. 在下列字符中，其ASCII码值最大的一个是________。

A. 空格字符　　B. 9　　C. Z　　D. a

20. 假设某台式计算机的内存储器容量为256MB，硬盘容量为40GB。硬盘的容量是内存容量的________。

A. 200倍　　B. 160倍　　C. 120倍　　D. 100倍

二、基本操作题（10分）

1. 在考生文件夹中新建一个FSA.TXT文件。
2. 将考生文件夹下GRUP文件夹中的文件夹ZAP设置成隐藏属性。
3. 搜索考生文件夹下BOOK.COM文件，然后将其删除。
4. 将考生文件夹下SHI\QIU文件夹中文件TONG.C复制到考生文件夹下TOOLS文件夹中。
5. 为考生文件夹下FOR文件夹中ABC.FOR文件建立名为FOR的快捷方式，存放在考生文件夹下。

三、字处理题（25分）

对考生文件夹下WORD.DOCX文档中的文字进行编辑、排版和保存，具体要求如下：

【文档开始】

虚拟局域网技术在局域网管理中的应用

校园网覆盖办公楼、教学楼、学生宿舍楼等，规模较大，出于安全性考虑，将网络划分为多个裸机子网，子网之间的相互访问借助三层交换技术。

建筑之间布线根据实际情况采用双绞线和室外光纤，网络仍采用星型结构，即由信息中心向其他建筑辐射；建筑内部布线采用5类双绞线进行垂直和水平布线。信息中心主交换机采用D-LINK 3225G网管交换机。下面介绍该校园网中VLAN的配置过程。主要过程由两步完成：

第一步：设置各裸机子网并为其命名。

第二步：把交换机的各端口分配到相应的裸机子网。

裸机子网划分

裸机子网名	主交换机端口数	主交换机端口号
信息中心	2	1、2
研究所	2	13、14
学生公寓	6	15－20
办公楼	10	3－12

【文档结束】

（1）将标题段（“虚拟局域网技术……应用”）文字设置为三号红色黑体、加粗、居中，并添加黄色底纹。

（2）将正文（“校园网覆盖……裸机子网。”）中的中文文字设置为五号宋体、西文文字设置为五号Times New Roman字体；将正文第一段（“校园网覆盖　……三层交换技术。”）设为首字下沉2行（距正文0.2厘米）；设置正文第二段至第四段（“建筑之间……裸机子网。”）首行缩进2字符。

（3）设置页面纸张大小为“B5（JIS）”，将文中所有错词“裸机子网”替换为“逻辑子网”。

（4）将文中后5行文字转换为一个5行3列的表格。设置表格居中，表格列宽为3.5厘米、行高为0.7厘米，表格中所有文字水平居中。

（5）将表格标题段文字（“逻辑子网划分”）设置为四号蓝色黑体、居中。设置表格外框线为1磅蓝色单实线，内框线为1磅绿色单实线；并按“主交换机端口数”列（依据“数字”类型）升序排序表格内容。

四、电子表格题（20分）

（1）打开工作簿文件EXCEL.XLSX，将工作表sheet1的A1：C1单元格合并为一个单元格，内容水平居中，计算投诉量的“总计”行及“所占比例”列的内容（所占比例=投诉量/总计），将工作表命名为“产品投诉情况表”。

	A	B	C
1	企业产品投诉情况表		
2	产品名称	投诉量	所占比例
3	电话机	43	
4	电子台历	34	
5	录音机	87	
6	总计		

（2）选取“产品投诉情况表”的“产品名称”列和“所占比例”列的单元格内容（不包括“总计”行），建立“分离型三维饼图”，系列产生在“列”，数据标志为“百分比”，图表标题为“产品投诉量情况图”，插入到表的A8：E18单元格区域内。

五、演示文稿题（15分）

打开考生文件夹下的演示文稿yswg.pptx，按照下列要求完成对此文稿的修饰并保存。

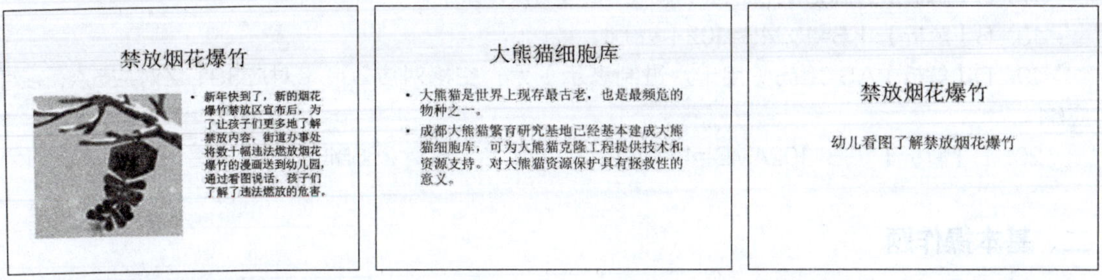

（1）使用“复合”模板修饰全文。

（2）第一张幻灯片的主标题文字的字体设置为“黑体”，字号设置为53磅，加粗。文本部分字体设置为“宋体”，字号为28磅。图片动画设置为“缩放”“对象中心”。将第三张幻灯片改为第一张幻灯片。删除第三张幻灯片。

答案

一、选择题

1. A【解析】内存储器的存储速度最高，其中Cache的存储速度高于DRAM。

2. B【解析】在48×48的网格中描绘一个汉字，整个网格分为48行48列，每个小格用1位二进制编码表示，每一行需要48个二进制位，占6个字节，共占48×6=288个字节。

3. D【解析】二进制转化为十进制：$2^7+2^0=129$

4. C【解析】在国标码的字符集中，收集了一级汉字3755个，二级汉字3008个，图形符号682个。

5. B【解析】ASCII码采用7位编码表示128个字符。

6. B【解析】用户通过文件名很方便地访问文件，无须知道文件的存储细节。

7. A【解析】系统软件包括操作系统、语言处理系统、系统性能检测、实用工具软件。

8. B【解析】B在D前2个数，所以，B的ASCII码=D的ASCII码-2=01000100-10=01000010。

9. C【解析】Internet实现了分布在世界各地的各类网络的互联，其最基础和核心的协议是TCP/IP。HTTP是超文本传输协议，HTML是超文本标志语言，FTP是文件传输协议。

10. A【解析】计算机网络由通信子网和资源子网两部分组成。通信子网的功能：负责全网的数据通信；资源子网的功能：提供各种网络资源和网络服务，实现网络的资源共享。

11. D【解析】计算机以拨号接入Internet网时用的是电话线，但它只能传输模拟信号，如果要传输数字信号必须用调制解调器（Modem）把它转化为模拟信号。

12. D【解析】GHz是主频单位。

13. C【解析】计算机网络由通信子网和资源子网两部分组成。通信子网的功能：负责全网的数据通信；资源子网的功能：提供各种网络资源和网络服务，实现网络的资源共享。

14. C【解析】删除偶整数后的1个0等于前面所有位都除以2再相加，所以是1/2倍。

15. C【解析】EDVAC出现时才使用存储程序。

16. C【解析】最后位加0等于前面所有位都乘以2再相加，所以是2倍。

17. B【解析】Windows XP属于单用户多任务操作系统。

18. B【解析】1KB=1024B=1024×8bit。

19. D【解析】ASCII码（用十六进制表示）为：空格对应20，9对应39，Z对应5A，a对应61。

20. B【解析】1GB=1024MB=4×256MB，40GB=160×256MB。

二、基本操作题

1. 新建文件

①打开考生文件夹；

②选择【文件】|【新建】|【文本文档】命令，或单击鼠标右键，弹出快捷菜单，选择【新建】|【文本文档】命令，即可生成新的文件，此时文件（文件夹）的名字处呈现蓝色可编辑状态，编辑名称为题目指定的名称FSA.TXT。

2. 设置文件夹属性

①打开考生文件夹下GRUP文件夹，选中ZAP文件夹；

②选择【文件】|【属性】命令，或单击鼠标右键，弹出快捷菜单，选择“属性”命令，即可打开“属性”对话框；

③在“属性”对话框中勾选“隐藏”属性，单击“确定”按钮。

3. 搜索文件

①打开考生文件夹；

②在工具栏右上角的搜索框中输入要搜索的文件名BOOK.COM，单击搜索框右侧“”按钮，搜索结果将显示在文件窗格中。

删除文件

①选中搜索出的文件；

②按Delete键，弹出确认对话框；

③单击“确定”按钮，将文件（文件夹）删除到回收站。

4. 复制文件

①打开考生文件夹下SHI\QIU文件夹，选中TONG.C文件；

②选择【编辑】|【复制】命令，或按快捷键Ctrl+C；

③打开考生文件夹下文件夹TOOLS；

④选择【编辑】|【粘贴】命令，或按快捷键Ctrl+V。

5. 创建文件的快捷方式

①打开考生文件夹下FOR文件夹，选中要生成快捷方式的ABC.FOR文件；

②选择【文件】|【创建快捷方式】命令，或单击鼠标右键，弹出快捷菜单，选择“创建快捷方式”命令，即可在同文件夹下生成一个快捷方式文件；

③移动这个文件到考生文件夹下，并按F2键改名为FOR。

三、字处理题

（1）【解题步骤】

步骤1：通过“答题”菜单打开WORD.DOCX文件，按照题目要求设置标题段字体。选中标题段，在【开始】功能区的【字体】分组中，单击“字体”按钮，弹出“字体”对话框。在“字体”选项卡中，设置“中文字体”为“黑体”，设置“字号”为“三号”，设置“字形”为“加粗”，设置“字体颜色”为“红色”，单击“确定”按钮。

步骤2：按照题目要求设置标题段对齐属性。选中标题段，在【开始】功能区的【段落】分组中，单击“居中”按钮。

步骤3：按照题目要求设置标题段底纹属性。选中标题段，在【开始】功能区的【段落】分组中，单击“底纹”下拉三角按钮，选择填充色为“黄色”，单击“确定”按钮。

（2）【解题步骤】

步骤1：按照题目要求设置正文字体。选中正文各段，在【开始】功能区的【字体】分组中，单击“字体”按钮，弹出“字体”对话框。在“字体”选项卡中，设置“中文字体”为“宋体”，设置“字号”为“五号”，设置“西文字体”为“Times New Roman”，设置“字号”为“五号”。

步骤2：按照题目要求设置首字下沉。选中正文第一段，在【插入】功能区的【文本】分组中，单击“首字下沉”按钮，选择“首字下沉”选项，弹出“首字下沉”对话框，单击“下沉”图标，设置“下沉行数”为“2”，设置“距正文”为“0.2厘米”，单击“确定”按钮。

步骤3：按照题目要求设置首行缩进。选中正文第二段至第四段，在【开始】功能区的【段落】分组中，单击“段落”按钮，弹出“段落”对话框，单击“缩进和间距”选项卡,在“特殊格式”选项组中，选择“首行缩进”选项，设置磅值为“2字符”，单击“确定”按钮。

（3）【解题步骤】

步骤1：按照题目要求设置纸张大小。

步骤2：按照题目要求替换文字。选中全部文本（包括标题段），在【开始】功能区的【编辑】分组中，单击“替换”按钮，弹出“查找和替换”对话框，设置“查找内容”为“裸机子网”，设置“替换为”为“逻辑子网”，单击“全部替换”按钮，稍后弹出信息框，单击“确定”按钮。

（4）【解题步骤】

步骤1：按照题目要求将文字转换成表格。选中后5行文字，在【插入】功能区的【表格】分组中，单击“表格”按钮，选择“文本转换成表格”选项，弹出“将文字转换成表格”对话框，单击“确定”按钮。

步骤2：按照题目要求设置表格对齐属性。选中表格，在【开始】功能区的【段落】分组中，单击“居中”按钮。

步骤3：按照题目要求设置表格内容对齐方式。选中表格，在【布局】功能区的【对齐方式】分组中，单击“水平居中”按钮。

步骤4：按照题目要求设置表格列宽。选中表格，在【布局】功能区的【单元格大小】分组中,单击“表格属性”按钮，弹出“表格属性”对话框。单击“列”选项卡，并指定宽度为“3.5厘米”，单击“行”选项卡，并指定高度为“0.7厘米”，“行高值是”为“固定值”，单击“确定”按钮。

（5）【解题步骤】

步骤1：按照题目要求设置表格标题段字体。选中表格标题段，在【开始】功能区的【字体】分组中，单击“字体”按钮，弹出“字体”对话框。在“字体”选项卡中，设置“中文字体”为“黑体”，设置“字号”为“四号”，设置“字体颜色”为“蓝色”，单击“确定”按钮。

步骤2：按照题目要求设置表格标题段对齐属性。选中表格标题段，在【开始】功能区的【段落】分组中，单击“居中”按钮。

步骤3：按照题目要求设置表格外侧框线和内部框线属性。单击表格，在【设计】功能区的【绘图边框】分组中，设置“笔画粗细”为“1磅”，设置“笔样式”为“单实线”，设置“笔颜色”为“蓝色”，此时鼠标变为“小蜡笔”形状，沿着边框线拖动设置外侧框线的属性。

注：当鼠标单击“绘制表格”按钮后，鼠标变为“小蜡笔”形状，选择相应的线型和宽度，沿边框线拖动小蜡笔便可以对边框线属性进行设置。按同样操作设置内部框线为“1磅”“单实线”“绿色”。

步骤4：按照题目要求为表格排序。选中“主交换机端口数”列的内容，在【布局】功能区的【数据】分组中，单击“排序”按钮，弹出“排序”对话框，在“主要关键字”选项组中设置“类型”为“数字”，然后选中“升序”单选按钮；在“列表”选项组中选中“有标题行”单选按钮，单击“确定”按钮。

步骤5：保存文件。

四、电子表格题

（1）【解题步骤】

步骤1：通过“答题”菜单打开EXCEL.XLSX文件，选中A1：C1单元格，在【开始】功能区的【对齐方式】分组中，单击“合并后居中”按钮，合并单元格并使内容居中。

步骤2：计算“总计”行内容。在B6中插入公式“=SUM（B3：B5）”，并按回车键。

步骤3：计算“所占比例”列内容。在C3中插入公式“=B3/（$B$6）”，并按回车键，将鼠标移动到C3单元格的右下角，按住鼠标左键不放向下拖动即可计算出其他行的值。

注：当鼠标指针放在已插入公式的单元格的右下角时，它会变为小十字“+”，按住鼠标左键拖动其到相应的单元格即可进行数据的自动填充。

步骤4：双击现有名称，输入新名称“产品投诉情况表”。

步骤5：保存文件。

（2）【解题步骤】

步骤1：按题目要求建立“分离型三维饼图”。选中“产品名称”列和“所占比例”列，在【插入】功能区的【图表】分组中，单击“创建图表”按钮，弹出“插入图表”对话框，在“饼图”中选择“分离型三维饼图”，单击“确定”按钮，即可插入图表。

步骤2：按照题目要求设置图表标题。在插入的图表中，选中图表标题，改为“产品投诉量情况图”。

步骤3：按照题目要求设置数据标志。在【布局】功能区的【标签】分组中，单击“数据标签”下拉按钮，选择“其他数据标签”选项，在弹出的“设置数据标签格式”对话框中，在“标签包括”组，勾销“值”，勾选“百分比”，单击“关闭”按钮。

步骤4：调整图的大小并移动到指定位置。选中图表，按住鼠标左键单击图表不放并拖动，将其拖动到A8：E18单元格区域内。

注：不要超过这个区域。如果图表过大，无法放下，可以将鼠标放在图表的右下角，当鼠标指针变为“”时，按住左键拖动可以将图表缩小到指定区域内。

步骤5：保存文件。

五、演示文稿题

（1）【解题步骤】

通过“答题”菜单打开yswg.pptx文件，按照题目要求设置幻灯片模板。选中幻灯片，在【设计】功能区的【主题】分组中，单击“其他”下拉三角按钮，选择“复合”主题。

（2）【解题步骤】

步骤1：按题目要求设置字体。选中第一张幻灯片的主标题，在【开始】功能区的【字体】分组中，单击“字体”按钮，弹出“字体”对话框。在“字体”选项卡中，设置“中文字体”为“黑体”，设置“大小”为“53磅”，设置“字体样式”为“加粗”，单击“确定”按钮。按照同样的操作设置第一张幻灯片文本为“宋体”“28磅”。

步骤2：按照题目要求设置剪贴画的动画效果。选中第一张幻灯片的图片，在【动画】功能区的【动画】分组中，单击“其他”下拉三角按钮，选择“更多进入效果”选项，弹出“更改进入效果”对话框。在“细微型”中选择“缩放”，单击“确定”按钮。在【动画】分组中，单击“效果选项”按钮，选中“对象中心”。

步骤3：移动幻灯片。在普通视图下，按住鼠标左键，拖拽第三张幻灯片到第一张幻灯片即可。

步骤4：在普通视图下选中第三张幻灯片，单击鼠标右键，在弹出的快捷菜单中选择【删除幻灯片】命令，删除幻灯片。

步骤5：保存文件。